21世纪高等教育面向新工科软件工程系列规划教材

APPLICATION PROGRAMMING BASED ON
LINUX OPERATING SYSTEM

Linux
操作系统应用编程

刘玓 陈佳 肖堃 丁熠 / 编著

人 民 邮 电 出 版 社
北 京

图书在版编目（CIP）数据

Linux操作系统应用编程 / 刘玓等编著. -- 北京 : 人民邮电出版社, 2021.4
21世纪高等教育面向新工科软件工程系列规划教材
ISBN 978-7-115-55975-3

Ⅰ. ①L… Ⅱ. ①刘… Ⅲ. ①Linux操作系统－高等学校－教材 Ⅳ. ①TP316.85

中国版本图书馆CIP数据核字(2021)第024356号

内 容 提 要

本书注重原理和实战，从初学者的角度全面详细地介绍了 Linux CentOS 7 操作系统的基本概念和常用命令的使用。全书内容包括 Linux 的基本概念、常用命令、文件系统、vi 编辑器、进程管理、Shell 程序设计、数据管理工具、集成编译工具、文件管理、进程间通信和线程控制等，最后给出一组综合设计实验。本书各章都有大量的实例，各章末尾也有练习题，可帮助读者由浅入深、循序渐进地学习 Linux 操作系统。

本书可作为计算机专业和软件工程专业相关课程的教材或参考书，也可供使用 UNIX/Linux 操作系统的工程技术人员阅读和参考。

◆ 编　　著　刘　玓　陈　佳　肖　堃　丁　熠
　责任编辑　邹文波
　责任印制　王　郁　马振武
◆ 人民邮电出版社出版发行　　北京市丰台区成寿寺路 11 号
　邮编　100164　　电子邮件　315@ptpress.com.cn
　网址　https://www.ptpress.com.cn
　廊坊市印艺阁数字科技有限公司印刷
◆ 开本：787×1092　1/16
　印张：16.25　　　　2021 年 4 月第 1 版
　字数：427 千字　　　2025 年 1 月河北第 6 次印刷

定价：59.80 元

读者服务热线：(010)81055256　印装质量热线：(010)81055316
反盗版热线：(010)81055315
广告经营许可证：京东市监广登字 20170147 号

前 言

随着 Linux 操作系统的流行和普及，以及工程化教育活动的蓬勃开展，许多拥有计算机技能却没有 Linux 操作系统经验的学生和初学者，特别是软件工程专业的学生和初学者，都迫切希望全面而系统地学习和掌握 Linux 操作系统的使用技巧，并快速而高效地提升自己在 Linux 操作系统下进行应用编程的能力。本书就是为这些学生和初学者而编写的。

本书虽然涉及许多操作系统的基础知识，但并不详细介绍操作系统原理，而是假设读者已经具备了操作系统原理的基本知识。本书是一本引导读者入门 Linux 操作系统的书，涵盖 Linux 用户独立完成大部分日常工作所必需的内容。书中各章通过大量的实例引导读者快速上手实践，由浅入深逐步掌握相关内容，为读者进一步学习相关深入的课程和阅读更深入的参考书打下坚实的基础。提高读者基于 Linux 操作系统的工程实践能力是本书追求的目标。

本书编者都是多年从事 Linux 操作系统教学和应用开发的人员，书中各章的实例都是编者在讲授相关课程时使用的，各章末供读者复习思考的练习题和本书最后的实验题目也都是编者在实际教学工作中使用的。实践证明这些内容对读者理解 Linux 操作系统的基本概念、掌握相关使用方法和技巧、提高应用开发能力是大有帮助的。

本书共 12 章，具体内容如下。

第 1 章：Linux 操作系统基础

本章主要介绍 Linux 操作系统的基本概念、发展历程、主要组成部分、运行模式、功能特征、操作流程、命令基础，以及文件与进程的基本概念等，让读者对 Linux 操作系统有初步的认识，为后文的学习打下基础。

第 2 章：Linux 文件系统

本章主要介绍 Linux 文件系统，包括文件系统的结构、文件的定义与分类、目录与文件的操作命令、文件的权限管理等。

第 3 章：vi 编辑器

本章主要介绍 Linux 操作系统中基本的编辑工具 vi，包括其中的屏编功能和行编功能，以及在屏编和行编模式下常用的编辑命令。

第 4 章：Shell 的交互功能和进程管理

本章主要介绍 Shell 如何接收、解释执行和控制用户的各种类型的键盘命令，包括 Shell 的功能与分类、Shell 的内部命令、标准输入/输出重定向、Shell 的变量、Shell 的引用符、进程的状态和监控等内容。这些内容一方面是用户在使用 Shell 的命令解释器功能时要直接用到的知识，另一方面也是学习第 5 章的基础。

第 5 章：Shell 程序设计

本章主要阐述 Shell 这种解释型高级程序设计语言的功能，介绍 Shell 语句的分类、Shell 的流程控制语句、Shell 函数，以及系统中各类功能命令和编写脚本程序的方法。

第 6 章：数据查找和筛选工具

本章主要介绍 Linux 操作系统中处理文本数据时常用的正则表达式和两个可编程数据处理工具——流编辑器 sed 和数据处理器 awk 的功能及其应用编程方法，使读者在 Shell 编程的基础上应用这两个工具来编写功能更加完善和灵活的应用脚本。

第 7 章：多模块链接与集成编译工具 GNU make

本章主要介绍 Linux 操作系统中常用的自动管理和构建程序系统的开发工具 GNU make，包括 GNU make 的工作方式和 Makefile 的规则等。

第 8 章：文件管理与输入/输出调用

本章主要介绍 Linux 操作系统中虚拟文件系统的基本结构，以及通过函数调用的形式来对文件系统进行相关操作的方法。

第 9 章：进程控制

本章主要介绍 Linux 操作系统中进程的基本概念和进程的相关操作，包括进程的创建、运行、等待、退出和属性调整等方面的系统调用，使读者学习本章后能够编写多进程运行环境下对进程进行控制的程序。

第 10 章：进程间通信

本章主要介绍 Linux 操作系统中进程间通信的几种形式，包括管道、信号灯、消息队列、信号量和共享存储等。

第 11 章：线程及线程控制

本章主要介绍线程的概念、线程与进程之间的区别与联系、线程的创建和终止、线程的同步与互斥，以及线程间的同步机制等相关内容。

第 12 章：综合实验

本章针对 Linux 操作系统开发设计了多个综合实验。通过这些实验，读者能够进一步理解 Linux 操作系统的功能特征，并掌握在 Linux 操作系统下开发应用程序的方法，提高实践动手能力。

本书的第 1 章、第 2 章和第 3 章由陈佳编写，第 4 章、第 5 章和第 6 章由刘玓编写，第 7 章、第 8 章和第 12 章由肖堃编写，第 9 章、第 10 章和第 11 章由丁熠编写，最后由刘玓对全书进行统稿。

本书的编写得到了电子科技大学信息与软件工程学院“核心课程平台建设”项目的资助。

由于编者的水平有限，书中难免存在不足之处，希望广大读者批评指正，我们将不胜感谢！

编者

2021 年 1 月于电子科技大学

目 录

第 1 章 Linux 操作系统基础

本章主要介绍 Linux 操作系统的基本概念、发展历程、主要组成部分、运行模式、功能特征、操作流程、命令基础，以及文件与进程的基本概念等，让读者对 Linux 操作系统有初步的认识，为后文的学习打下基础。

1.1 引言

Linux 操作系统是一个功能强大的分时多用户操作系统，可以运行在智能终端、服务器和其他大型平台之上，如可在大型机和超级计算机上运行。截至 2020 年，世界上 500 个运行速度最快的超级计算机中 90%以上运行 Linux 发行版或“变种”，其中运行速度最快的前 10 名超级计算机运行的操作系统都是 Linux 操作系统。Linux 操作系统广泛应用在嵌入式设备上，如智能手机、路由器、电视机和电子游戏机等。在移动设备上广泛使用的 Android 操作系统就是创建在 Linux 内核之上的。因此，对计算机相关从业人员而言，学好 Linux 操作系统尤为重要。

1.1.1 什么是 Linux

Linux 是一个可以免费使用和自由传播的类 UNIX 操作系统，也是一个基于 POSIX 和 UNIX 的支持多用户、多任务、多线程和多 CPU 的操作系统。Linux 操作系统继承了 UNIX 操作系统以网络为核心的设计思想，是一个性能稳定的网络操作系统。它能运行主要的 UNIX 工具软件、应用程序和网络协议，支持 32 位和 64 位硬件。

Linux 操作系统诞生于 1991 年 10 月 5 日。Linux 操作系统存在着许多不同的版本，但它们都使用了 Linux 内核。严格来讲，“Linux”这个词本身只表示 Linux 内核，但实际上人们已经习惯了用 Linux 来形容整个基于 Linux 内核，并且使用 GNU 工程各种工具和数据库的操作系统。GNU 工程，也称为自由软件工程项目或 GNU 计划，是由理查德 • 斯托曼（Richard Stallman）在 1983 年 9 月 27 日公开发起的，它的目标是创建一套完全自由的操作系统。

1.1.2 Linux 的发展历程

Linux 操作系统的诞生、发展和成长过程始终依赖 5 个重要支柱：UNIX 操作系统、MINIX 操作系统、GNU 计划、POSIX 标准和 Internet。

1984 年，安德鲁・S・特南鲍姆（Andrew S.Tanenbaum）开发了用于教学的 UNIX 系统，命名为 MINIX。

1989 年，安德鲁・S・特南鲍姆将 MINIX 操作系统运行于 x86 的 PC 平台。

1990 年，芬兰赫尔辛基大学学生莱纳斯・托瓦尔兹（Linus Torvalds）首次接触 MINIX 操作系统。

1991 年，莱纳斯・托瓦尔兹开始在 MINIX 操作系统上编写各种驱动程序等操作系统内核组件。

1991 年年底，莱纳斯・托瓦尔兹公开了 Linux 内核源代码 0.02 版，此版本仅仅是部分代码。

1993 年，Linux 1.0 发行，Linux 操作系统转向采用 GPL 协议。

1994 年，Linux 操作系统的第一个商业发行版 Slackware 问世。

1996 年，美国国家标准技术局的计算机系统实验室确认 Linux 1.2.13 符合 POSIX 标准。

1998 年，埃里克・雷蒙德（Eric Raymond）等人创办了“开放源代码促进会”，在互联网世界里展开了一场历史性的 Linux 产业化运动。

1999 年，Linux 操作系统的简体中文发行版问世。

2001 年，美国 NAS（美国国家安全局）发布了 SELinux。SELinux 提供了标准 UNIX 权限管理系统以外的另一层安全检查。

2004 年，Ubuntu 带着不同寻常的版本号 4.10 和怪异的版本代号“Warty Warthog”问世。Ubuntu 不是内核的主要贡献者，但它对 Linux 在 PC 上的普及起到了重要的作用。

2007 年，Linux 基金会由开源发展实验室（OSDL）和自由标准组织（FSG）联合成立。

2011 年，Linux 3.0 版本发布。

此后 Linux 操作系统日趋成熟，涌现出大量基于 Linux 操作系统的应用，并且广泛应用于基于 ARM 技术的嵌入式系统中。

1.1.3 Linux 操作系统的组成

Linux 操作系统一般有四大主要部分：内核、Shell、文件系统和应用程序。内核、Shell 和文件系统一起构成了基本的操作系统，它们使用户可以运行程序、管理文件并使用系统。

1. Linux 内核

内核是操作系统的核心，它提供了操作系统最基本的功能，如支持虚拟内存、多任务、共享库、需求加载、可执行程序和 TCP/IP 网络等。Linux 内核的模块分为以下部分：存储管理、CPU 和进程管理、文件系统、设备管理和驱动、网络通信、系统的初始化和系统调用等。

Linux 内核在内存和 CPU 使用方面具有较高的效率，并且非常稳定，同时具有良好的可移植性。Linux 内核编译后可在不同处理器和具有不同体系结构约束与需求的平台上运行。一个典型的例子是：Linux 内核可以在一个具有内存管理单元（Memory Management Unit，MMU）的处理器上运行，也可以在那些不提供 MMU 的处理器上运行。

2. Linux Shell

Shell 是 Linux 操作系统的一种用户界面，它作为操作系统的“外壳”，为用户提供使用操作系统的接口。如果把 Linux 内核想象成一个球体的中心，那么 Shell 就是围绕内核的外层。当从 Shell 或其他程序向 Linux 内核传递命令时，Linux 内核会做出相应的反应。总结起来，

Shell 主要有以下两大功能特点。

（1）Shell 是一个命令解释器，它拥有自己内建的 Shell 命令集。Shell 也能被系统中其他应用程序所调用。用户在命令提示符下输入的命令都由 Shell 先解释然后传给 Linux 内核。

有一些命令，比如改变工作目录命令（cd），是包含在 Shell 内部的。还有一些命令，比如复制命令（cp）和移动命令（mv），是存在于文件系统中某个目录下的单独的应用程序。对用户而言，不必关心一个命令是包含在 Shell 内部还是一个单独的应用程序。

Shell 首先检查命令是否是内部命令，若不是，再检查它是否是一个应用程序（这里的应用程序可以是 Linux 本身的实用程序，如 ls 和 rm；也可以是购买的商业程序，如 xv；还可以是自由软件，如 Emacs）。然后 Shell 在搜索路径里寻找这些应用程序（搜索路径就是一个能找到可执行程序的目录列表）。如果输入的命令不是一个内部命令，并且在搜索路径里没有找到这个应用程序，将会显示一条错误信息；如果能够成功找到应用程序，该应用程序将被解析为系统调用并传给 Linux 内核。

（2）Shell 的另一个重要特性是它自身就是一种解释型的程序设计语言。Shell 编程语言支持绝大多数在高级语言中能见到的程序元素，如函数、变量、数组和程序控制结构。Shell 编程语言简单易学，任何在命令提示符中能输入的命令都能放到一个可执行的 Shell 程序中。

当用户成功登录 Linux 系统后，系统将执行一个 Shell 程序。正是 Shell 进程提供了命令提示符。作为默认值，Shell 对普通用户用“$”作提示符，对超级用户（root）用“#”作提示符。

一旦出现 Shell 的命令提示符，用户就可以输入命令名称及命令所需要的参数。Shell 将执行这些命令。如果一条命令花费了很长的时间来执行，或者在屏幕上显示了大量的输出，用户可以按 Ctrl+C 键发出中断信号来中断这条命令（在正常结束之前，中止它的执行）。

当用户准备结束登录对话进程时，可以输入 logout 命令、exit 命令或按 Ctrl+D 键输入文件结束符（End of File，EOF），结束登录。

同 Linux 本身一样，Shell 也有多种不同的版本。主要有下列版本的 Shell。

① Bourne Shell：由 AT&T 公司开发。

② Bash：Bourne Again Shell，是 GNU 操作系统上默认的 Shell。

③ Korn Shell：是对 Bourne Shell 的发展，在大部分情况下与 Bourne Shell 兼容。

④ C Shell：由 SUN 公司推出，语法类似 C 语言。

⑤ Z Shell：Z 是 26 个英文字母的最后一个字母，Z Shell 也就是终极 Shell。它集成了 Bash、Korn Shell 的重要特性，同时又增加了自己独有的特性。

3. Linux 文件系统

文件系统是文件存放在磁盘等存储设备上的组织方法。Linux 操作系统能支持多种目前流行的文件系统，如 EXT2、EXT3、FAT、FAT32、VFAT 和 ISO 9660。

Linux 文件系统中的文件是数据的集合，文件系统不仅包含文件中的数据，而且包含文件系统的结构，大多数与 Linux 用户和程序相关的文件、目录、软连接及文件保护信息等都存储在其中。

在 Linux 文件系统中，EXT2 文件系统、虚拟文件系统、/proc 文件系统是 3 个具有代表性的文件系统。文件类型主要包括：普通文件（regular file）、目录文件（directory）、连接文件（link）、设备与设备文件（device）、套接字（socket）、管道（pipe）。

Linux 最早的文件系统是 MINIX，但是专门为 Linux 设计的文件系统——扩展文件系统第二版（EXT2）被添加到 Linux 后，对 Linux 产生了重大影响。EXT2 文件系统功能强大、易扩充，性能上进行了全面优化，是目前所有 Linux 发布和安装的标准文件系统类型。

每个实际文件系统都是从操作系统和系统服务中分离出来的，它们之间通过一个接口层——虚拟文件系统（Vitual File System，VFS）通信。VFS 使 Linux 可以支持多个不同的文件系统，每个文件系统表示一个 VFS 的通用接口。VFS 将 Linux 文件系统的所有细节进行了转换，因此 Linux 内核的其他部分及系统中运行的程序将看到统一的文件系统。Linux 的 VFS 允许用户同时透明地安装许多不同的文件系统。

在 Linux 文件系统中，作为一种特殊类型，/proc 文件系统只存在内存中，而不占用外存空间。它以文件系统的方式为访问系统内核数据的操作提供接口。/proc 文件系统是一个伪文件系统，用户和应用程序可以通过/proc 得到系统的信息，并可以改变内核的某些参数。

4. Linux 应用程序

标准的 Linux 操作系统一般都有一套称为应用程序的程序集，它包括编辑器、编程语言、X Window、办公套件、Internet 工具和数据库等。类似于 Windows 文本编译器、IE 等。

1.1.4 Linux 操作系统的版本

Linux 操作系统主要分为内核版本以及发行版，其具体内容如下。

1. Linux 操作系统的内核版本

Linux 内核使用主要分为两种不同的版本编号方式。

（1）第一种方式用于 1.0 之前版本（包括 1.0）。第一个版本号是 0.01，紧接着是 0.02、0.03、0.10、0.11、0.12、0.95、0.96、0.97、0.98、0.99 和之后的 1.0。

（2）第二种方式用于 1.0 之后版本到 2.6 版本，数字由 3 部分（A.B.C）组成，A 为主版本号，B 为次版本号，C 为末版本号。只有在内核发生很大变化时（历史上只发生过两次，1994 年的 1.0 和 1996 年的 2.0），A 才变化。可以通过 B 来判断 Linux 操作系统是否稳定，B 为偶数代表稳定版，B 为奇数代表测试版。C 代表 bug 修复、安全更新、新特性和驱动的更新次数。以版本 2.4.0 为例，2 代表主版本号，4 代表次版本号，0 代表末版本号。

2. Linux 操作系统的发行版

一些组织或厂家将 Linux 操作系统的内核与外围实用程序（Utilities）和文档包装起来，并提供一些系统安装界面和系统配置、设定与管理工具，这样就构成了一种发行版。

Linux 操作系统发行版实际就是 Linux 内核加上外围实用程序组成的一个大软件包。相对于 Linux 操作系统的内核版本，发行版的版本号随发布者的不同而不同，与 Linux 操作系统内核的版本号是相对独立的。因此把 SUSE、RedHat、Ubuntu、Slackware 等直接称为 Linux 是不确切的，它们是 Linux 操作系统的发行版。更确切地说，应该将它们称为“以 Linux 为核心的操作系统软件包”。根据 GPL 准则，这些发行版虽然都源自一个内核，并且都有各自的贡献，但都没有自己的版权。Linux 操作系统的各个发行版都是使用莱纳斯·托瓦尔兹主导开发并发布的同一个 Linux 内核，因此在内核层不存在兼容性问题。每个版本不一样的地方只是在发行版的最外层才有所体现，而绝不是在于 Linux 本身，特别是不存在内核不统一或是不兼容。

20 世纪 90 年代初期，Linux 开始出现的时候，仅仅是以源代码形式出现的，用户需要在其他操作系统下进行编译才能使用。后来出现了一些正式版本，目前流行的几个正式版本有 SUSE、RedHat、Fedora、Debian、Ubuntu、CentOS、Gentoo 等。用户可根据自己的经验和喜好选用合适的 Linux 发行版。本书使用的是 Linux CentOS 7 版本。

早期，莱纳斯·托瓦尔兹将 Linux 置于一个禁止任何商业行为的条例之下，但之后改用 GNU 通用公共许可证第二版。该协议允许任何人对软件进行修改或发行，包括商业行为（只要其遵守该协议），所有基于 Linux 的软件也必须以该协议的形式发表，并提供源代码。

1.2　Linux 操作系统的运行模式与功能特征

1.2.1　Linux 操作系统的运行模式

在大多数的 Linux 发行版中，一共有 7 种运行模式（runlevel），用数字 0～6 表示，含义分别如下。

0 表示关机模式，不要把默认模式设置成 0。

1 表示单用户模式。

2 表示多用户模式。

3 表示命令模式。

4 表示暂未被使用的模式，以后有可能会被使用。

5 表示桌面模式。

6 表示重启模式，不要把默认模式设置成 6。

这 7 种运行模式通常是由系统管理员在使用 init 命令时，根据系统管理任务的需要来指定的。

1.2.2　Linux 操作系统的功能特征

Linux 操作系统功能强大，与其他操作系统相比，其具有下述主要的功能特征。

（1）开放性：Linux 遵循开放系统互连（Open System Interconnection，OSI）国际标准。

（2）多用户：Linux 支持多用户，操作系统资源可以被不同用户使用，每个用户对自己的资源（例如文件、设备）具有特定的权限，这样可以保证每个用户之间互不影响。

（3）多任务：Linux 可以使多个程序同时并独立地运行。计算机同时执行多个程序，而各个程序的运行互相独立。

（4）良好的用户界面：Linux 向用户提供了两种界面——字符界面和图形用户界面。在字符界面中，用户可以通过键盘输入相应的命令来进行操作。Linux 还为用户提供了图形用户界面（Graphical User Interface，GUI），类似于 Windows 图形界面的 X Window。Linux 利用鼠标指针、菜单、窗口、滚动条等，给用户呈现一个直观、易操作、交互性强、友好的图形化界面。X Window 可以说是“Linux 版的 Windows”。

（5）设备独立性：Linux 操作系统把所有外部设备统一当作文件，只要安装驱动程序，任何用户都可以像使用文件一样操纵和使用这些设备。Linux 是具有设备独立性的操作系统，内核具有高度适应能力。

（6）提供了丰富的网络功能：完善的内置网络是 Linux 操作系统的一大特点。

（7）可靠的安全系统：Linux 采用了许多安全技术，包括读/写控制、带保护的子系统、审计跟踪、核心授权等，这为网络多用户环境中的用户提供了必要的安全保障。

（8）良好的可移植性：将 Linux 操作系统从一个平台转移到另一个平台，它仍然能够按照其自身的方式运行。Linux 是一种可移植的操作系统，能够在从微型计算机到大型计算机的任何环境中和任何平台上运行。Linux 可以运行在多种硬件平台上，如具有 x86、680x0、SPARC、Alpha 等处理器的平台。此外，Linux 还是一种嵌入式操作系统，可以运行在机顶盒或游戏机上。同时，Linux 也支持多处理器技术。多个处理器同时工作，使系统性能大大提高。

1.3 用户与登录

1.3.1 Linux 用户管理

1. 添加新的用户

用户可以在字符界面中使用 useradd 命令添加新的用户，其格式如下：

```
useradd 选项 用户名
```

其中各选项含义如下。

-c：指定一段注释性描述。

-d：指定用户主目录。如果此目录不存在，则同时使用-m 选项可以创建主目录。

-g：指定这个用户默认的用户组。

-G：一般配合-a 选项来完成向其他组添加用户的操作。

-s：指定用户的登录 Shell。

-u：指定用户的用户号。如果同时有-o 选项，则可以重复使用其他用户的标识号。

2. 删除用户

如果一个用户不再使用，可以将其从系统中删除。删除用户就是要将/etc/passwd 等系统文件中的该用户记录删除，必要时还应删除用户的主目录。删除一个已有的用户使用 userdel 命令，其格式如下：

```
userdel 选项 用户名
```

常用的选项是-r，它的作用是把用户的主目录一起删除。

3. 修改用户

使用 usermod 命令修改用户，其格式如下：

```
usermod 选项 用户名
```

常用的选项包括-c、-d、-m、-g、-G、-s、-u 和-o 等。这些选项的意义与 useradd 命令中的选项一样。

修改用户就是根据实际情况更改用户的有关属性，如用户号、主目录、用户组、登录

Shell 等。

需要注意的是，useradd 命令用于在添加新用户时指定用户信息，而 usermod 命令用于修改已经存在的用户的用户信息。

1.3.2 登录系统

超级用户的用户名为 root，密码在安装系统时已设定。系统启动成功后屏上将显示下面的提示。

```
localhost login:
```

这时输入超级用户名“root”，然后按 Enter 键，此时用户会在屏幕上看到输入密码的提示。

```
localhost login: root
Password:
```

这时需要输入密码。输入密码时，密码不会在屏幕上显示出来。如果用户输入了错误的密码，就会在屏幕上看到下列信息。

```
login incorrect.
```

这时需要重新输入。当用户正确地输入用户名和密码后，就能合法地进入系统。屏幕上显示以下内容。

```
[root@loclhost/root] #
```

此时说明用户已经登录到系统，可以进行操作了。这里“#”是超级用户的命令提示符。普通用户在建立了普通用户账号以后就可以进行登录了。

无论是超级用户还是普通用户，当需要退出系统时，在 Shell 的命令提示符下输入 exit 命令并执行即可。还有其他退出系统的方式，但是这种方式是最安全的方式之一。

1.4 Linux 命令基础

1.4.1 简单命令

Linux 操作系统提供了很多常用的简单命令，总结起来主要有下面一些命令。

（1）date：输出或设置系统日期和时间。

（2）who：查看系统中所有已登录用户的状况。

（3）passwd：修改用户密码。

（4）logout、login：登录 Shell 的登录和注销命令。

（5）pwd：输出工作路径。

（6）more、less、head、tail：显示或部分显示文件内容。

（7）lp/lpstat/cancel、lpr/lpq/lprm：输出文件。

（8）chmod u+x：更改文件权限。

（9）rm -fr dir：删除非空目录。

（10）cp -R dir：复制目录。

（11）fg jobid：可以将一个后台进程放到前台。

（12）kill：删除执行中的程序或工作。

（13）ps：列出当前运行的进程。

1.4.2 通用命令格式

```
$ 命令名 [-命令选项] [命令参数]
```

命令选项：可以选择，也可以不选择。如果选择，则必须是由“-”开始的一个或多个字母组成。命令选项通常起到功能“开关”的作用。

命令参数：可以有，也可以没有；可以有一个，也可以有多个。命令参数主要用于指明命令的操作对象，通常为文件名（广义）。

[ ]：表明其中的内容可以省略。

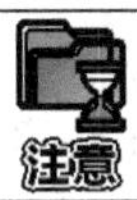

类 UNIX 操作系统的命令是区分大小写的！

1.4.3 命令行更正和程序终止

当命令行输入错误，在还未输入换行符时，可按 BackSpace 键或 Ctrl+H 键删除已输入的字符，再输入正确的字符。推荐使用 Ctrl+H 键，因为该键的兼容性更好。当要删除一整行时，按 Ctrl+U 键。

要强行终止当前正在运行的程序时，可按 Ctrl+C、Delete 或 Pause Break 键。出现命令提示符，表明程序已经终止运行。

1.4.4 联机手册

联机手册命令 man 可向用户提供系统中各种命令、系统调用、库函数和重要系统文件的详细说明，包括名字、使用语法、功能描述、应用实例和相关参考文件等。其格式如下：

```
$ man [选项]命令
```

主要的选项如下。

-f：查看命令拥有哪个级别的帮助。

-k：查看和命令相关的所有帮助。

查看 who 命令的详细说明示例如下。

```
$ man who
```

一个普通用户在一台终端上无论是进行登录系统、退出系统、发出命令操作，还是进行终止程序等操作，都不会影响其他用户的正常操作。

1.5 文件与进程

在 Linux 操作系统中，所有静态的对象都属于“文件”的范畴，其主要目的是规范和简化上层应用程序的接口；所有动态的对象都属于“进程”的范畴。“文件”和“进程”是 Linux 操作系统中两个基本概念。

Linux 文件系统中的文件是数据的集合，文件是指文件系统中存储数据的对象。一个文件可以是空文件，但是它仍然为操作系统提供了其他信息。

进程是运行于自己的虚拟地址空间的程序。可以说，任何在 Linux 操作系统下运行的程序都是进程。进程是可运行程序在内存中的运行实例。进程是动态的，它有自己的生命周期和不同状态。在处理器执行机器代码时进程一直在变化。进程不但包括程序的指令和数据，而且包括程序计数器和 CPU 的所有寄存器以及存储临时数据的进程堆栈。所以，正在执行的进程包括处理器当前的一切活动。Linux 是一个多进程的操作系统，每个进程都有自己的权限和任务，某一进程的失败一般不会导致其他进程的失败。进程之间可以通过由内核控制的机制相互通信。

在进程的整个运行期间，它将会用到各种系统资源，如会用到 CPU 运行它的指令、会用到物理内存保存它的数据，它还可能打开和使用各种文件，直接或间接地使用系统中的各种物理设备。所以 Linux 操作系统内核必须了解进程本身的情况和进程所用到的各种资源，以便在多个进程之间合理地分配系统资源。

系统中最为宝贵的资源是 CPU，因为一般情况下一个系统只有一个 CPU。Linux 是一个多进程的操作系统，所以其他的进程必须等到正在运行的进程释放 CPU 后才能运行。当正在运行的进程等待其他的系统资源时，Linux 内核将取得 CPU 的控制权，并将 CPU 分配给其他正在等待的进程。内核中的调度算法决定将 CPU 分配给哪一个进程。

Linux 操作系统中包括下面 3 种类型的进程。

（1）交互进程：该进程是由 Shell 控制和运行的，它既可以在前台运行，也可以在后台运行。

（2）批处理进程：该进程不属于某个终端，它被提交到一个队列中以便顺序运行。

（3）守护进程：该进程只有在需要时才被唤起并在后台运行，它一般在 Linux 启动时开始运行。

1.6　练习

1. 请简述什么是 Linux。
2. Linux 操作系统的功能特征有哪些？
3. 请简述 Linux 的发展历程。
4. Linux 操作系统的组成包括哪几个部分？
5. Linux 操作系统的内核版本包括哪些？
6. Linux 操作系统的发行版包括哪些？
7. Linux 操作系统的运行模式包括哪些？
8. 请简述 Linux 命令的一般格式。
9. useradd 命令的基本功能是什么？其常用的选项包括哪些？其选项对应的功能是什么？
10. 请说明下述命令的基本功能：

date、who、passwd、logout、login、pwd、more、less、head、tail、lp、lpstat、cancel、lpr、lpq、lprm。

11. 更正命令行和终止程序的基本方法有哪些?
12. man 命令的基本功能是什么?
13. 请说明 Linux 操作系统中文件与进程的主要区别。
14. Linux 操作系统包括哪几种进程? 每一种进程的特点是什么?
15. 上机练习掌握基本的 Linux 操作系统的登录方法以及简单命令的使用。

第 2 章 Linux 文件系统

本章主要介绍 Linux 文件系统，包括文件系统的结构、文件的定义与分类、目录与文件操作命令、文件的权限管理等，让读者对 Linux 文件系统有一定的认识和理解，为后文的学习打下基础。

2.1 文件系统的结构

文件系统是 Linux 操作系统的重要组成部分，其结构可以从组织结构、起始目录与当前工作目录、路径名、标准目录与文件等几个方面进行考察。

2.1.1 组织结构

Linux 操作系统中所有文件存储在文件系统中，文件被组织到一棵“目录树”中，其文件系统层次结构（树状目录结构）如图 2.1 所示。树根在该层次结构的顶部，树根的下方衍生出子目录分支。

“/”是根目录，位于文件系统层次结构的顶部。“/”还用作文件名中的目录分隔符。例如，如果 etc 是根目录的子目录，就把它称为/etc 目录。根目录的子目录用于标准化的用途，以便根据文件和用途组织文件，从而方便查找文件。子目录/boot 用于存储启动系统所需的文件。

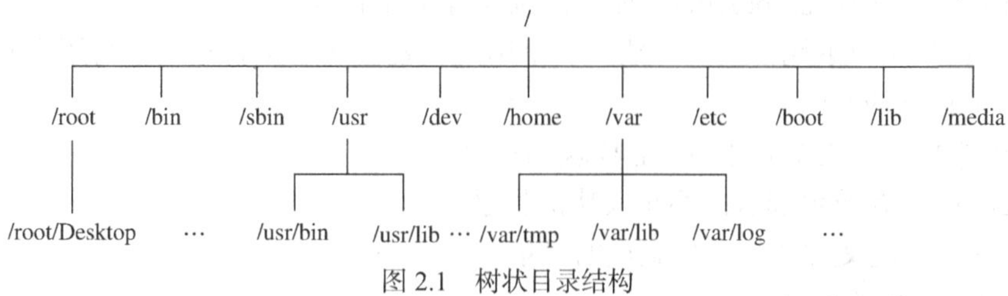

图 2.1 树状目录结构

2.1.2 起始目录与当前工作目录

起始目录通常是指 Linux 启动并加载文件系统后的目录。当我们进入终端用户界面时，我们就会进入 Linux 起始目录。起始目录一般是在主目录中（/home/你的用户名/），使用 ls 命令就可以看到其中的文件。

起始目录与根目录不同，它的符号为“～”。我们可以用“echo ～ ”命令查看该目录的情况，此时一般会输出/root 目录，而我们应该知道该目录为超级用户目录，它是提供给超级用户使用的。

当前工作目录是指用户当前所处的目录，它是文件系统当前所在的目录。如果命令没有额外指定路径，则默认为当前工作目录。比如 ls 命令，如果没有指定目录，就会显示出当前工作目录的文件。

2.1.3 路径名

路径名是指到达指定节点的通路的名称，可用于定位文件。它包括通路上经过的所有目录的名称。在树状目录结构中，从根目录到任何数据文件之间，只有一条唯一的通路，在该路径上从树的根（主目录）开始，把全部目录文件名与数据文件名依次用“/”连接起来，即可构成该数据文件的路径名。系统中的每个数据文件都有唯一的路径名。

在 Linux 操作系统中主要包含两种路径，即相对路径与绝对路径。

（1）相对路径是指起始点是当前工作目录的路径名。路径不是从根目录开始的。例如，首先用户进入/home，然后进入 test，执行的命令为“#cd /home”“#cd test”。此时用户所在的路径为 /home/test。第一个 cd 命令后紧跟/home，前面有“/”；而第二个 cd 命令后紧跟 test，前面没有“/”。这个 test 是相对于/home 目录来讲的，所以称为相对路径。

（2）绝对路径是指起始点是根目录的路径名。路径一定是从根目录开始的，例如 /usr/local/mysql。

2.1.4 标准目录与文件

在 Linux 操作系统中，比较重要的标准目录与文件如下。

/：根目录，所有其他文件都在根目录下。

/bin：存放基本命令的二进制文件的目录，其主要存放 Linux 下常用的命令和工具。

/boot：存放引导加载器的固有文件的目录，Linux 就是从这里启动的。

/dev：存放设备文件的目录，其主要存放着 Linux 下的所有设备文件。

/etc：存放本地系统配置文件的目录。

/etc/X11：存放本地 X Window 系统配置文件的目录。

/etc/opt：存放保存在/opt 中的附加软件包配置文件的目录。

/home：存放用户本地目录。每建立一个用户，就会在这里新建一个与用户同名的目录，给该用户一个自己的空间。

/lib：存放共享系统库文件和核心模块的目录。

/lib/modules：存放可加载的系统模块的目录。

/mnt：存放系统文件的临时挂载点的目录。

/opt：存放附加软件包的目录。

/proc：存放核心和进程信息虚拟文件系统的目录。这其实是一个“假目录”，通过它可以访问到内存的内容。

/root：超级用户的本地目录。

/sbin：存放基本系统二进制文件的目录，这里存放着系统级的命令。

/tmp：存放临时文件的目录。

/usr：存放次重要的分级文件系统的目录，它通常用来安装各种软件。

/usr/bin：存放大部分的用户命令的目录，主要是一些用户安装的命令和工具。

/usr/bin/X11：存放到/usr/X11R6/bin 的符号链接的目录。

/usr/games：存放游戏和教育程序的目录。

/usr/include：存放 C 语言的头文件的目录。

/usr/include/X11：存放到/usr/X11R6/include/bin 的符号链接的目录。

/usr/lib：存放库文件的目录。

/usr/local：存放本地分级文件系统的目录，常用来安装新软件。

/usr/man：存放在线文档的目录。

/usr/sbin：存放次重要的系统管理二进制文件的目录。

/usr/share：存放独立性结构数据的目录。

/usr/share/doc：存放其他杂项文档的目录。

/usr/share/info：GNU 信息系统的主要目录。

/usr/src：存放源代码的目录。

/usr/X11R6：存放第 1 版本第 6 次修正的 X Window 系统协议的目录。

/var：存放变量数据的目录。

/var/log：存放日志文件的目录。

/var/spool：存放应用程序队列数据的目录，其主要存放一些邮件、新闻和输出队列等。

2.2　文件的定义与分类

2.2.1　文件的定义

Linux 文件系统中的文件是数据的集合。文件系统不仅包含文件中的数据，而且包含文件系统的结构，大多数与 Linux 用户和程序相关的文件、目录、软连接及文件保护信息等都存储在其中。

2.2.2　文件的分类

Linux 文件系统中的文件大致可以分成以下 7 类。

1. 普通文件

普通文件是 Linux 中最多的一种文件。根据存放内容的不同，普通文件又分为两种：纯文本文件（ASCII）以及纯二进制文件（binary）。其中，纯文本文件主要存放的是文字编码，文本编辑器打开后会将这些文字编码翻译为文字图形，以供人识别；纯二进制文件（机器码）主要包含经过编译后得到的可执行文件，里面存放的是 CPU 执行的纯机器码。由于文本编辑器只能认识文字编码，因此用文本编辑器打开纯二进制文件后，显示的内容是错乱的，无法辨识。

2. 目录文件

目录文件是一种特殊的文件，专门用于管理其他文件。目录文件是可以使用 # cd 命令进入的。

两大部分，第一部分是文件属性，第二部分是文件名（当然也包括子目录名）。如果继续对文件属性进行细分，那么最左边的是文件类型；其次是 3 个权限域；在权限域之后是文件硬链接数或目录的子目录数；剩下的 4 个域分别是文件所有者、文件所有者所在组、文件大小（请注意是以字节为单位）以及文件最后修改时间。

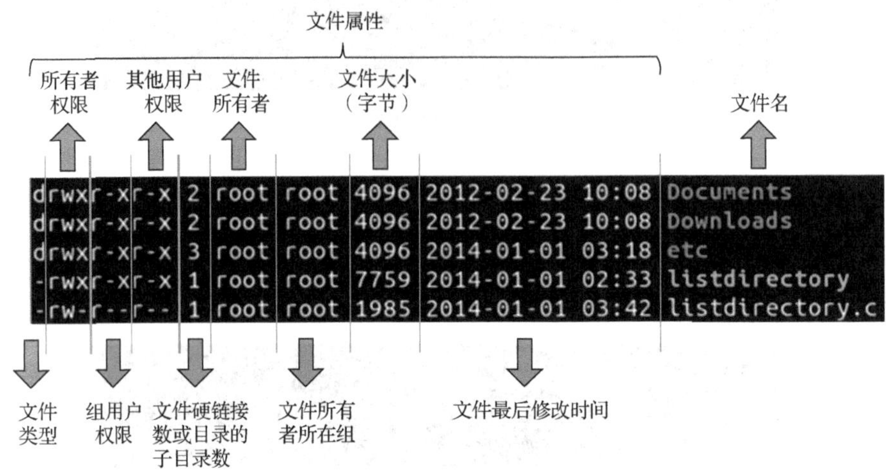

图 2.7 ls -l 命令所展示的文件信息

如前文所述，Linux 操作系统有一个特点，那就是“一切都是文件”，所有的资源都尽可能地映射成文件来管理（当然也有例外，例如网络设备）。如表 2.1 所示，Linux 操作系统可以支持 7 种类型的文件。

表 2.1 Linux 操作系统支持的文件类型

标识	文件类型
-	普通文件
d	目录文件
c	字符设备文件
b	块设备文件
p	管道文件或 FIFO 文件
l	符号链接文件
s	套接字文件

除了支持多种文件类型以外，Linux 操作系统还对文件实施完善的访问权限管理，普通用户要对某个文件进行相关操作，必须具备对该文件的对应操作权限。如表 2.2 所示，Linux 操作系统规定的文件操作权限可以分为读、写和执行。

表 2.2 Linux 操作系统规定的文件操作权限

标识	文件访问权限
r	读权限
w	写权限
x	执行权限

2.4 文件操作命令

2.4.1 显示文件内容

cat 命令：显示文件内容，其后的命令行参数（文件）依次被打开，文件内容全部显示在屏幕上。示例如图 2.8 所示。

```
[chenjia@centos7 dir2]$ cat test1
This is a sentence in test1 file.
[chenjia@centos7 dir2]$ cat test1 test2
This is a sentence in test1 file.
这是test2文件的一个句子。
```

图 2.8 cat 命令示例

more 命令：逐屏显示文件内容。与 cat 命令不同，more 命令并不是一次性显示完。若文件长度大于 23 行，屏幕底部会显示“More”或“More+已显示百分比”。示例如图 2.9、图 2.10 所示。

```
[chenjia@centos7 dir2]$ more test1 test2
::::::::::::::
test1
::::::::::::::
This is a sentence in test1 file.
--More--(下个文件: test2)
```

图 2.9 more 命令示例 1

```
[chenjia@centos7 ~]$ more test1 myFind
::::::::::::::
test1
::::::::::::::
This is a sentence in test1 file.
::::::::::::::
myFind
::::::::::::::
# Determine whether the target file exists
# Whether it is a directory file
if [ -f $1 ]
then
--More--(52%)
```

图 2.10 more 命令示例 2

2.4.2 复制文件

cp 命令：复制命令，其基本格式如下。

```
cp [-i][-r] oldfile newfile
```

成功执行该命令即将 oldfile 文件复制到 newfile 文件中，oldfile 文件继续存在。执行命令前，若 newfile 文件存在，则 oldfile 文件的内容直接覆盖 newfile 的内容；若 newfile 文件不存在，则新建 newfile 文件并进行复制。

该命令选项有两个，即-i 和-r。其中，-i 表示请求确认；-r 表示复制目录及其内部的所有文件到新的目录下。示例如图 2.11 所示。

```
[chenjia@centos7 ~]$ cp -r ./dir2 ./dir3
[chenjia@centos7 ~]$ cp -i ./dir2/test1 ./dir2/test1_1
```

图 2.11 cp 命令示例

2.4.3 移动文件

mv 命令：给文件换名，或将文件移至新的目录下。示例如图 2.12 所示。

```
[chenjia@centos7 dir2]$ mv test1_1 test1_2
```

图 2.12 mv 命令示例

2.4.4 删除文件

rm 命令：删除命令，其基本格式如下。

```
rm [-i][-r] file [file1 file2 …]
```

成功执行该命令将永久删除文件。

选项-i 和-r：-i 表示删除文件前需用户确认；-r 表示强制删除文件，包括目录文件。示例如图 2.13 所示。

```
[chenjia@centos7 dir2]$ rm -i test1_2
rm: 是否删除普通文件 "test1_2"? y
[chenjia@centos7 dir2]$ rm -r test2
```

图 2.13 rm 命令示例

2.4.5 打印文件

lp 命令：打印命令，其基本格式如下。

```
lp [-options] file [file1 file2 …]
```

成功执行该命令并连接可操作打印机后，打印任务交予后台，屏幕将出现 Shell 的命令提示符，可继续前台的工作。

选项如下。

-d：在指定的打印机上进行打印任务。

-m：打印任务完成，通过 mail 方式告知用户。

-n：指定打印份数。

-s：取消屏幕的提示信息。

-t：文档封面打印标题。

-w：打印完成后在用户端显示提示信息。

2.4.6 格式化输出文件

pr 命令：格式化输出命令，将文件内容以标准打印格式显示在屏幕上。示例如图 2.14 所示。

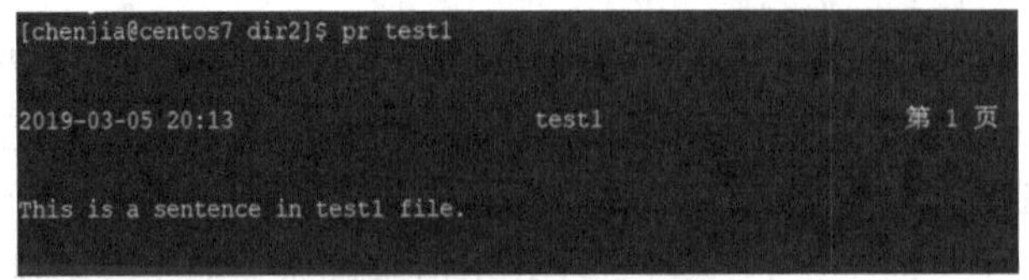

图 2.14 pr 命令示例

2.4.7 链接文件

ln 命令：链接文件命令，给一个已经存在的文件再取一个名字，新的文件名指向旧的文件，文件内容并没有被复制。示例如图 2.15 所示。

```
[chenjia@centos7 dir2]$ ls -l test1
-rw-r--r-- 1 chenjia root 34 3月   5 20:13 test1
[chenjia@centos7 dir2]$ ln test1 test1_1
[chenjia@centos7 dir2]$ ls -l test1 test1_1
-rw-r--r-- 2 chenjia root 34 3月   5 20:13 test1
-rw-r--r-- 2 chenjia root 34 3月   5 20:13 test1_1
```

图 2.15　ln 命令示例

2.4.8　基本实用程序

wc 命令：文件统计命令，可以同时对一个或者多个文件进行行、单词和字符数统计。选项：-l 表示只对行进行计数；-w 表示只对单词进行计数；-c 表示只对字符数进行计数。示例如图 2.16 所示。

```
[chenjia@centos7 dir2]$ wc test1
 1  7 34 test1
[chenjia@centos7 dir2]$ wc test1 test2
 1  7 34 test1
 1  1 21 test2
 2  8 55 总用量
[chenjia@centos7 dir2]$ wc -c test1
34 test1
```

图 2.16　wc 命令示例

find 命令：查找文件命令，在指定目录下递归查找指定文件。其基本格式如下。

```
find pathname1 [pathname2 …] option1 [option2 …] [action]
```

pathname 是指定目录的路径，option 是所需查找的文件部分属性，action 是找到文件后的动作。示例如图 2.17 所示。

sort 命令：文件内容排序命令，通过逐行对比内容的 ASCII 码的大小实现排序。示例如图 2.18 所示。

grep 命令：文件内容搜索命令，在一个或者多个文件中搜索包含指定字符串的行并将其显示出来。示例如图 2.19 所示。

```
[chenjia@centos7 dir2]$ find . -name test1 -print
./test1
[chenjia@centos7 dir2]$ find . -name "test*" -exec wc {} \;
 1  7 34 ./test1
 1  1 21 ./test2
 1  7 34 ./test1_1
```

图 2.17　find 命令示例

```
[chenjia@centos7 dir2]$ cat test1
This is a sentence in test1 file.
This is a test sentence.
This is the third sentence.
This is the fourth sentence.
[chenjia@centos7 dir2]$ sort test1
This is a sentence in test1 file.
This is a test sentence.
This is the fourth sentence.
This is the third sentence.
```

图 2.18　sort 命令示例

```
[chenjia@centos7 dir2]$ grep test test1 test2
test1:This is a sentence in test1 file.
test1:This is a test sentence.
test2:这是test2文件。
```

图 2.19　grep 命令示例

head 命令：显示文件头部信息，缺省时默认为前 10 行。如果给定一个减号开始的数字，则显示文件开头的指定行数。示例如图 2.20 所示。

```
[chenjia@centos7 dir2]$ head test1
This is a sentence in test1 file.
This is a test sentence.
This is the third sentence.
This is the fourth sentence.
[chenjia@centos7 dir2]$ head -2 test1
This is a sentence in test1 file.
This is a test sentence.
```

图 2.20　head 命令示例

tail 命令：显示文件尾部信息，缺省时默认为后 10 行。如果给定一个减号开始的数字，则显示文件结尾的指定行数。示例如图 2.21 所示。

```
[chenjia@centos7 dir2]$ tail test1
This is a sentence in test1 file.
This is a test sentence.
This is the third sentence.
This is the fourth sentence.
[chenjia@centos7 dir2]$ tail -2 test1
This is the third sentence.
This is the fourth sentence.
```

图 2.21　tail 命令示例

cut 命令：切取文件内容命令，通过“切取”文件中的行或字段，达到显示部分内容的目的。选项：-f 是指定字段的位置；-c 是指定列的位置；-d 是指定字段分隔符，缺省时默认分隔符是 tab。示例如图 2.22 所示。

```
[chenjia@centos7 dir2]$ cat test3
uestc    :0           2019-02-26 18:13 (:0)
chenjia  pts/0        2019-03-10 09:13 (113.54.237.169)
[chenjia@centos7 dir2]$ cut -c 23-32 test3
2019-02-26
2019-03-10
```

图 2.22　cut 命令示例

2.5　文件的权限管理

2.5.1　文件的权限种类

Linux 下的文件可以对 3 类用户进行权限限制。这 3 类用户分别如下：

用户（user），简称 u，也就是文件所有者；

用户组（group），简称 g，也就是和文件所有者同组的用户；

其他用户（other），简称 o，也就是除用户、用户组以外的所有用户。

把这些用户加起来叫作所有用户（all），简称 a。只有文件所有者可以改变文件的权限，用户的权限高于用户组的权限；而超级用户永远拥有最高权限，不受权限限制。

Linux 下权限表示的形式有两种：字母形式和数字形式。对于字母，r、w、x 分别为 read、write、execute（执行，对于目录是进入的权限）。对于数字，r=4、w=2、x=1。采用字母的方法表示，要完全表示 user、group、other 的权限，则需要 9 个字母。而数字可以用相加的方式表示，只需要 3 个数字就可以。

例如某权限为-rwxr-----。这里的第一个字符表示具有此权限的实体是目录还是文件，如果是目录则为字母 d，如果是文件则为-。这里第一个字符为“-”，说明具有此权限的实体是文件。剩余的 9 个字母 3 个为一组，表示 user、group、other 的权限。如 rwxr-----可分为 rwx、r--、---，第一个 rwx 表示这个文件的用户拥有读、写、执行的权限，第二个 r--表示在用户组里的用户只有读的权限，第三个---表示其他用户什么权限也没有。如果用数字表示，rwx=4+2+1=7，r--=4+0+0=4，---=0+0+0=0，所以 rwxr-----也就是 740。

2.5.2　文件权限的检测与修改

chmod 命令：修改文件或目录的访问权限，其基本格式如下。

```
chmod pattern file
```

pattern 有两种表示形式：字母形式和数字形式。前者由用户类别（u、g、o）、如何改变（+、-）和权限（r、w、x）3 部分组成；后者把 9 位字母形式的权限划分为 3 组（本用户、同组用户和其他用户），每组 3 位（读、写、执行），在每一位上有对应权限则为 1，没有对应权限则为 0，由此可以把 9 位二进制数表示的权限变成 3 位八进制数表示的权限。示例如图 2.23 所示。

```
[chenjia@centos7 dir2]$ ls -l test1
-rw-r--r-- 2 chenjia root 116 3月  10 10:22 test1
[chenjia@centos7 dir2]$ chmod u+x test1
[chenjia@centos7 dir2]$ ls -l test1
-rwxr--r-- 2 chenjia root 116 3月  10 10:22 test1
[chenjia@centos7 dir2]$ chmod 644 test1
[chenjia@centos7 dir2]$ ls -l test1
-rw-r--r-- 2 chenjia root 116 3月  10 10:22 test1
```

图 2.23　chmod 命令示例

2.5.3　文件所有权的修改

chown 命令：修改文件或目录的所有者命令。选项-R 和-v：-R 表示递归地改变指定目录及其下所有子目录和文件的所有者；-v 表示显示 chown 命令所做的工作。

chgrp 命令：修改文件或目录的用户组命令。

2.6　文件名置换

在 Linux 操作系统中，常常使用通配符来代替文件名中某一类或某一种字符串，使用户在表达多个文件名时，只需使用一个带通配符的文件名，来代表若干个文件名，而不是把这若干个文件名枚举出来。

入口，在屏编 vi 工作模式下可以轻松切换到行编 edit 工作模式中，两种工作模式的特点如下。

（1）屏编工作模式：以字符为命令编辑单位，常用命令为 vi、v、view。

（2）行编工作模式：以行为命令编辑单位，常用命令为 edit、e、ex。

3.2　vi 编辑器的屏编工作模式

vi 编辑器在屏编工作模式下又分为两种工作模式，即命令模式和文本输入模式。各模式的具体使用情况描述如下。

3.2.1　命令模式

任何时候，不管用户处于何种模式，只要按 Esc 键，即可使 vi 进入命令模式。我们在 Shell 环境（提示符为$）下输入启动 vi 命令，进入编辑器时，也是处于该模式下。

在该模式下，用户可以输入各种合法的 vi 命令，用于管理自己的文档。此时从键盘上输入的任何字符都被当作编辑命令来解释。若输入的字符是合法的 vi 命令，则 vi 在接收用户命令之后完成相应的动作。但需注意的是，所输入的命令并不在屏幕上显示出来。若输入的字符不是合法的 vi 命令，则 vi 会报警（响铃）。

3.2.2　文本输入模式

在命令模式下输入插入命令 i、附加命令 a、打开命令 o、修改命令 c、取代命令 r 或替换命令 s 都可以进入文本输入模式。在该模式下，用户输入的任何字符都被当作文件内容保存起来，并显示在屏幕上。在文本输入过程中，若想回到命令模式下，按 Esc 键即可。

3.3　屏编 vi 的使用方法

屏编 vi 的具体使用方法如下。

3.3.1　vi 的启动与退出

vi 命令的基本格式如下。

```
$ vi filename
```

在 Shell 中执行该命令，即可进入屏编 vi 的命令模式。示例如图 3.1、图 3.2 所示。

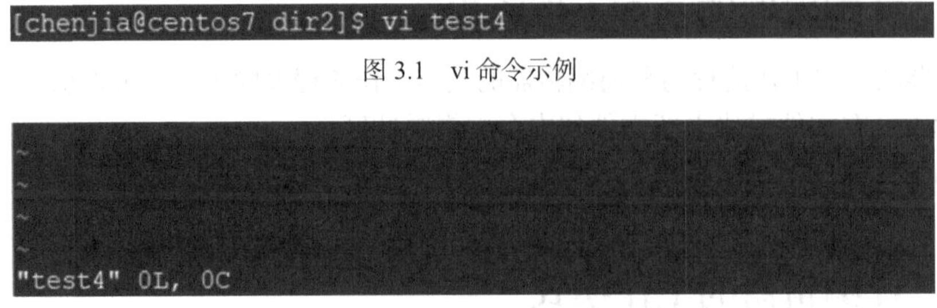

图 3.1　vi 命令示例

图 3.2　命令模式展示

vi 的退出：按 Esc 键进入命令模式，在命令模式下输入“:wq”，按 Enter 键返回 Shell 状态。示例如图 3.3 所示。

图 3.3 vi 退出示例

3.3.2 vi 的常用命令

1. 文本输入模式

i 命令：在光标前插入文本。

I 命令：在光标所在行首插入文本。

a 命令：在光标后加入文本。

A 命令：在光标所在行尾加入文本。

o 命令：在光标所在行的下面新加一行。

O 命令：在光标所在行的上面新加一行。

Esc 命令：退出文本输入模式，返回命令模式。

2. 命令模式

←、↓、↑、→命令：光标左、下、上、右移动。

h、j、k、l 命令：光标左、下、上、右移动。

^命令：光标从当前位置移到本行行首。

$命令：光标从当前位置移到本行行尾。

+命令：光标下移一行。

-命令：光标上移一行。

Space 命令：光标右移。

BackSpace 命令：光标左移。

3. 删除文本命令

x 命令：删除光标所在字符。

dw 命令：删除从光标开始到光标所在单词结尾的部分。

D 命令：删除光标所在位置到行尾部分。

dd 命令：删除光标所在行。

x、dw、dd 命令前都可以加上数字，表示同时删除多个单位。

4. 替换文本命令

r 命令（字符替换命令）：把当前光标所在字符替换为紧跟在 r 命令后面的字符（只替换一个字符）。

cw 命令（单词替换命令）：在当前光标所在单词中，把光标所在字符到该单词结尾部分替换为紧跟在 cw 命令后的内容，直到按 Esc 键结束。新替换部分可能与被替换部分不等长。

5. 搜索文本命令

/ 命令：输入 / 后，/ 出现在屏幕左下角，当输入要查询的字符串并按 Enter 键后，vi 从当前位置开始向文件尾方向进行查找，并停留在找到的第一个字符串位置。如果按 n 键（关闭大写锁定）则继续向文件尾方向查找。如果查找到文件尾后继续按 n 键，则又从文件头开始向文件尾方向进行查找。在查找过程中如果按 N 键（开启大写锁定），则是向文件头方向进行查找。

? 命令：与 / 命令功能完全相同，只是查找方向是从当前位置开始向文件头方向进行。

6. 其他辅助操作

u 命令：取消最近一条修改文本的命令。

. 命令：重复最近一条修改命令。

J 命令：把下一行连接到当前行的行尾。

p 命令：把最近一次删除命令删除的内容粘贴到当前光标之后，光标以后的内容依次向后移动；如果最近删除的是行，则将删除的行粘贴到当前行下面，原当前行下面的行依次向下移动。对一次删除的文本，可用 p 命令粘贴任意多次。

对第一次用 vi 的读者来说，有几点需要特别注意。

（1）用 vi 打开文件后，是处于命令模式，要切换到插入模式才能够输入文字。切换方法：在命令模式下按 i 键就可以进入文本输入模式，这时候你就可以开始输入文字了。

（2）编辑好后，需从文本输入模式切换为命令模式才能对文件进行保存。切换方法：按 Esc 键即可进入命令模式。

（3）保存并退出文件：在命令模式下输入“:wq”并执行即可（别忘了 wq 前面的“:”）。

3.4 行编 edit 的使用方法

在行编 edit 中，每一条编辑命令编辑的单位是行而不是字符，定位点是“当前行”而不是“光标所在字符”。

3.4.1 进入行编

进入行编有以下两种方法。

1. 从 Shell 进入行编

在 Shell 中输入以下命令即可进入行编。

```
$ edit (或e、ex) file
```

上述命令得到的结果如图 3.4 所示。

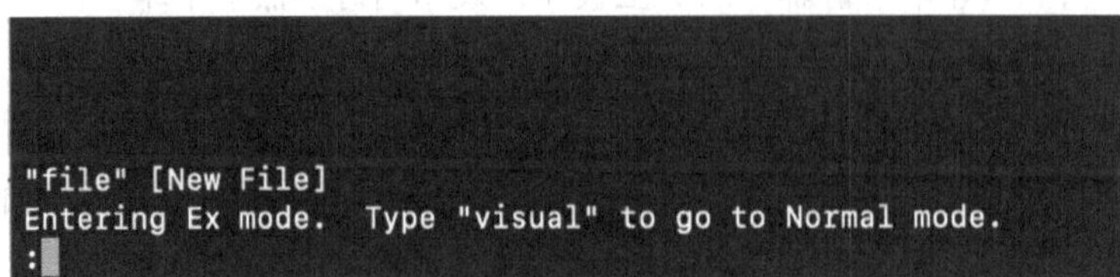

图 3.4 从 Shell 进入行编

2. 从屏编进入行编

在 vi 的命令模式下按“:”键即可进入行编，可得到图 3.5 所示的结果。

图 3.5 从屏编进入行编

3.4.2 退出行编

退出行编也有两种方法，分别如下。

1. 从行编退回到屏编

直接在行编模式下输入 vi 并执行即可，示例如图 3.6 所示。从行编回到屏编后，光标停留在行编处理的最后一行的下一行的行首。

图 3.6 从行编退回到屏编

2. 从行编退回到 Shell 状态

可以使用以下几种命令从行编退回到 Shell 状态。

:wq：写回（覆盖）原文件，并退回 Shell。

:q：退出行编（不写文件），返回 Shell。

:q!：强行退出行编，返回 Shell。

如果:q 命令运行成功，则表明文本未被修改或修改后已保存；否则程序将给出错误提示，并拒绝退出。

3.4.3 行编的常用命令

:n：把第 *n* 行作为当前行（光标移动到第 *n* 行）。

:np：显示第 *n* 行的内容，并把第 *n* 行作为当前行。

:m,np：显示第 *m* 行到第 *n* 行的内容，并把第 *n* 行作为当前行。

:d：删除当前行的内容，被删除行的下一行为当前行。

:nd：删除第 *n* 行的内容，（删除操作后的）第 *n* 行为当前行。

:m,nd：删除第 *m* 行到第 *n* 行的内容，（删除操作后的）第 *n* 行为当前行。

:a：在当前行的下一行开始输入文本，直到按 Esc 键为止。

:1,$：表示从第一行到最后一行（整个文本）的范围。

:.,$：表示从当前行到最后一行的范围。

:s/string1/string2/：把当前行中的第一个字符串 string1 替换为字符串 string2。

:m,ns/string1/string2/g：把从第 *m* 行到第 *n* 行中的所有字符串 string1 替换成字符串 string2。

:r　filename：在当前行的后面读入（附加）文件 filename 的内容。

:nr　filename：在第 *n* 行的后面读入（附加）文件 filename 的内容。

:w　filename：写到文件 filename 中，不退出。

:w!　filename：强行写到文件 filename 中，不退出。

3.5　vi 命令的选项

为方便用户更好地使用 Linux 操作系统，vi 命令提供了一些选项，具体说明如下。

1. 恢复上次的编辑副本

```
$ vi   -r    filename
```

将上次已被修改过，但因意外中断而未被保存的文件 filename 读入编辑缓冲区，使得编辑工作接着上次的工作继续进行。

2. 编辑加密文件

```
$ vi   -x   filename
```

如果被编辑文件 filename 是经过加密（encrypt）的，则可使用 -x 选项在输入密码后对 filename 文件进行编辑。

3.6　练习

1. 请简述编辑器的基本工作流程。
2. 编辑器工作模式有哪些？
3. vi 的启动有哪些常用的方法？
4. vi 的退出有哪些常用的方法？
5. 如何完成 vi 几种工作模式的转换？
6. vi 中常用的文本输入命令包含哪些？
7. 替换文本命令 r 和 cw 的区别是什么？
8. 搜索文本命令/和？的功能是什么？它们的主要区别是什么？
9. 列出下面命令的功能：x、 h、 A、q!、 wq、 a、 $、 0、 k。
10. 进入行编的两种常用方法是什么？
11. 退出行编的两种常用方法是什么？

12. 行编的常用命令有哪些？其作用分别是什么？

13. 利用行编的常用命令实现下述功能。

（1）显示所有文本。

（2）把当前行中的字符串 student 替换为字符串 teacher。

（3）把第 5 行到第 96 行中的所有 Sep 替换成 Oct。

（4）在当前行的后面读入（附加）文件 func7 的内容。

14. 常用的 vi 命令的选项包含哪些？其主要功能是什么？

15. 上机练习 vi 的基本使用方法。

第 4 章 Shell 的交互功能和进程管理

本章主要介绍 Shell 如何接收、解释执行和控制用户的各种类型的键盘命令，包括 Shell 的功能与分类、Shell 的内部命令、标准输入/输出重定向、Shell 的变量、Shell 的引用符、进程的状态和监控等内容。这些内容是用户在使用 Shell 的命令解释器功能时要直接用到的知识，也是学习 Shell 程序设计的基础。

4.1 Shell 的功能与分类

4.1.1 Shell 的功能简介

Linux 操作系统的重要特征之一就是为用户提供了大量的实用程序，这些实用程序都可以独立完成一定的功能。在这些众多的实用程序中有一个非常特殊的为用户提供操作界面的程序，我们称之为 Shell。

Shell 从用户终端的键盘上接收命令输入，继而分析执行。Shell 不仅是一个命令解释器，还是一种程序设计语言，利用 Shell 提供的多种结构语句可以组合各种各样的公共程序以及编写用户的应用程序，来完成复杂的任务。

每个用户登录系统后，操作系统都为其单独启动一个 Shell 程序，由该 Shell 程序来专门负责接收并解释执行这个用户所发出的所有命令。

4.1.2 Shell 的分类

一个 Linux 操作系统中通常包含多种不同类别的 Shell。AT&T 公司的史蒂文 • 伯恩（Steve Bourne）开发的 Bourne Shell（程序名是 sh）是最早和最基础的 Shell，以前的许多系统都使用 Bourne Shell 作为其默认的 Shell。现在在 Linux 操作系统上常使用的是 Bourne Shell 的增强版，即 Bourne Again Shell（程序名为 bash）。

由美国加利福尼亚大学伯克利分校的比尔 • 乔伊（Bill Joy）所开发的 C Shell（程序名为 csh），因其命令形式类似于 C 语言的句型而得名。C Shell 的一个兼容版本 tcsh 被用于 Linux。

由 AT&T 公司的戴维 • 科恩（David Korn）所开发的 Korn Shell（程序名为 ksh）功能强大，但 Korn Shell 的部分功能较为复杂，要充分使用好 Korn Shell 的特色功能，需要使用者具有较多的 Linux 操作系统使用经验。

除了上述 3 种类型的 Shell 外，还有一些其他类型的 Shell。实际上各种类型的 Shell 除了在命令格式和 Shell 语句的格式上有所差异外，主要功能和使用方法都是相同或相似的。由于 bash 简单、直观、兼容性好，特别适合初学者，因此大多数系统管理员都把 bash 用作系统的基本 Shell 和用户登录系统时的初始 Shell。用户进入系统后完全可以根据需要从一种 Shell 进入或退出到另一种 Shell。用户登录系统时的初始 Shell 由系统管理员在/etc/passwd 文件中指定。

本书后续各章以 bash 为基础来介绍 Shell 的交互功能和 Shell 的编程语句。

4.1.3　Shell 的启动和执行过程

当系统启动后，操作系统的核心程序 init 自动为每一个终端建立一个名为 getty 的进程。getty 进程确定终端的波特率以及显示和通信方式等特性后，在终端屏幕上显示“login:”，等待用户的登录。当用户输入登录名并按 Enter 键后，getty 进程启动 login 进程，login 进程在终端屏幕上显示“passwd:”，提示用户输入密码。当用户输入密码后，系统接收密码并与/etc/passwd 文件中用户相关信息相比较，查看是否一致。如果不一致，则重新登录；如果一致，则进入系统，并根据/etc/passwd 文件中的相关参数给该用户启动指定类型的 Shell。至此，用户终端屏幕上显示提示符“$”，表明 Shell 已经启动完毕，等待用户的输入。

当用户从键盘上输入命令并按 Enter 键后，Shell 开始分析命令。如果 Shell 收到的键盘命令是退出命令，则 Shell 终止运行，系统再次为该终端建立一个 getty 进程，等待用户的下一次登录。

如果 Shell 收到的键盘命令不是退出命令，Shell 就建立一个子进程来具体执行该命令，并睡眠等待子进程的结束。子进程执行结束后，唤醒睡眠等待的 Shell 父进程，Shell 又重新在屏幕上显示提示符“$”，等待新的命令输入。如果用户从键盘上输入的是尾部带有“&”的后台命令（4.1.4 小节将介绍后台命令），则 Shell 建立子进程后不是等待子进程的结束，而是立即开始等待接收新的命令输入。Shell 解释执行键盘命令的过程如图 4.1 所示。

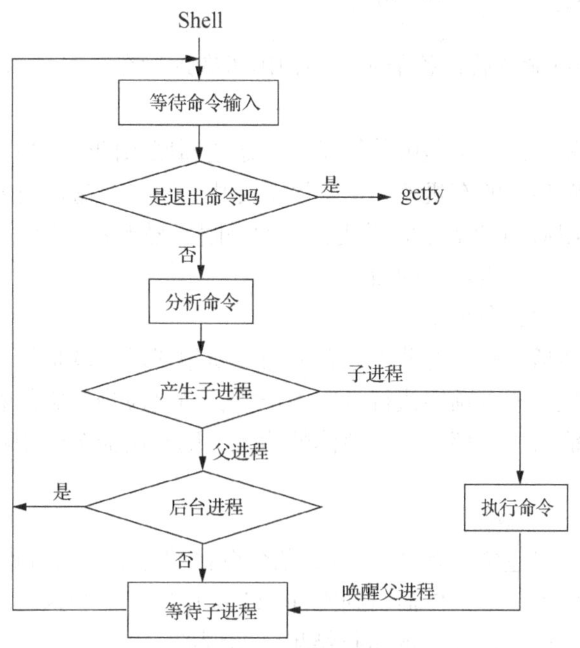

图 4.1　Shell 解释执行键盘命令的过程

4.1.4 Shell 可识别的命令类型

在 Linux 操作系统中，命令就是指用户或系统定义的完成一个特定功能的可执行文件；Shell 命令就是一个以 Enter 键作为结束标志位的命令行。用户既可以在一个命令行上输入一条简单的命令，也可以根据需要输入由多条命令（包括系统命令、实用程序和用户编写的应用程序等）组合而成的各种形式的复合命令，Shell 可以使用用户的一次键盘输入（一个命令行）高效地完成多项功能操作。Shell 可识别的命令类型包含以下 4 种类型。

1. 单条命令

单条命令是一条普通命令，即在一个命令行中只包含一条命令（包括命令名以及可能有的命令行选项和命令行参数等）。示例如下。

```
$ who -H
NAME        LINE        TIME                COMMENT
teacher     pts/0       2019-02-15 08:30    (202.115.253.125)
liudi       pts/2       2019-02-15 08:50    (202.115.253.128)
chenjia     pts/5       2019-02-15 10:26    (202.115.226.137)
$
```

2. 串行命令

串行命令就是在一个命令行中包含多条由分号（;）隔开的简单命令，这些简单命令之间没有任何逻辑联系，也不相互传输任何数据。Shell 执行串行命令时是从左至右顺序执行的，第一条命令执行完毕后再执行第二条命令，第二条命令执行完毕后再执行第三条命令，以此类推。串行命令由于在执行完一条命令后不需要等待键盘输入而自动开始执行命令行中的下一条命令，因此在需要连续执行多个操作的场合下是很有用的。示例如下。

```
$ who;pwd;date
liudi       pts/2       2019-02-15  08:50        (202.115.253.128)
chenjia     pts/5       2019-02-15  10:26        (202.115.226.137)
/home/teachers/liudi
Fri  Feb  15  20:07:20  CST  2019
$
```

Shell 顺序执行串行命令后，各条命令的输出依次连接在一起显示。

3. 命令组

命令组（或称为复合命令）是由若干条有一定逻辑联系的命令所组成的。命令组中的多条命令形成了一个相对独立的有机整体，通常需要共享同一个输入/输出文件，或在组内相互进行数据交换。命令组有两种常见的形式：一种是圆括号形式（用“()”表示）的命令组，一种是管道形式（用“|”表示）的命令组。

（1）使用圆括号形式的命令组

这种命令组是由圆括号标注的若干条普通命令所组成的。圆括号中是由分号隔开的串行命令，这些命令虽然从左至右顺序执行且互不干扰，但是应当把它们看作一个整体，所有命令的输出都作为整体输出的一部分；对整体的输入，则是由命令组中各条命令共享的。示例如下。

```
$ (date;pwd;who) > mdata
```

在这个例子中命令组包含 3 条命令，这 3 条命令虽然是从左到右顺序执行的(串行命令)，但它们的执行结果是作为一个整体输出到文件 mdata 中的，命令执行完毕后文件 mdata 中的内容依次是 date、pwd 和 who 命令的执行结果。示例如下。

```
$ cat mdata
```

```
Fri  Feb  15  21:38:45 CST  2019
/home/teachers/liudi
liudi        pts/2        2019-02-15  08:50        (202.115.253.128)
chenjia      pts/5        2019-02-15  10:26        (202.115.226.137)
xiaokun      pts/3        2019-02-15  11:13        (202.115.253.109)
$
```

（2）使用管道形式的命令组

管道用于连接两条命令，把第一条命令的执行结果传送给第二条命令，作为其运行参数。因此由一条管道所连接的两条命令之间就建立了密切的逻辑关系，管道前后的命令同时运行，管道后面的命令依赖管道前面的命令的执行结果。示例如下。

```
$ who | grep liudi
liudi            pts/2        2019-02-15 08:50    (202.115.253.128)
$
```

该命令组的 who 命令把当前系统中的用户清单通过管道传送给 grep 命令，grep 命令在收到的用户清单中查找包含字符串 liudi 的行。该命令组实际上就形成一个新的功能体：查看用户 liudi 当前是否已登录系统。

理论上无论是使用圆括号形式的命令组还是使用管道形式的命令组，都可以根据需要包含任意多条各种不同形式的命令，即命令组的每一条命令可以依然是一个子命令组或由其他任何工具所开发的功能强大的可执行程序名，由此可以非常灵活地在命令行上组合出各种功能模式的命令组。

4. 后台命令

有些时候某个程序的执行可能需要较长的时间，而我们又不想等待其执行完毕后才执行新的命令，这种情况下可以把这类程序放到后台执行。让 Shell 识别后台命令的方法就是在命令的后面加上“&”。如果 Shell 启动一条命令的执行后，不等待该命令执行完毕，就立即开始接收新的键盘命令，则该命令就是后台命令。后台命令在执行过程中不再接收终端键盘输入作为自己的输入数据源，也不再接收终端键盘输入的（类似 Ctrl+C 这样的中断键）控制命令。对应地，如果 Shell 启动一条命令并等待该命令结束后才接收新的键盘命令，并且该命令运行时默认的输入/输出都在当前的终端上，则该命令就是前台命令。

由于 Shell 可以在启动一个后台程序后，不等待其完成，又立即启动另一个后台程序，这就使得一个用户登录系统后可以同时执行多条后台命令和一条前台命令，即一个用户可同时完成多个任务。示例如下。

```
$ ls  -lR  /usr/include  >  inc_lst  &
[1]  6574
$
```

在该例中把/usr/include 目录及其子目录下所有文件的清单保存到文件 inc_lst 中。由于命令行尾有“&”，因此 Shell 启动 ls 命令后立即就显示提示符“$”，并开始接收新的命令。显示的“6574”是这个后台进程的进程号（Process ID，PID），如果稍后需要查看这个后台进程的执行情况，就通过这个进程号来查询。

实际上一个程序无论是在前台执行还是在后台执行，功能上是没有区别的。只是前台执行的程序会占用终端的显示窗口并读取键盘的输入，并且程序在执行过程中用户不能再同时执行其他命令；而后台执行的程序则不占用终端窗口，也不读取终端键盘的输入，并且用户可同时再执行其他命令。

4.2 Shell 的内部命令

Shell 命令解释器（包括 sh 、bash 和 csh 等）作为一个大型的软件包，其内部包含部分内置的功能（程序），用户可以像使用普通命令一样使用这些功能。所不同的是这些功能是 Shell 本身的一部分，在 Shell 的内部识别和执行，而不是文件系统中一个单独的可执行的程序。除了前文介绍的 cd、pwd 和 exit 等命令是 Shell 的内部命令外，Shell 还包含其他几十条内部命令。在 bash 环境下，输入 help 命令（这也是一条内部命令），就可列出 bash 的所有内部命令。下面介绍两条常用的 Shell 内部命令。

1. time 命令

time 命令用来显示一条命令（程序）的执行时间，常常在程序调试优化时使用。使用方式就是在普通命令的前面加上 time。示例如下。

```
$ time ls -lR /usr/data > bckup_lst
real    0m4.003s
user    0m2.471s
sys     0m1.531s
$
```

其中 real 表示该程序的总运行时间，user 表示用户程序部分的运行时间，sys 表示系统程序部分的运行时间。大多数情况下，real > user + sys，这是因为在多用户、多进程环境下，程序的总运行时间中还包含进程的等待和调度所花费的时间。由于运行环境的随机性，同一个程序在不同时间运行时，用 time 命令测出的时间都是有一些差异的。

2. echo 命令

echo 命令主要用于显示其后连接的字符串或变量的值。示例如下。

```
$ echo Hello World!
Hello World!
$
```

echo 命令后面可以没有字符串或变量，这时 echo 命令的执行结果就是显示一个空行。示例如下。

```
$ echo

$
```

如果 echo 命令后面有多个由空格隔开的字符串，则 echo 命令把这些参数都作为单独的命令行参数（字符串）来处理，显示时各个参数之间就只保留一个空格。示例如下。

```
$ echo this is    a    test line
this is a test line
$
```

如果要保留 echo 命令后面的多个字符串的格式（多个空格），就需要把这些字符串用双引号标注，表示为一个完整的字符串。示例如下。

```
$ echo "this is    a    test line"
this is    a    test line
$
```

如果要显示的内容不是一个特定的字符串，而是一个变量的值，则需要在变量名前面加上“$”。示例如下。

```
$ echo $HOME
/home/teachers/liudi
$
```

这表示 echo 命令不是显示“HOME”这个字符串，而是要显示存放在变量 HOME 中的值，即当前用户的主目录。

表 4.1 列出了 echo 命令的选项。

表 4.1　　echo 命令的选项

选项	功能
-n	禁止换行
-e	解释反斜线转义符

-e 选项主要用于解释出现在当前命令行上的以反斜线引导的转义符。如果没有-e 选项，则以反斜线引导的转义符就不起作用。不同类型的 Shell 中 echo 命令的执行方式和对转义符的解释可能有所不同。表 4.2 列出了 echo 命令常用的转义符，通过使用这些转义符，可以控制 echo 命令显示信息的格式。

表 4.2　　echo 命令常用的转义符

转义符	含义
\\	反斜线字符本身
\a	报警（响铃）
\b	退格符
\c	禁止回车符
\f	换页符
\n	回车换行符
\r	回车不换行符
\t	水平制表符
\v	垂直制表符

示例如下。

```
$ echo "Hello, World!"
Hello, World!
$
```

如果要把 Hello 和 World 这两个字符串放到两行来显示，则需输入以下命令。

```
$ echo -e "Hello, \n World!"
Hello,
World!
$
```

-e 选项开启了反斜线的转义功能，\n 则让 echo 命令的输出在此处换行。在屏幕上显示一行让用户进行功能选择的提示信息的示例如下。

```
$ Input your choice (y/n) [ _ ]
```

显示这行提示信息后，光标应停留在方括号内（而不是在下一行的行首）等待用户的输入。这样用户输入的字符无论是 y 还是 n，都放在方括号中，程序运行时的屏幕就显得整洁、清爽。要达到这种效果，这行命令就可以按以下示例设置。

```
$ echo -e "Input your choice (y/n) [ _ ]\b\b\c"
```

使用两个退格符（\b）是因为 echo 命令显示到右方括号后，光标是在右方括号的右边，要使光标停到左、右方括号之间，就要进行两次退格。禁止回车符（\c）的功能是让光标停留在方括号中，而不是停留到下一行的行首。

如果 echo 命令后边没有禁止回车符（\c），则当前的 echo 命令执行完后，下一个命令行的命令提示符（以及命令提示符前面可能有的相关字符串）就会把右方括号覆盖了，从而达不到预期的显示效果。如果用户想在命令行上试验一下这条命令，可输入一条简单的串行命令来进行。示例如下。

```
$ echo -e "Input your choice (y/n) [ _ ]\b\b\c"; read answer
Input your choice (y/n) [ y ]
$
```

在本例中 echo 命令执行完后，紧接着执行后面的 read 命令（4.3 节将详细介绍 read 命令）等待用户的输入。该串行命令执行完毕，因此光标停留在方括号中。当用户输入一个 y 并按 Enter 键后，光标才移到下一行显示“$”。

4.3 标准输入/输出重定向

Linux Shell 的一个重要的功能特征就是它能够重定向程序的输入和输出（简称 I/O 重定向）。一个程序的输出可以发送到其他程序或文件中；同样地，输入也可以来自其他程序或文件。

4.3.1 标准输入/输出

当执行一个普通程序（或称作 Shell 命令）时，系统会自动为该程序打开 3 个文件。这 3 个文件分别是标准输入、标准输出和标准错误输出，其文件描述符（file descriptor，fd）分别为 0、1 和 2。系统初始化时会将这 3 个文件连接到相应的终端上：0 连接到键盘上、1 和 2 连接到终端屏幕上。示例如下。

```
$ cat  file
this is the first line
this is the second line
this is the third line
$
```

该 cat 命令的运行结果就送到了标准输出上，即终端屏幕。如果要发送一封邮件给用户 chenjia，我们输入以下示例中的内容。

```
$ mail chenjia
# 用户输入"Subject: test letter"
# 用户输入"This is a test letter."
# 用户按 Ctrl+D 键结束输入
$
```

我们输入用户名并按 Enter 键后，系统就处于接收状态，等待用户输入邮件主题（屏幕上不显示输入内容），当输入邮件主题 test letter 后，下一行开始输入邮件正文（屏幕上不显示输入内容）。这时的输入就是标准输入。按 Ctrl+D 键后，输入结束。

当我们输入一个错误命令时，Shell 会将错误信息送到标准错误输出上，所以我们能够在屏幕上立即看到。示例如下。

```
$ cat xyz
cat: xyz: No such file or directory
$
```

在默认情况下，一个程序在运行时如果需要输入和输出，它就从标准输入（键盘）上读入数据，并把运行结果送到标准输出（屏幕）上，运行错误时，它就把错误信息送到标准错误输出（屏幕）上，但是我们可以把一个程序的输入来源或输出方向重定向为其他的文件或程序。

4.3.2　标准输入重定向

当我们要向用户 zhang 发送邮件时，通常的做法如以下示例。

```
$ mail zhang
# 用户输入"Subject: ..."
```

此时系统开始从键盘（标准输入）接收邮件主题和正文，按 Ctrl+D 键结束正文后，邮件就被发往用户 zhang。如果要发送的邮件的正文来自一个文件而不是键盘，那么我们就可以按如下示例进行操作。

```
$ mail zhang < letter
$ cat letter
Teacher Zhang, This is a test letter to you.
$
```

这样邮件就发给了用户 zhang。在这个例子中，程序 mail 在运行时的标准输入已从终端键盘重定向为文件 letter。“<”就是输入重定向的标志位。示例如下。

```
$ cat abc
aaaaaaaaaaaaaaaaaaaaaaaaa
bbbbbbbbbbbbbbbbbbbbbb
cccccccccccccccccccccccccccc
$
```

cat 命令在运行时通常后面应指定一个（或多个）命令行参数作为要显示其内容的文件名。本例中文件 abc 是作为 cat 的命令行参数的形式被打开的。但是当 cat 命令不带参数运行时，示例如下。

```
$ cat
# 用户输入"abcde"
abcde
# 用户输入"fghij"
fghij
# 用户按 Ctrl+D 键结束输入
$
```

本例中输入不带参数的 cat 命令后，由于 cat 命令没有输入数据，无法运行下去，因此 cat 命令就要从标准输入读入数据（等待用户从键盘输入数据）。当我们在键盘上输入一行内容（第一行 abcde）并按 Enter 键后，cat 命令读入这行内容，并将运行结果显示在屏幕上（第二行 abcde）。类似地，第一行 fghij 是键盘输入的内容，第二行 fghij 是 cat 命令运行的结果。按 Ctrl+D 键后，cat 命令认为读到了输入文件的文件尾，运行结束。

cat 命令可以不带命令行参数，但可以通过后接标准输入重定向语句的方式来执行，示例如下。

```
$ cat < abc
aaaaaaaaaaaaaaaaaaaaaaaaa
bbbbbbbbbbbbbbbbbbbbbb
cccccccccccccccccccccccccccc
$
```

本例中 cat 命令以标准输入重定向的方式打开文件 abc，其运行结果还是显示文件 abc 的内容，与 cat 命令直接在命令行上打开 abc 文件（即命令 cat abc）的效果一致，但意义却不同。

4.3.3 标准输出重定向

标准输出重定向有两种形式：一种是覆盖形式，符号为“>”；一种是追加形式，符号为“>>”。

使用覆盖形式的标准输出重定向时，程序运行的结果将被送入目标文件，如果程序运行前该文件存在，则运行结果覆盖文件中原有的内容；如果程序运行前该文件不存在，则新建该文件，并将运行结果送入该新文件。

使用追加形式的标准输出重定向时，如果程序运行前目标文件不存在，则新建该文件，将程序运行的结果送入新文件；如果程序运行前目标文件存在，则将程序运行的结果追加到该文件原有内容的尾部，而不是覆盖原有的内容。

无论是使用覆盖形式的标准输出重定向，还是使用追加形式的标准输出重定向，程序运行后的结果都输出到目标文件中，而不再显示在屏幕上。示例如下。

```
$ cat myfile
aaaaa
bbbbb
$
```

上述命令的含义是把文件 myfile 的内容显示在屏幕上。

```
$ cat myfile > newfile
$
```

上述命令的含义是把文件 myfile 的内容送入到文件 newfile 中，标准输出已被重定向到了文件 newfile 中，因此屏幕上就不会再显示文件 myfile 的内容了。运行结果相当于复制文件 myfile 并命名为 newfile。

如果文件 newfile 在本命令运行前已存在，且内容非空，则本命令的执行将完全覆盖文件 newfile 原有的内容。

```
$ cat file1 file2 > file3
```

上述命令把文件 file1 和 file2 的内容依次送入文件 file3，即把两个小文件连接成了一个大文件。

```
$ cat abc >> oldfile
```

上述命令把文件 abc 的内容追加到文件 oldfile 已有内容的尾部，而不是覆盖文件 oldfile 原有的内容。

课堂演练 1

按字母顺序逐屏显示当前系统中所有已登录的用户名单。

```
$ who > tmpfile1
```

上述命令把当前已登录的用户名单保存在临时文件 tmpfile1 中。

```
$ sort tmpfile1 > tmpfile2
```

上述命令把排序后的用户名单保存在临时文件 tmpfile2 中。

```
$ more tmpfile2
```

上述命令逐屏显示已排好序的用户名单。

```
$ rm tmpfile1 tmpfile2
```

上述命令删除不用的临时文件。

课堂演练 2

保存程序的运行日志。系统中经常会有一些长时间运行且“无人值守”的程序（包括系统程序和应用程序），有必要记录下它们整个运行过程中的所有输出信息，以便事后查验。一种简单的处理方式如下所示。

```
$ sys_monitor >> runlog
```

上述命令把应用程序 sys_monitor 在运行时的各种输出都逐条累加到了日志文件 runlog 中，监控人员只需要查看日志文件 runlog 中的信息，就能够掌握应用程序某段时间的运行情况。

4.3.4 标准错误输出重定向

当我们编译一个 C 语言程序时，输入如下命令。

```
$ cc -o prog prog.c
```

如果程序 prog.c 中有语法错误，则编译程序会将错误信息显示在屏幕上。如果错误信息很多，由于信息的滚动速度很快，我们就无法看清楚，因此有必要将错误信息保存到一个文件中。为此我们可以输入以下示例中的内容。

```
$ cc -o prog prog.c 2> errlog
```

这里的“2”表示标准错误输出，即把标准错误输出重定向到文件 errlog 中。注意：数字“2”前面要有空格，“2”和“>”之间不能有空格。

一个同时进行标准输出重定向和标准错误输出重定向的示例如下。

```
$ sort data_list > file_out 2> file_err
```

如果 sort 命令正常运行，则把排好序的结果送到 file_out 文件中保存；如果运行时出现错误，则把错误信息保存到 file_err 文件中。也就是说，无论该 sort 命令执行成功还是失败，屏幕上都没有任何显示。

再看一个标准输出重定向和标准错误输出重定向混用的例子。

```
$ grep Chengdu location > counter 2> &1
```

这里的“1”是指标准输出，“&1”表示标准输出的地址。本例中 grep 命令的标准错误输出被重定向到标准输出，而标准输出此前已先被重定向到了 counter 文件，因此在 grep 命令执行过程中，无论是正常的输出还是错误信息都送到 counter 文件中。

实际上，在同一个命令行上可以同时混合使用标准输入重定向、标准输出重定向和标准错误输出重定向。示例如下。

```
$ grep student < name_list > course
```

其意义是找出 name_list 文件中包含 student 字符串的行，并将查找的结果保存到 course 文件中。

典型的重定向形式如表 4.3 所示。

表 4.3 典型的重定向形式

命令形式	输入来源	输出方向	错误信息
cat	键盘	屏幕	屏幕
cat aa	aa	屏幕	屏幕
cat aa >bb	aa	bb	屏幕
cat >bb	键盘	bb	屏幕
cat <aa	aa	屏幕	屏幕
cat <aa >bb	aa	bb	屏幕
cat <aa >bb 2> cc	aa	bb	cc

4.3.5 管道

Shell 的一个重要功能特征就是能够使用管道来连接两条命令，把前一条命令的标准输出重定向到后一条命令作为其标准输入，其格式为：

```
$ command1 | command2
```

对 command1 来说，标准输出被重定向到管道；对 command2 来说，标准输入被重定向为管道。示例如下。

```
$ who | wc -l
```

上述命令的功能是查看系统中当前有几个用户在上机。who 命令把执行结果（活跃用户清单）通过管道送给 wc 命令，wc 命令统计用户清单中的行数（活跃用户的个数）后显示具体数字。

```
$ pr  myfile | lp
```

上述命令把文件 myfile 按标准输出格式处理后，送到打印机打印出来。

管道和标准输入/输出重定向也可以在一个命令行上混合使用。示例如下。

```
$ grep student user_list | sort > stu_list
```

该命令的功能是在包含用户名单的文件 user_list 中查找包含 student 的行，并把找到的结果排序后存放在文件 stu_list 中。

课堂演练 3

对于课堂演练 1 中的功能需求“按字母顺序逐屏显示当前系统中所有已登录的用户名单”，如果使用管道，就可以表现为如下很简单的形式。

```
$ who | sort | more
```

使用管道的好处就是在管道前后的程序之间传送数据时不需要产生许多临时文件，命令行简洁、明了，执行效率高。

4.4 Shell 的变量

Shell 在响应用户请求、执行相关操作的过程中需要保留和使用某些信息，使得其执行过程更加直观、高效且针对性更好，这些信息就存放在 Shell 的变量中。变量都有自己的名字，用户可以给它赋值，进而控制或定制当前的运行环境。Shell 的变量有 3 种类型：环境变量、系统变量和用户自定义变量。

4.4.1 Shell 的环境变量

Shell 的环境变量也称为标准变量，由系统定义并赋初值，用户可以直接使用这些变量的初值，也可以修改这些变量的值。这样每个用户（甚至是每个应用程序）都可以根据自己的需求来设置完全不一样的 Shell 环境变量，使运行环境各具特色。

Shell 的基本环境变量存放在/etc/profile 文件中，通常由系统管理员设定其初值。用户可以修改这些基本环境变量的初值，或另外定义一些新的环境变量。用户对基本环境变量的修改或新定义的环境变量通常放在用户主目录下的初始启动文件.profile 中。

当用户登录系统后，系统为该用户启动一个 Shell 程序时，首先执行/etc/profile 文件来设置初始的基本环境变量的值，然后执行用户主目录下的.profile 文件。因此如果用户在.profile 文件中重新修改了某些基本环境变量的值，或新定义了其他的环境变量的值，Shell 就会使用这些新的值。

在使用系统的过程中，用户也可以随时动态地修改环境变量的值；但这种修改是临时的，只在当前的 Shell 中起作用。当用户退出系统后又重新登录系统时，这种改变就不起作用了。如果要把对某个环境变量值的修改长期固定，就需要把对这些变量的修改动作放到.profile 文件中。

在 4.1 节中讲到，一个实际安装的 Linux 操作系统中可以有多种 Shell 类型，一个用户可以根据需要设定在自己登录系统时启动哪一种类型的 Shell 来作为自己的命令解释器。由于权限限制，用户登录系统时初始启动的 Shell 类型是由系统管理员在/etc/passwd 文件中设定的。在用户登录系统后的使用过程中，也可以从初始启动的 Shell 中动态地进入或退出到其他类型的 Shell 中。示例如下。

```
$ csh
%
```

假设初始启动的是 bash（提示符是“$”），输入 csh（C Shell 的程序名）后，就从 bash 进入 C Shell（提示符是“%”）中了。要从 C Shell 中返回到 bash 中，只需要输入 exit 命令并执行。

通常情况下，无论设定的初始 Shell 是哪一种类型，在用户的主目录下都有一个对应于这类 Shell 的初始启动文件，例如 bash 的初始启动文件为.bashrc，C Shell 的初始启动文件为.cshrc。Shell 的初始启动文件，顾名思义，就是用户在启动这种类型的 Shell 时要先执行一次的文件，初始启动文件中一般存放只针对这种类型的 Shell 所设置的环境变量，当然也可以在其中设置一些在这种 Shell 启动时需要执行的程序。用户登录系统后可以多次在不同类型的 Shell 之间进行跳转，因此用户就会多次进入和退出某种 Shell。每次进入一种类型的 Shell，都要执行一次用户主目录下的该类 Shell 对应的初始启动文件（如果有的话）。

如果在用户的主目录下既有.profile 文件，又有 Shell 初始启动文件，那么在用户登录系统时首先执行一次.profile 文件，再执行 Shell 对应的初始启动文件，之后.profile 文件就不再执行。而用户如果在不同类型的 Shell 之间多次跳转，则某种类型的 Shell 所对应的初始启动文件就要执行多次。因此，常常把那些无论使用哪种类型的 Shell 都要用到的环境变量的设置放到.profile 文件中，而把那些只针对特定类型 Shell 的环境变量设置放到对应的 Shell 初始启动文件中。

Shell 常用的几个环境变量如下。

1. HOME 变量

HOME 变量用于标识当前用户的主目录，也是用户登录系统后的初始目录。用户自己建立的文件都保存在这个目录以及这个目录的子目录下。例如：

```
$ HOME=/home/teacher/liudi
```

2. PATH 变量

键盘命令的搜索路径。该变量的值是由若干个用冒号隔开的目录名组成的，Shell 收到用户的键盘命令后，就从左至右依次在这些目录中查找命令，找到后就直接执行这些命令；如果没找到，就不再去其他目录查找了。

例如 PATH=/bin:/user/bin:./，就表明 Shell 收到用户的键盘命令后依次在/bin、/usr/bin 和当前目录下搜索。

3. TERM 变量

TERM 变量用于指定当前用户所用的终端类型。不同类型的终端具有不同的工作属性，包括波特率、奇偶校验位、字节位数、是否回显、中断键与擦除键的设置等。系统中有一个名为 terminfo 的数据库就装有 100 多种终端的属性参数。Shell 就是根据用户所设定的终端类型来确定与当前用户交换数据的方式的。示例如下。

```
$ TERM=vt100
```

4. IFS 变量

字段分隔符（Internal Field Separator，IFS）用于 Shell 在解释命令行上的各个选项和参数时，定义什么字符是这些选项和参数之间的间隔。例如，当用户输入命令行“ls -l abc”并按 Enter 键后，Shell 收到的就是由空格（IFS 变量的默认值是空格）隔开的命令名（ls）、命令行选项（-l）和命令行参数（abc）。需要注意的是，因 IFS 的值通常是空格（不可显示字符），在查看该变量时看不见它们，但它们的确存在。示例如下。

```
$ IFS= 
```

等号后面并非没有内容，而是有一个不可显示字符空格。

5. SHELL 变量

SHELL 变量中保存的是当前用户的初始 Shell（即登录时启动的 Shell）的路径名称。示例如下。

```
$ SHELL=/bin/bash
```

6. PS1 变量

PS1 变量用于保存系统中的基本提示符，默认值是“$”。当然，用户也可根据自己的喜好来修改它，只需简单地给这个变量赋一个新的值。示例如下。

```
$ PS1=Uestc:
Uestc:
```

要查看某个环境变量当前的值，可以很方便地用 echo 命令来实现。示例如下。

```
$ echo $TERM
xterm
$ echo $HOME
/home/teachers/liudi
$
```

环境变量名前面的“$”称为变量引导符，表示要取用该变量的值（命令行最左边的“$”是 Shell 的命令提示符，请注意两者之间的区别）。如果要查看当前用户的所有环境变量的设置情况，直接输入 set 命令并执行即可。set 命令会把系统默认设置的环境变量、系统管理员根据应用环境设置的环境变量，以及用户自己设置的环境变量全部显示出来，所以内容较多。可以结合 more 命令来详细查看当前的全部环境变量设置。例如：

```
$ set | more
```

Shell 的环境变量（以及后文要介绍到的用户自定义变量）在定义或修改值以后，如果未经输出，就只在当前 Shell 中起作用，对当前 Shell 以后所建立的子 Shell 不起任何作用。export 命令的功能就是输出变量，使在当前 Shell 中新定义的变量或重新赋值后的变量能够被后续可能新建的子 Shell 所识别。示例如下。

```
$ echo $TERM
xterm
$
```

上述命令结果显示当前终端是按照 xterm 类型的终端模式在工作。现在修改终端类型为

ansi，则可输入以下命令。

```
$ TERM=ansi
$ export TERM
$ echo $TERM
ansi
$
```

环境变量 TERM 经过 export 命令输出后，当前 Shell 在以后运行时所产生的子 Shell 就都能够识别到这个变量及其新的值（ansi）了。export 变量在输出变量时，变量名前面不需加变量引导符“$”。

用户退出系统，又重新登录系统后，系统会为其重新建立一个 Shell，这个新的 Shell 与上次登录系统时所建的 Shell 无关。因此，在上次登录系统时所建的 Shell 中定义或修改过的变量，无论是否使用了 export 命令，都无法在当前 Shell 中起作用。如果要使某个环境变量的值在每次登录系统时都按照新的值来工作，可把修改该变量值的命令以及输出该变量的命令放在用户主目录下的初始启动文件.profile 中。

4.4.2　Shell 的系统变量

Shell 的环境变量通常是由系统定义并赋初值的，用户（应用程序）可以直接引用，也可以修改其值。而 Shell 的系统变量则是由系统定义并赋初值的，用户只能引用但不能修改其值。常用的 Shell 系统变量如表 4.4 所示。

表 4.4　常用的 Shell 系统变量

变量	含义
$0	当前 Shell 脚本的名称，对应于命令行上输入的脚本名
$1,$2,···,$9	分别表示命令行上第 1 个到第 9 个命令行参数
$#	命令行上的参数个数，不包含$0
$*	命令行上的所有参数
$@	命令行上的所有参数
$$	当前进程的进程号
$?	上一条命令的退出状态
$!	最后一个后台进程的进程号

下面通过执行一个名为 arg_test 的 Shell 脚本（第 5 章将详细介绍 Shell 编程），来解释 Shell 的系统变量的使用。arg_test 文件的内容示例如下。

```
$ cat arg_test
# This program tests the Shell variables
echo "the process ID is: $$"
echo "program name is: $0"
echo "arguments number is: $#"
echo "the first argument is: $1"
echo "the second argument is: $2"
echo "the arguments list in \$@ : $@"
echo "the arguments list in \$* : $*"
echo "open the files specified by \$@ : "
cat "$@"
echo "open the files specified by \$* : "
cat "$*"
$
```

当前目录下有两个普通的文本文件 ffa 和 ffb，这两个文件的内容示例如下。

```
$ cat ffa
aaaaaaaaaaaaaaaaa
aaaaaaaaaaaaaaaaa
$ cat ffb
bbbbbbbbbbbbbbb
bbbbbbbbbbbbbbb
$
```

下面就把 ffa 和 ffb 这两个文件作为命令行参数来执行 Shell 脚本 arg_test,结果示例如下。

```
$ arg_test ffa ffb
the process ID is: 32165
program name is: arg_test
arguments number is: 2
the first argument is: ffa
the second argument is: ffb
the arguments list in $@ : ffa ffb
the arguments list in $* : ffa ffb
open the files specified by $@ :
aaaaaaaaaaaaaaaaa
aaaaaaaaaaaaaaaaa
bbbbbbbbbbbbbbb
bbbbbbbbbbbbbbb
open the files specified by $* :
cat: ffa ffb: No such file or directory
$
```

在上面显示的结果中，“32165”是当前正在执行的 arg_test 进程的进程号，保存在$0 中的是正在执行的程序的名称（arg_test），命令行上有两个参数（ffa 和 ffb）。变量$*和变量$@中保留的都是命令行上的所有参数的名称（本例中是 ffa 和 ffb）。不加引号使用这两个变量时，效果相同。但在变量$@上加引号使用时，相当于分别给命令行上的各参数加引号，即“$@”等同于“$1”“$2”“$3”……因此本例中的命令如下。

```
$ cat "$@"
```

相当于以下命令。

```
$ cat "ffa" "ffb"
```

因此执行的结果就是分别把 ffa 和 ffb 的内容显示出来。但是在变量$*上加引号使用时，则是把所有的命令行参数当成一个字符串整体，即“$*”等同于“$1 $2 $3 ……”。因此本例中的命令如下。

```
$ cat "$*"
```

相当于以下命令。

```
$ cat "ffa ffb"
```

由于不存在名为“ffa ffb”的文件，因此 cat 命令执行时会报错。

还可以在命令行上以下列方式执行 arg_test 程序。

```
$ arg_test ffa ffb > run_log 2> err_log
$
```

由于标准输出已被重定向到 run_log 文件中，标准错误输出也被重定向到 err_log 文件中，因此无论 arg_test 的执行结果是成功还是失败，在屏幕上都是没有任何显示的。在这种情况下可以通过查看变量$?的值来判断上一条命令的退出状态，示例如下。

```
$ echo $?
0
$
```

0 表示 arg_test 执行成功，非 0 则表示执行失败。本例中如果 arg_test 执行失败，错误信息将保存在文件 err_log 中。

4.4.3　Shell 的用户自定义变量

用户自定义变量（或称局部变量）是由用户根据需要任意创建、赋值和引用的变量。变量名通常是由一个字母后跟 0 个到多个字母、数字或下划线所组成的。给一个用户自定义变量赋值，直接在变量名后面加上赋值符“=”和值即可，示例如下。

```
$ AA=16
```

赋给变量的值可以是数值、字符串、其他变量的值或是一条命令运行的结果。如果字符串中包含空格，则需用引号标注。赋值符“=”前后不能有空格。引用变量的值时，应在变量名前加上变量引导符“$”，示例如下。

```
$ echo $AA
18
$ B="THIS IS A SENTENCE"
$ echo $B
THIS IS A SENTENCE
$ echo "number of characters in string $B is: $AA"
number of characters in string THIS IS A SENTENCE is: 18
$
```

实际上在大多数版本的 UNIX/Linux 操作系统中，无论是在命令行上还是在 Shell 程序中，都允许使用未经定义和赋值的变量。引用这些未经定义和赋值的变量时，其值为空（NULL）。示例如下。

```
$ echo $XYZ

$
```

由于变量 XYZ 在此之前未经定义和赋值，本例等同于执行一条后面未带变量和字符串的 echo 命令。

4.4.4　清除变量

当某个 Shell 变量不再使用时，可以将其清除。当变量被清除后，它所代表的值也会一起消失。清除变量使用 unset 命令。示例如下。

```
$ V="software school"
$ echo $V
software school
$ unset V
$ echo $V

$
```

在第二条 echo 命令前，变量 V 已被清除了，因此这条 echo 命令等同于未带参数，显示空行。

4.5　Shell 的引用符

常用的 Shell 引用符包括双引号（""）、单引号（''）、反撇号（``）和花括号（{}）。使用引用符把字符串标注的目的，是防止字符串中的某些特殊字符被 Shell 解释为其他含义。特殊字符是指那些既可代表字符本身，又可解释为其他意思的字符。例如，“$”既可以作为普通的美元符，即 ASCII 为十进制 36 的字符；也可以作为 Shell 变量的引导符，表示要使用该变量的值。“*”既可以作为一个普通符号，也可以作为通配符，表示一系列文件名。

使用引用符就可以明确那些被引用符标注的字符或字符串的特定意义。

4.5.1 双引号的使用

在一对双引号中，除了美元符（$）、反撇号（``）、反斜线（\）和双引号（""）具有特殊含义外，其他字符都没有特殊含义。因此，在一个用双引号标注的字符串中，如果有“$”，则表示它是一个变量的引导符，要取用变量的值；在这个字符串中也不能再使用双引号了，因为 Shell 会将这个双引号的左引号理解为包括字符串的右引号。如果要在这个字符串中使用“$”或双引号等字符，则需在这些字符前加上反斜线，以去掉这些字符的特殊含义。示例如下。

```
$ A="he is a student"
$ echo "She said: $A"
She said: he is a student
$ B="The value of A is \"$A\""
$ echo $B
The value of A is "he is a student"
$
```

在上面的第一条 echo 命令执行时，将$A 解释为普通变量，直接取用其值。在第二条 echo 命令执行时，希望显示的结果中把字符串 he is a student 用双引号标注，因此在给变量 B 赋值时在变量$A 左右的双引号前加上反斜线，以屏蔽其作为引用符的特殊含义，而把它们看作普通字符。

4.5.2 单引号的使用

单引号的作用与双引号类似，通常用来把一个（可能包含空格的）字符串标注当成一个整体来使用。但与双引号不同的是，在一对单引号所标注的字符串中，除了单引号本身外，所有其他字符的特殊含义都被屏蔽了，而使用这些字符的原始含义。利用 4.5.1 小节的例子，只是把引用符从双引号改为单引号，看看执行结果有什么变化，示例如下。

```
$ A='he is a student'
$ echo 'She said: $A'
She said: $A
$ B='The value of A is "$A"'
$ echo $B
The value of A is "$A"
$ C='The value of A is \$A'
$ echo $C
The value of A is \$A
$ echo '\\\\\' $A '/////'
\\\\\ he is a student /////
$
```

单引号所标注的字符串中，即使包含$A，也不会把他们看作变量而取用变量的值。单引号中的反斜线和双引号也都失去了特殊字符的含义。在最后一条 echo 命令中，包含 3 个独立的命令行参数，第一个和第三个分别是被单引号标注的反斜线字符串和斜线字符串，而第二个是未被单引号标注的变量，因此要替换成变量的值。

4.5.3　反撇号的使用

反撇号（有时也叫反引号）的作用就是把包含在反撇号中的字符串作为命令来执行，再把命令执行的结果（输出）加以利用。有时这也叫命令替换。示例如下。

```
$ D=`date`
$ echo "The date is: $D"
The date is: Thu Feb 14 18: 12: 57 CST 2019
$
```

本例中字符串 date 被包含在一对反撇号中，因此先执行名为 date 的命令，再把该命令的执行结果（当前机器的日期和时间）赋值给变量 D。再看一个类似的示例。

```
$ echo "Current directory is: `pwd`"
Current directory is: /home/teachers/liudi
$
```

在这个 echo 命令中要显示的内容被包含在双引号中，因此其中的反撇号保留了其特殊意义，即把它所包含的字符串 pwd 作为命令来执行，再把 pwd 命令的执行结果（当前工作目录）替换 echo 命令中原 pwd 字符串所在的位置。查看当前系统中的活跃用户的示例如下。

```
$ echo "Active users: `who -q`"
Active users: uestc liudi wangz
# users=3
$
```

在 Shell 程序设计中，常常使用反撇号的功能，这样能很方便地把一个命令（或应用软件）的执行结果直接保存到一个变量中或直接使用，在一个命令行上完成多个命令的功能。

4.5.4　花括号的使用

花括号的功能就是把变量名与后面紧跟的其他字符区分开。示例如下。

```
$ d="There is a teach"
$ echo "$der reading room"
reading room
$
```

原本希望把变量 d 的值与后面的字符串合并起来，以显示出 There is a teacher reading room 这样的效果。但因在 echo 语句中把$der 看成一个变量，而这个变量并不存在，所以用一个空串来替代，由此得到上面的结果。

解决这个问题的方法就是给变量名加上花括号，保证变量名与它后续的字符分开。示例如下。

```
$ echo “${d}er reading room”
```

这样就能得到我们预期的结果了。即使一个 Shell 变量名后面没有其他可能引起混淆的字符，给变量名加上花括号也是值得推崇的。实际上，一些规范严谨的（特别是编写系统管理软件的）Shell 程序设计人员已经习惯于给程序中所有的变量名加上花括号，这样可以在很大程度上避免一些可能发生的错误。

4.6　进程的状态和监控

Linux 操作系统是一个多用户、多任务的操作系统，系统中可以有多个用户同时工作，每个用户又可以同时完成多个任务。例如，用户可以在前台进行文件编辑，同时在后台进行数据库查询和编译、链接操作。系统中也有一些专用的后台进程在进行诸如打印机作业调度、电子邮件收发、网络管理和窗口图形系统管理等工作。Linux 操作系统引入了进程的概念，通过对进程的管理来实现对用户和系统的各种命令和程序的运行管理。

进程的基础是程序，执行程序时就产生了进程。但程序和进程又是有较大区别的。程序是静态的概念，是一组完成特定功能的指令，通常以文件的形式存放在外部存储器上。而进程是动态的概念，Linux 操作系统中把进程定义为“一个可执行程序的一次执行实例”。

例如，mailx 是一个收发电子邮件的程序，平时以文件的形式静态存放在磁盘文件系统的/usr/bin 目录下。当 A 用户执行/usr/bin/mailx 程序来收发电子邮件时，系统中就产生了一个 mailx 进程。如果此时 B 用户和 C 用户也先后执行/usr/bin/mailx 程序来收发电子邮件，则系统中就有 3 个 mailx 进程（3 个 mailx 程序的执行实例）。虽然这 3 个 mailx 进程基本功能相同，但每个 mailx 进程只负责一个用户的邮件数据，互不干扰。当一个用户的邮件收发工作结束后，对应的 mailx 进程也随之运行结束。另外两个 mailx 进程继续运行，直至运行结束。

由此可看出，一个程序可以同时有多个执行实例，即多个进程。每一个进程都有启动、执行、结束等生命周期中的运行阶段。

4.6.1 进程的状态及其转换

在 Linux 操作系统中，从宏观（用户的角度）来看，一旦用户在终端上输入一条命令，那么在这条命令结束之前，都可以认为它一直在系统中运行。但是从微观（系统内部的角度）来看，由于 CPU 的个数总是少于系统中进程的个数，因此在某一个时刻，只能有少量的进程可以占用 CPU 运行，而其他多数进程处于非运行状态。

总体上，系统是按照时间片轮转的方法来调度多个进程运行的，即系统给某个进程分配一个时间片来运行，其他进程则暂停。时间片的长度在各个系统的设置不同，从几微秒到几毫秒不等。当该进程的时间片用完后则暂停运行，系统又把时间片分配给另一个进程运行，直到时间片用完后，系统再把时间片分配给其他进程，一定时间后又轮转回来，如此循环下去。因此，对某一个特定的进程来讲，其运行时的生命周期就是启动、运行、暂停、运行、暂停……运行、结束这样的一个过程。

Linux 操作系统中把一个进程的生命周期分为 3 种状态：就绪态、运行态和睡眠态。它们的含义如下。

就绪态：进程已经做好了一切准备，一旦获得 CPU 就可以投入运行。

运行态：进程正占用 CPU 和其他所需的资源进行运算。

睡眠态：由于进程所需的某种资源（例如读/写磁盘、软中断信号、同步时间等）未满足要求，进程不能继续运行而让出 CPU 后的等待状态。

这 3 种状态在一定的条件下可以相互转换，如图 4.2 所示。

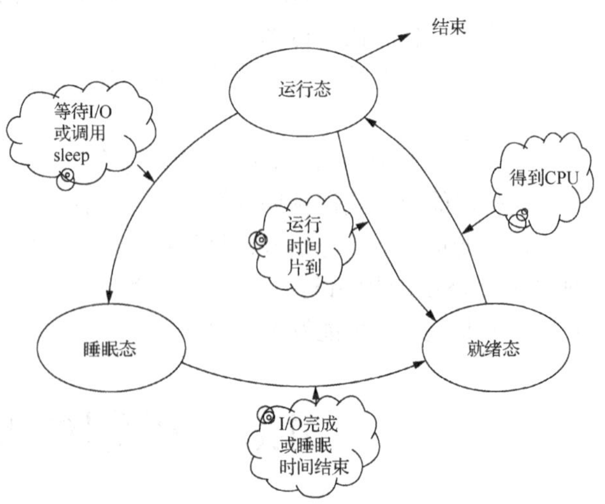

图 4.2　进程的状态及其转换

4.6.2　获取进程状态信息命令 ps

前文讲到，当用户登录系统后，系统就会根据/etc/passwd 文件中的设置来为这个用户启动一个特定的 Shell 进程。当这个 Shell 收到用户从键盘发出的一条命令后，就会启动一个子进程来具体执行这条命令。这条命令可能是前台执行的（Shell 等待其执行完毕），也可能是后台执行的（Shell 不等待其执行完毕就开始接收新的命令）。因此当前用户正在执行的进程数量是不确定的。要列出当前正在执行的进程，输入下面命令并执行即可。

```
$ ps
PID     TTY     TIME        CMD
8947    pts/0   00:00:00    bash
8994    pts/0   00:00:00    ps
$
```

上面显示的结果中，第一行为标题行，后面两行表示当前用户有两个进程在执行。通常情况下 ps 命令的执行结果会显示至少两个进程。ps 命令的输出结果中各列的含义如下。

PID：该进程的进程号。每个进程在被创建时都将得到一个 PID，在进程的生命周期中，这个号码将唯一地标识这个进程。

TTY：启动该进程的终端号。

TIME：该进程占用 CPU 的时间。

CMD：该进程是由哪个命令所产生的。

读者可以再一次执行 ps 命令，把输出结果与上次 ps 命令的输出结果相比较。你会发现这两次的输出结果中，bash 进程的 PID 是相同的，而 ps 进程的 PID 是不同的。这表示上次的 ps 进程已经执行完毕，第二次执行的 ps 又是一个新的进程。

事实上，不仅在用户每执行一个命令（包括重复执行）时将产生一个新的进程，而且在几个用户同时执行一个相同命令（例如 mail）时，也将各自产生不同的进程。

上例中两个进程的 TIME 字段都显示的 00:00:00，这并不表示这两个进程的运行没有占用 CPU 时间，而是占用的时间太少了，超过了这个字段的显示精度。

在使用 ps 命令时，还可以使用一些选项来获取更多的进程信息。常用的 ps 命令选项有-f 选项，它显示每个进程的完整信息，包括完整的命令行。示例如下。

```
$ ps -f
UID     PID     PPID    C   STIME   TTY     TIME        CMD
liudi   29744   29743   0   18:04   pts/0   00:00:00    bash
liudi   30352   29744   0   18:13   pts/0   00:00:00    ps -f
$
```

以上显示的各个字段中，除了 PID、TTY、TIME 和 CMD 外，其他字段的含义如下。

UID：进程所有者的登录名。

PPID：创建当前进程的父进程 PID。本例中可看出 bash 进程是 ps 进程的父进程。

C：进程的调度参数，反映的是本进程占用 CPU 的情况。

STIME：进程的启动时间。

-e 选项也是常用的 ps 命令选项，它显示系统中所有活动进程的信息，而不只是本用户的进程。命令 ps -e 执行时的显示格式与命令 ps 一样，但是显示的内容要比 ps 多很多，这是因为除了本用户的进程外，还有很多其他用户的进程和系统服务进程在运行。在一个典型的 CentOS 系统中，即使没有用户上机，系统中也可能有 100 多个后台进程在运行，这些后台进程涉及系统初始化、通信端口监听、网络数据收发、外部设备管理、电子邮件系统、打印机管理、系统运行日志、安全监控等方面的服务。系统的后台服务进程（也叫 deamon）是由具有超级用户权限的系统管理员来配置和管理的。

当用户输入 ps -e 命令来查看系统中的全部进程列表时会发现，系统后台服务进程所对应的 TTY 字段是一个问号（？）。这是因为这些后台服务进程并不是某个用户在终端键盘上发出命令后所产生的进程，而是系统在初始启动时（或某些指定的时间）根据系统配置参数自动启动运行的，所以就没有特定的对应终端号，而是用一个问号来表示。

4.6.3 暂停进程运行命令 sleep

sleep 命令的格式如下：

```
sleep time
```

sleep 命令运行时，进程暂停由 time 参数指定的秒数，示例如下。

```
$ sleep 5 # 进程暂停 5s，什么也不做
```

sleep 命令通常在复合命令或 Shell 程序中使用，以控制程序的运行节奏。以下是一个示例。

```
$
$ echo "I am sleeping …"; sleep 10; echo "I am awake"
I am sleeping …  # 等待 10s
I am awake
$
```

暂停命令 sleep 常用来临时性暂停当前程序的运行，以便与某个执行速度较慢的操作进行同步，例如等待外部设备操作结束、定时查询终端状态等。

4.6.4 作业控制命令 fg 和 jobs

作业和进程具有密切的关系，也有很多相似的地方，但两者也是有区别的。一般来讲，进程是针对操作系统而言的，是操作系统中程序执行的基本单位。而作业是针对用户而言的，是用户为了完成某项任务而启动的进程。一个作业可以包含一个进程，也可以包含多个进程，这些进程之间相互协作共同完成任务。也就是说，作业是比进程更大的运行单位。示例如下。

```
$ ps -ef | grep liudi | wc -l
6
$
```

这是一条串行命令，包含 3 条基本命令，其功能是查看当前系统中有多少个与 liudi 相关的进程在执行。这条完成一个特定功能的串行命令就构成了一个作业，但在执行时 Shell 将启动 3 个进程，分别执行 ps、grep 和 wc 命令。

作业控制就是用户根据需要控制构成作业的那些进程的运行。一个前台进程正在执行，可以挂起该进程，暂停其执行，再在以后某个时刻继续执行该进程；可以通过在命令行的行尾加上“&”，使该命令在后台执行，然后在某个时候又将其放到前台来执行等。这使得用户在执行一个大的作业时，可以灵活地调配作业中各个进程的执行进度。例如，名为 prog1 的简单的 Shell 脚本示例如下。

```
$ cat prog1
# This is program1
sleep 10
```

```
$
```

这个 Shell 脚本的功能就是暂停程序的运行 10s。再以后台的方式在命令行上来运行 prog1:

```
$ prog1 &
[1]  22765
$
```

按 Enter 键后，Shell 就将在后台执行 prog1，并立即返回两个数字，方括号中的数字为作业号，后面的数字 22765 是执行 prog1 的 PID。由于 prog1 是在后台执行的，因此用户可以立即执行其他操作，而不用等待 prog1 执行完毕。当本作业（即 1 号作业）执行完毕后，会在命令行上给出提示信息。

```
[1]+  Done     prog1
```

以上提示包括作业号、状态和所执行的命令。

当用户正在执行一个前台作业时，可以使用组合键 Ctrl+Z 来使当前的作业挂起。例如，用户在命令行中输入以下命令。

```
$ vi  file
```

按 Enter 键后，Shell 调用屏幕编辑器 vi，出现一个全屏的编辑窗口。在编辑过程中需要暂时退出 vi 编辑器，去执行其他命令。则可先进入 vi 的命令状态，然后按 Ctrl+Z 键。此时 Shell 会给出以下提示信息。

```
[1]+  stopped     vi  file
$
```

以上信息告诉用户，作业号为 1 的作业已经被挂起了，这个作业对应的命令是 vi file；接下来就是 Shell 的命令提示符了。

当用户处理完其他任务后，可以使用 fg 命令将刚才挂起的作业或某个后台作业切换到前台来执行。fg 是 Shell 的内部命令，其基本格式如下。

```
$ fg  [jobspec]
```

在上面的格式中，参数 jobspec 用来指定要切换到前台执行的作业，可以是作业号或者是作业的命令名称等。如果该参数缺省，则默认将作业号为 1 的作业切换到前台来执行。因此，如果当前系统中只有一个作业在后台执行，就可以直接使用 fg 命令，而省略其他参数。表 4.5 列出了 fg 命令中 jobspec 参数的格式及意义。

表 4.5　　fg 命令中 jobspec 参数的格式及意义

参数格式	意义
%n	n 为正整数，表示作业号
%string	以字符串 string 开头的命令所对应的作业
%?string	包含字符串 string 的命令所对应的作业
%+或%%	最近提交的一个作业
%-	倒数第二个提交的作业

例如，本用户当前只有一个挂起的作业或后台作业，则只需要输入如下命令。

```
$ fg
```

如果要把以字符串 vi 开头的命令所对应的作业切换到前台来执行，则可输入如下命令。

```
$ fg %vi
```

如果要查看本用户当前有哪些作业在后台执行或挂起，则可直接输入 jobs 命令来显示后台进程列表，示例如下。

```
$ jobs
[1]+  Stopped    vi  file
[2]   Running    prog1 &
[3]-  Running    prog2 &
$
```

上面的示例中显示了当前用户有 3 个后台作业。在默认情况下，jobs 命令的输出结果包含 3 列。第 1 列为作业号。如果某个作业号后面有一个“+”，则表示这个作业为默认作业。也就是说，在使用 fg 命令管理作业时，如果没有指定作业，则会把作业号后面有“+”的作业切换到前台执行。作业号为 3 的作业后面有一个“-”，表示当前作业即将成为默认作业，也就是当含有“+”的作业退出后，含有“-”的作业就将成为默认作业。其他作业号的后面是一个空格。对一个用户来讲，只能有一个作业使用“+”标识，也只能有一个作业用“-”标识。

jobs 命令输出结果中的第 2 列为作业的执行状态。表 4.6 列出了常见的作业状态。

表 4.6　　常见的作业状态

状态	说明
Running	这是在命令行行尾加了“&”后发起的后台作业，正在执行，未被挂起
Done	该作业已经完成，返回的状态码为 0
Done(code)	该作业已经完成并退出，返回的状态码为非 0
Stopped	该作业在前台执行时，被 Ctrl+Z 命令挂起了

因此从前面所列出的 jobs 命令的输出结果中可看出，prog1 和 prog2 两个作业都是因命令行行尾加了“&”而产生的后台作业，正在后台执行；而编辑作业 vi 则是在执行过程中因用户按了 Ctrl+Z 键而被挂起的。

如果用户输入一个不带参数的 fg 命令，则首先将 vi 作业转到前台来执行。vi 作业执行完成并退出后，如果用户再输入一个不带参数的 fg 命令，则把 prog2 作业转到前台来执行。如果此时 prog2 作业已经执行完毕，就把 prog1 作业转到前台来执行。

jobs 命令运行时可以加上命令行选项，常用的选项有-l 和-p，前者显示作业的详细信息，后者只显示作业的 PID。

4.6.5　终止进程运行命令 kill

系统运行时并不是每个程序都需要（或能够）从头到尾地运行。有些程序可能因为代码不够完善而进入了死循环，有些程序可能因为输入数据错误而不能得到有用的结果，这时就需要终止这些程序的运行。

要终止前台运行的进程，我们通常可以按 Ctrl+C 键或 Delete 键等来完成。但有时这些中断键会被进程屏蔽，无法终止当前进程的运行。有些时候需要被终止运行的进程是后台进程，不便于直接在当前终端键盘上按 Ctrl+C 键或 Delete 键来终止进程。

Linux 操作系统提供了一个 kill 命令来终止不需要的进程。kill 命令的常用格式为：

```
kill  [-signal]  PID
```

其中 signal 为信号编号，信号编号的取值范围一般是 1～30（不同版本的 Linux 操作系统中的取值范围有所差异），默认值是 15。有些进程可能屏蔽了该默认信号编号的作用，这时就需要用 9 号信号来终止这些进程。

格式中的 PID 是要终止的进程的进程号，可以是一个进程，也可以是若干个进程。用户可以通过使用 ps 命令或 jobs 命令来查找要终止的进程的进程号。

基于安全原因，普通用户只能终止自己的进程。而具有超级用户权限的系统管理员则有权终止系统中的所有进程。

下面通过一些示例来说明 kill 命令的用法。

```
$ sleep 20 &
[1]   12593
$ ps
PID       TTY          TIME          CMD
12075     pts/0        00:00:00      bash
12593     pts/0        00:00:00      sleep
12595     pts/0        00:00:00      ps
$ kill  12593
[1]+      Terminated        sleep 20
$
```

上述操作中先用 ps 命令找到要终止的后台进程（sleep）的 PID（12593），再用 kill 命令把指定的进程终止。再看下面所示的有若干个后台作业在运行的情况。

```
$ jobs -l
[1]+      14277    Stopped       vi  file
[2]-      14300    Running       prog1 &
$
```

可看出当前有两个后台作业在运行。如果要终止被挂起的 1 号作业中的进程（PID 为 14277），则输入如下命令。

```
$ kill 14277
$ ps
PID       TTY          TIME          CMD
12075     pts/0        00:00:00      bash
14277     pts/0        00:00:00      vi
14300     pts/0        00:00:00      prog1
$
```

显然，PID 为 14277 的 vi 进程并没有终止运行。用 jobs 命令来查看后台作业的情况，示例如下。

```
$ jobs -l
[1]+      14277    Stopped       vi  file
[2]-      14300    Running       prog1 &
$
```

同样显示出 1 号作业中的 vi 进程并没有结束。这是因为 vi 在运行时用户通过 Ctrl+C 命令把它挂起了，所以 vi 虽然收到了 kill 命令发出的终止信号，但无法处理这个终止信号。要终止该进程的运行，可输入 fg 命令来使 1 号作业中的 vi 进程恢复到前台运行，之后 vi 进程就可立即处理这个终止信号，进而结束运行。

```
$ fg
vi  file
vi: preserving files …
vi: Finished
Terminated
$
```

如果被挂起的进程进入死循环，则无法先通过 fg 命令切换到前台来运行后再运行 kill 命令来正常终止，这时就需要使用 9 号信号（确认终止信号的编号）作为 kill 命令的命令行参数来强行终止进程。例如，对上面示例中的编辑作业 vi，不需要先用 fg 命令切换到前台运行，而是用 9 号信号直接终止。

```
$ kill -9 14277
```

在使用 kill 命令时，如果使用 9 号信号，且 PID 的值为 0，则表示把当前本用户的所有进程（包括命令解释器 Shell）全部终止。

```
$ kill -9  0
```

其运行结果就是使本用户退出操作系统。

4.7 练习

1. Shell 的主要功能是什么？
2. 前台进程与后台进程的区别是什么？
3. 操作系统的基本命令与 Shell 的内部命令有什么差异？
4. 标准输入、标准输出和标准错误输出分别指向的是哪里？
5. 管道的作用是什么？管道前后两条命令之间的关系是什么？
6. Shell 使用的变量有哪几种类型？
7. 如何查看一个 Shell 变量的值？
8. 如何表示命令行上第 1 个到第 9 个命令行参数？
9. 如何设置一个变量？如何清除一个已有的变量？
10. Shell 常用的引用符有哪几类？它们之间的使用区别是什么？
11. 怎样启动一个后台进程？怎样停止一个后台进程的运行？
12. Shell 可以识别哪几种类型的命令？
13. 进程生命周期中通常包含哪几种状态？
14. 获取进程状态信息命令 ps 运行后至少会显示两个进程的信息（详见 4.6.2 小节），为什么？
15. 如何查看在某个特定终端（例如 pts/0）上的用户的所有进程的完整信息？
16. 如果当前终端上正在运行的屏幕编辑程序 vi 的键盘被锁住了，无法正常操作，想想看，该如何用 kill 命令来终止这个 vi 进程？
17. 如何让一个进程暂停运行一段时间？
18. 如何把一个后台进程切换到前台来运行？

第 5 章 Shell 程序设计

本章主要阐述 Shell 这种解释型高级程序设计语言的功能，介绍综合利用 Shell 的变量和流程控制命令，以及系统中各类可运行的功能命令和程序来编写脚本的方法。

Shell 具有一般脚本语言所具有的普遍特征，并能充分体现 Linux 操作系统这种多用户、多进程应用环境的特征。本章将充分介绍 Shell 变量使用、语句类别、流程控制和程序运行等编程语言的基本使用方法，用大量示例介绍 Shell 与操作系统相关功能（命令）之间的关联使用，便于读者能够方便、高效地在 Linux 操作系统下使用 Shell 来编写应用程序。

作为解释型的编程语言，Shell 程序中可以包含任意多条任意语句，并且无严格的语句格式的限制，执行前也不需要事先经过编译器处理，而是对脚本源程序中的语句依次读取一条解释执行一条，再读取一条解释执行一条，直到程序结束。因此，Shell 解释执行从键盘输入的命令行时，可以认为就是执行 Shell 程序的一种特例——这个 Shell 程序脚本中只有一条语句。

5.1 Shell 编程语言简介

在 Linux 操作系统中所有类型的 Shell（包括 Bourne Shell、Korn Shell、C Shell 等）都拥有相似的内部编程语言。这种编程语言是一种命令语言，拥有许多计算机编程语言的一般特性，包括顺序、选择、循环等结构化编程语句的结构。Shell 的这种编程语言是一种解释型的命令语言，因此用 Shell 编程语言编写的程序无须编译即可直接运行，并且更易于用户对程序进行编写、修改、调试和移植。

用 Shell 编程语言编写的程序称为 Shell 脚本或 Shell 程序。Shell 脚本是一个普通的文本文件，其中包含将由 Shell 执行的一系列命令，这些命令与用户在命令行上输入的命令完全相同。当执行一个 Shell 脚本时，脚本中的每条命令都被传送给 Shell 解释执行，一次执行一条命令。当所有的命令执行完毕或出现错误时，脚本终止执行。

5.1.1 编写 Shell 脚本的基本过程

Shell 编程语言并无严格的语法和词法要求，因此 Shell 脚本的格式就可以根据用户的功能要求和习惯来灵活选择。用户从键盘上输入并执行的任何一条命令（包括基本命令、实用程序、用户编写的应用程序等）都可以作为 Shell 脚本中的一条语句来使用。这相当于把用户原来为实现某项功能需要从键盘上一条一条输入的那些命令，现在先全部放到一个文件中，再一次性执行这个文件，就实现了用户所需的功能。这个文件就是 Shell 脚本。

建立 Shell 脚本的方法与建立普通文本文件的方法完全一样，可以通过使用编辑器、复制、标准输出重定向等方式来创建。

例如，要显示出某个时刻的日期以及当时的活跃用户名单，我们可以从键盘上输入以下命令来完成：

```
$ date; who
```

如果我们编辑一个名叫 online_user 的文件，并把这些命令放到 online_user 文件中，这就是一个名叫 online_user 的 Shell 脚本。用 cat 命令显示 online_user 文件的内容，示例如下。

```
$ cat online_user
# 显示当前日期和在线用户
date
who
$
```

这个脚本包括 3 行内容，以“#”开始的第一行是注释行，不被 Shell 解释执行；第二、三行是两条普通命令。

5.1.2 执行 Shell 脚本

刚建立的 Shell 脚本只是一个普通的文本文件，没有执行权限，不能直接调用其名字来执行。可先查看 Shell 脚本的执行权限，示例如下。

```
$ ls -l online_user
-rw-r--r--  1   liudi   teacher 49  Feb  20  15:46   online_user
$
```

要执行这个 Shell 脚本有两种方法：使用 Shell 调用脚本，给脚本赋予执行权限。

1. 使用 Shell 调用脚本

可以使用 bash 命令来调用一个 Shell 脚本。当用户输入 bash（或其他类型的 Shell 名，如 sh、ksh 或 csh）时，就产生了一个子 Shell（另一个 Shell 进程）。由于脚本现在还不是一个可执行文件，因此必须调用另一个子 Shell 来执行它。用户指定脚本名后，新的子 Shell 就读取该文件，执行其中的命令，并在所有命令执行完毕（或出错）时结束。示例如下。

```
$ bash online_user
Wed Feb 20 15:58:36 CTS 2019
uestc    pts/3    2019-02-20   09:35    (113.54.236.38)
liudi    pts/0    2019-02-20   14:55    (113.54.236.70)
$
```

每次执行脚本时都要输入 bash 并不是很方便，因此这种方法主要是在用户跟踪调试大型复杂的脚本时使用。通常情况下，我们推荐使用第二种方法，即把脚本转换成可执行文件后再来执行，这样会显得更加直观、简洁和方便。

2. 给脚本赋予执行权限

我们可以使用 chmod 命令给脚本赋予执行权限，示例如下。

```
$ chmod u+x online_user
```

也可以使用如以下示例所示的方式给脚本赋予执行权限。

```
$ chmod 744 online_user
```

用 ls 命令查看 online_user 脚本的执行权限，结果如下。

```
$ ls -l online_user
-rwxr--r--  1   liudi   teacher 49  Feb  20  15:46   online_user
$
```

从上面的 ls 命令的输出结果可看出，脚本 online_user 的所有者 liudi 已经具有了对该脚本的执行权限。如果要让同组用户或其他用户也能够执行该脚本，同样需要通过 chmod 命令来赋予他们执行权限。

当前用户（文件的所有者）有了该脚本的执行权限后，就可以像执行普通操作系统命令那样，直接调用该脚本名来执行该脚本。示例如下。

```
$ online_user
Wed Feb 20 16:23:36 CTS 2019
uestc   pts/3   2019-02-20   09:35   (113.54.236.38)
liudi   pts/0   2019-02-20   14:55   (113.54.236.70)
$
```

从上例可看出，这种把 Shell 脚本当作命令来执行的效果与通过 Shell 调用脚本名来执行的效果是完全相同的。但采用这种直接以命令的形式来执行 Shell 脚本的方法，有时可能会看到如下找不到命令的信息。

```
$ online_user
bash:   online_user:    command not found …
$
```

出现这种状况的原因并不是被执行的脚本没有找到，而是 Shell 在指定的键盘命令搜索目录中找不到这个要被执行的脚本。4.4.1 小节中我们讲到，当前 Shell 是根据环境变量 PATH 的值，依次在其所列出的几个目录中搜索键盘命令的。查看当前 Shell 的 PATH 环境变量的值，示例如下。

```
$ echo $PATH
/usr/bin: /usr/local/bin: /usr/sbin
$
```

这说明当前 Shell 只在/usr/bin、/usr/local/bin 和/usr/sbin 这 3 个目录中查找用户发出的键盘命令，而脚本并没有存放在这 3 个目录中，因此无法执行。如果遇到这类问题，可以直接在脚本名前面加上路径名，如下所示。

```
$ /home/teacher/liudi/sample/online_user
```

这种方法虽然可完全解决上述问题，但操作起来显得比较烦琐。由于在编写、调试和执行一个 Shell 脚本时，通常这个脚本就在当前目录下，因此这条命令可以按如下方式简写。

```
$ ./online_user
```

命令行中的./表示当前工作目录。如果大部分情况下要执行的脚本都是在当前工作目录下，则可以用更简便的方法来解决上述问题，就是在环境变量 PATH 中加上当前工作目录。示例如下。

```
$ PATH=$PATH:./
$ export PATH
```

这样在 Shell 搜索键盘命令时都要在当前工作目录中查找，因此执行一个 Shell 脚本时就不需要再在文件名前面再加上路径名了。

5.2　Shell 语句的分类

Shell 脚本是由 0 条至多条 Shell 语句构成的。Shell 语句通常包括三大类：说明性语句、功能性语句和结构性语句。空文件（0 条语句）也是合法的 Shell 脚本。

5.2.1 说明性语句

说明性语句（也叫注释行）是以“#”开始的语句。这种语句不被 Shell 解释执行，而是给用户看的，可用来标注程序的功能、版本号、开发者或其他需要说明的信息。

说明性语句可以出现在程序的任何一个地方，如果“#”出现在行首，则当前这一行都是说明性语句；如果“#”出现在某一行的中间位置，则从“#”到这一行的行尾是说明性语句，而“#”前面的部分则是需要被 Shell 解释执行的。例如，说明性语句可能以如下方式出现在脚本中。

```
#! /usr/bin/bash
#
# 本程序的相关说明信息
#
command_1
command_2                    # 对 command_2 语句的说明
…
# 对下面程序段的说明
command_m
…
command_n                    # 对 command_n 语句的说明
…
```

在这个示例中，第一行说明性语句是一个特殊的说明性语句，即感叹号加上空格后再加上 Shell 解释器的完整路径名（绝对路径名）。它告诉操作系统使用指定的这个 Shell 来解释执行当前脚本中的语句。由于一个 Linux 操作系统中通常有多种类型的 Shell，一种类型的 Shell 语句所编写的脚本并不一定能够在另一种类型的 Shell 环境中正常执行。因此，如果用户要执行的多个 Shell 脚本分别是由不同类型的 Shell 语句编写的，例如有些 Shell 脚本是用 B_Shell 语句编写的，有些脚本是用 C_Shell 语句编写的，则需在每个脚本的第一行说明性语句中指定要解释执行本脚本后续语句的 Shell 程序名。如果一个 Shell 脚本的第一行没有这个说明性语句，则默认用当前正在运行的 Shell 来解释执行这个脚本。

5.2.2 功能性语句

顾名思义，Shell 的功能性语句就是在 Shell 脚本中实现某项特定功能的语句。操作系统中的各种基本命令和实用程序，以及用户用各种开发工具或平台所编写的可执行应用程序（包括用 C、C++和 Java 等语言编写后经编译后产生的二进制可执行文件名，或用 Shell 语句编写的脚本名）等，都可以作为一个 Shell 脚本中的功能性语句。因此用户只需把任意几条命令（程序名）放进一个文件中，就可快速地建成一个 Shell 脚本。

除了前文介绍过的操作系统命令外，在编写 Shell 脚本时还常常使用以下几个命令作为功能性语句。

1. read 命令

read 命令从标准输入（默认情况下是键盘）读入一行，并把读入的值赋给后面的变量，其格式示例如下。

```
read var
```

当用户从键盘上输入内容（包括字母、数字和特殊字符组成的字符串）并按 Enter 键后，所有的输入内容就都存放到变量 var 中了。例如，查看名为 prog3 的 Shell 脚本时的内容如下。

```
$ cat prog3
#
# read 命令示例 1
#
echo -e "Input your name: \c"
read uname
echo "Your name is $uname"
$
```

执行 prog3 的结果如下。

```
$ prog3 [Return]                    # 运行程序
Input your name: liudi              # 提示用户输入，用户输入的内容为"liudi"
Your name is liudi                  # 程序的显示结果
$
```

如果用户输入的内容中包含多个字符串，则把所有的字符串都赋值给 read 后面的这个变量。read 命令后面也可以跟多个变量，表示希望同时接收多个字符串（字符串之间的间隔符由环境变量 IFS 的值确定，通常情况下为空格）。示例如下。

```
read  var1  var2
```

当程序执行这条命令时，依次把输入行中的第一个字符串赋给第一个变量 var1，第二个字符串赋给第二个变量 var2。例如，查看名为 prog4 的 Shell 脚本时的内容如下。

```
$ cat prog4
#
# read 命令示例 2
#
echo -e "Input date with format yyyy mm dd: \c"
read  year  month  day
echo "Today  is  $year/$month/$day"
echo -e "Press any key to continue \c"
read answer
echo "I know the date, bye!"
$
```

执行 prog4 的结果如下。

```
$ prog4 [Return]                          # 执行程序
Input date with format yyyy mm dd: 2019 02 20 # 运行结果提示用户输入信息
Today is 2019/02/20                       # 程序显示了各个变量的值
Press any key to continue                 # 提示信息
I know the date, bye!                     # 用户按任意键后显示的信息
$
```

如果执行 read 命令时，标准输入上没有数据，则程序在此停留等候，直到数据输入（收到一个 Enter 键）或被终止运行为止。在上面的 prog4 中，read answer 语句实际上只是起了暂停的作用，程序并不关心保存在变量 answer 中的内容是什么。

程序在实际环境下运行时，输入行中的字符串个数可能与 read 命令后面的变量个数并不一致。

如果字符串个数少于变量个数，则这些字符串依次对应前面的变量，后面的变量保持为空。例如，read 后有 3 个变量，而输入行只有两个字符串，则分别把第一个字符串和第二个字符串赋给第一个变量和第二个变量，第三个变量则保持为空。

如果字符串个数多于变量个数，则首先把第一个字符串赋给第一个变量，把第二个字符串赋给第二个变量……把最后剩余的所有字符串赋给最后一个变量。例如，输入行包含 3 个字符串，而 read 后面只有两个变量，则把第一个字符串赋给第一个变量，再把剩余的所有（两个）字符串全部赋给第二个变量。

2. expr 命令

算术运算命令 expr 按照四则运算的规则（先乘除后加减）对整数进行简单的运算，包括加（+）、减（-）、乘（*）、整除（/）和求余数（%）等操作。在命令行上“*”是具有文件名通配符含义的特殊字符，因此在用“*”进行乘法运算时，需要在其前面加上反斜线来去掉其特殊字符的含义。

在大多数的 Linux 操作系统版本中，expr 命令都要求运算符的左、右两侧都至少要加上一个空格。示例如下。

```
$ expr  12  +  5  \*  3
27
$ expr  3  -  8  /  2
-1
$ expr   25  %  4
1
$ number=9
$ sum=`expr  $number  \*  6 `
$ echo  $sum
54
$
```

3. tput 命令

通常在每一个 Linux 操作系统中都安装有一个终端控制信息数据库（文件）terminfo，其中包含各种常用终端的功能特性和控制命令的描述信息。Shell 在运行时根据当前用户设置的环境变量 TERM 的值，在 terminfo 中查找该终端的属性参数，来实现与终端之间数据输入/输出的匹配。

tput 命令的主要功能就是根据环境变量 TERM 的值来把当前终端设定为指定的工作模式。在许多对界面简洁度和运行效率有较高要求的应用环境中，都未采用窗口和图形用户界面，而是采用命令行（字符）形式的操作界面。tput 命令常用于控制字符界面的显示格式，使基于命令行（字符）界面的应用程序既能够高效运行，又能显示得清晰、直观。表 5.1 列出了一些 tput 命令常用的终端显示参数。

表 5.1　　tput 命令常用的终端显示参数

参数	功能	参数	功能
bel	终端响铃	smso	启动高亮显示模式
bold	粗体字显示	rmso	结束高亮显示模式
clear	清屏	smul	启动下画线模式
cup　r　c	光标移动到 r 行 c 列	rmul	结束下画线模式
rev	反极性显示	sgr0	关闭所有设置的模式

示例如下。

```
$ tput  clear  ················································································清屏
```

说明：无论当前使用的是什么类型的终端，只要环境变量 TERM 设置正确，且 terminfo 中有这种类型的终端参数，这条命令就能够正确执行。

查看名为 prog5 的 Shell 脚本示例如下。

```
$ cat prog5
#
# program5 for tput
#
tput clear
tput bel
tput cup 11 30
tput rev
echo "Hello, everybody!"
tput sgr0
tput cup 24 1
```

该程序运行时先清屏，响铃后在屏幕的中间位置（11 行 30 列）开始，反极性（白底黑字）显示字符串“Hello，everybody!”，恢复正常显示属性后光标定位到屏幕左下角（24 行 1 列）。

5.2.3　结构性语句

从前文的例子可看出，用户可以简单地把几条可执行命令（程序）的名称放在一个文件中以形成一个 Shell 脚本。这种顺序执行的无特定结构性语句的 Shell 脚本是 Shell 脚本中的一种特例。然而，更多的情况是在 Shell 脚本中根据其运行的状态、输入的参数、变量的取值、收到的控制信号以及运行的时间等不同的变化因素，使用结构性语句来控制程序的运行流程和节奏。

5.3　Shell 的结构性语句

常用的结构性语句包括测试（两路分支）语句、条件语句、多路分支语句、循环语句和循环控制语句等。

5.3.1　测试语句 test

test 是 Shell 的内部命令，用于计算条件表达式，返回真或假。测试语句 test 命令返回的退出状态值为 0 代表真（条件成立），非 0 代表假（条件不成立）。test 命令通常可对字符串、整数和文件属性这 3 类数据进行测试，如表 5.2 所示。

表 5.2　　　　test 命令的测试运算符

测试分类	测试运算符	测试内容
字符串测试	string1 = string2	string1 等于 string2
	string1 != string2	string1 不等于 string2
	string	string 不为空
	-z string	string 的长度为 0
	-n string	string 的长度不为 0

续表

测试分类	测试运算符	测试内容
整数测试	int1 -eq int2	int1 等于 int2
	int1 -ne int2	int1 不等于 int2
	int1 -gt int2	int1 大于 int2
	int1 -ge int2	int1 大于等于 int2
	int1 -lt int2	int1 小于 int2
	int1 -le int2	int1 小于等于 int2
文件属性测试	-b filename	该文件是块设备文件
	-c filename	该文件是字符设备文件
	-d filename	该文件是目录文件
	-f filename	该文件是普通文件
	-g filename	该文件设置了 set-group-ID 位
	-p filename	该文件是管道文件
	-r filename	该文件可读
	-s filename	该文件大小不为 0
	-u filename	该文件设置了 set-user-ID 位
	-w filename	该文件可写
	-x filename	该文件可执行

测试运算符，例如“=”“-gt”和“-r”等，在使用时其左、右两侧都必须有空格。示例如下。

```
$ > tstfile                    # 新建一个名为 tstfile 的空文件
$ test -s tstfile              # 检查 tstfile 文件的大小是否非 0
$ echo $?                      # 查看 test 命令的退出状态值
1                              # 非 0，表示文件为空
$ echo "computer" > tstfile    # 给 tstfile 文件中增添字符串
$ test -s tstfile              # 再次检查 tstfile 文件的大小是否非 0
$ echo $?                      # 查看 test 命令的退出状态值
0                              # 为 0，表示文件非空
```

测试语句 test 常常与条件分支语句 if 合用，根据 test 命令的测试结果来确定 Shell 脚本的运行流程。测试语句 test 与 if 语句合用时，通常用一对方括号来表示 test 命令本身。

5.3.2 条件语句 if…then…fi

if…then…fi 语句的格式如下。

```
if  表达式
    then
命令表
fi
```

如果表达式成立，则执行命令表中的命令，执行完毕后，跳到 fi 后面；如果表达式不成立，则不执行命令表中的命令，直接跳到 fi 后面。if 和 fi 是一对语句括号，必须成对使用。命令表中的命令可以只有一条，也可以有若干条。命令表中的命令可以是任意的命令（语句），包括功能性语句、说明性语句和结构性语句。

名为 prog6 的 Shell 程序在运行时测试命令行上的参数是否为已经存在的普通文件的示例如下。

```
$ cat prog6
#
#The statement of  if…then…fi
#
if [  -f  $1 ]                      # 测试命令行上的第一个参数是否为普通文件
then
    echo "File  $1  exists"  # 条件成立执行的命令
fi
```

在本例中 if 语句后面的方括号代表 test 命令。注意，在左方括号的左、右两侧和右方括号的左边至少要有一个空格。prog6 程序执行时，首先测试命令行上的第一个参数是否为一个已经存在的普通文件。如果条件成立，则执行 then 后面的 echo 语句，完成后跳到 fi 语句后面；如果条件不成立（该文件不存在；或文件存在，但不是一个普通文件），则直接跳到 fi 语句后面（本程序结束）。示例如下。

```
$ prog6  abc
File  abc  exists                   # abc 是一个已经存在的普通文件
$ prog6  xyz
$                                   # 文件 xyz 不存在，或不是普通文件
```

5.3.3　条件语句 if…then…else…fi

在 5.3.2 小节中介绍的条件语句在测试条件成立时要执行指定的语句，如果条件不成立，则无指定的语句要执行。本小节介绍的条件语句与其相似，但区别就在于无论条件是否成立，都有指定的语句要执行。if…then…else…fi 语句的格式如下。

```
if  表达式
then
   命令表 1
else
   命令表 2
fi
```

如果表达式成立，则执行命令表 1 中的命令，执行完成后跳到 fi 后面；如果表达式不成立，则执行命令表 2 中的命令。执行完成后跳到 fi 后面。

名为 prog7 的 Shell 程序在运行时检测命令行上的第一个参数是否为一个已经存在的普通文件，或一个已经存在的目录文件的示例如下。

```
$ cat prog7
#
#The statement of if…then…else…fi
#
if [  -d  $1  ]                               # 检测命令行上的第一个参数是否为目录文件
then
      echo "$1  is  a  directory"
```

```
else
        if [ -f  $1 ]                        # 检测命令行上的第一个参数是否为普通文件
        then
            echo "$1 is a common file"
        else
            echo "unknown"                   # 第一个参数既不是目录文件也不是普通文件
        fi
fi
```

带参数来运行 prog7 的示例如下。

```
$ prog7 backup                      # backup 是当前目录下的一个目录文件
backup is a directory               # 运行结果
$ prog7 abc                         # abc 是当前目录下的一个普通文件
abc is a common file                # 运行结果
$ prog7 xyz                         # 当前目录下没有名为 xyz 的文件
unknown                             # 运行结果
$
```

本例中的两个 if 语句后面的测试条件无论成立与否，都有指定的语句要执行。

5.3.4 多路分支语句 case…esac

case 语句主要用于测试有多种取值可能的变量，并根据变量的不同取值来确定程序运行的流向。case 语句检测的变量通常为字符串变量。case 和 esac（case 反过来拼写）为一对语句括号，其中包含的语句为一个完整的命令组。case…esac 语句的格式如下。

```
case  字符串变量  in
          模式 1)
                   命令表 1
                    ;;
          模式 2)
                   命令表 2
                    ;;
           …
          模式 n)
                   命令表 n
                    ;;
esac
```

case 语句运行时，首先将字符串变量的值与模式 1 比较，如果匹配，则执行命令表 1 中的命令，直到双分号为止，然后跳到 esac 后面继续往下执行；如果不匹配，则与模式 2 比较，如此进行下去。通常把模式 n 直接写成“*”表示默认值，可用于当变量与前面的所有模式都不匹配时，程序要执行的操作。由于 case 后面的变量是字符串变量，因此模式 1 至模式 n 也都是字符串形式，其中可以包含“?”“*”和“[ ]”这些通配符，以表示某个范围的字符串取值。

名为 prog8 的 Shell 程序测试读取并设置用户当前的终端类型的示例如下。

```
$ cat prog8
#
# set terminal type
#
echo "Input your terminal type"  # 提示用户输入终端类型
```

```
read choice                           # 读取用户输入的参数
case "$choice" in                     # 判断用户输入的字符串变量
    [Aa]nsi)                          # 方括号表示枚举表
        TERM=ansi                     # 设置标准的 Shell 环境参数
        export TERM                   # 输出 Shell 的环境参数
        ;;
    [Ss]un)
        TERM=sun
        export TERM
        ;;
    [Vv]t100)
        TERM=vt100
        export TERM
        ;;
    *)                                # 除上述 3 种以外的所有其他终端类型
        echo "Unavailable terminal type, try again"
        ;;
esac
$
```

该程序假设当前系统只识别 ansi、sun 和 vt100 这 3 种类型的终端，如果输入的字符串不是这 3 种类型，则提示错误信息。用户在输入终端类型字符串时，首字母既可以大写也可以小写，故用枚举表来表示可取用其中的任一字符。

5.3.5 循环语句 for…do…done

通常情况下，当循环次数已知或确定时，可以使用 for 循环来多次执行一条或一组命令。循环体由语句括号 do 和 done 来限定，格式如下。

```
for  变量名  in  单词表
do
    命令表
done
```

执行时，变量依次取单词表中的各个值（单词表中的各个值之间用空格隔开），每取用一个值，就执行一次循环体（命令表）中的命令。循环次数由单词表中的值的个数确定。取完单词表中的所有值后循环结束，程序跳到 done 语句后面。如果单词表是命令行上的所有参数，可以在 for 语句中省略“in 单词表”部分。名为 prog9 的 Shell 程序示例如下。

```
$ cat prog9
#
# example of for statement
#
for city in Beijing Chengdu Guangzhou Shanghai Tianjing
do
    echo "Good morning, $city"
done
```

在本例中，单词表中有 5 个单词，当变量 city 依次取这 5 个单词时，每取一次就执行一次循环体，即执行一次 echo 语句，循环 5 次后程序结束。运行结果如下。

```
$ prog9
Good morning, Beijing
Good morning, Chengdu
Good morning, Guangzhou
```

```
Good morning, Shanghai
Good morning, Tianjing
$
```

下面给出的示例 prog10 的功能是在当前目录下寻找指定的文件，或者是复制当前目录下的所有文件到当前用户主目录的 backup 子目录中。程序运行的格式如下。

```
prog10  [filename]
```

方括号表示在执行 prog10 时，后面的文件名是任选的。带或不带文件名也就确定了程序的功能是寻找文件还是复制文件。程序清单如下。

```
$ cat prog10
#
# Example of for loop
#
flist=`ls`                          # flist 的值是当前目录下的所有文件名
for  file  in  $flist               # file 依次取当前目录下的各个文件名
do
     if [ $#  -eq  1 ]              # 命令行上有一个参数时
     then
          if ["$file" = "$1" ]      # 当前文件名是否与命令行参数相同
          then
               echo "$file found"
               exit                 # 找到了指定的文件，退出本程序
          fi
     else
          cp $file $HOME/backup     # 逐个复制当前目录下的文件
          echo "$file copied"
     fi
done
```

在本例的第一条语句中，由于 ls 加了反撇号，因此给变量 flist 赋的值是 ls 命令的执行结果，即当前目录下的所有文件名（参见 4.5.3 小节）。如果命令行上有一个参数，本程序的功能就是在当前目录下查找这个参数所表示的文件，如果找到了这个文件，就立刻退出程序。如果命令行上没带参数（或参数个数不等于 1），本程序的功能就是把当前目录下的所有文件逐个复制到当前用户主目录的 backup 子目录中。

5.3.6 循环语句 while…do…done

while 语句常常用在循环次数未知或不确定的场合，对循环次数的控制一般是依据程序或文件的某种状态来确定的。while…do…done 的格式如下。

```
while    命令
do
    命令表
done
```

while 语句执行时，首先测试其后面的命令是否执行成功（普通命令的退出状态为 0，或 test 命令的测试条件成立），如果成功，则执行一次 do 和 done 之间的循环体（命令表）中的命令；然后再次测试 while 后面的命令，只要执行成功，就重复执行循环体中的命令，直到检测到 while 后面的命令执行失败，就退出 while 循环，跳到 done 语句后面。

如果 while 语句后面的命令不止一条，则以最后一条命令的退出状态作为是否执行循环体的条件。

下面的 Shell 程序 prog11 用于创建若干个新的文件，其执行格式如下。

```
prog11  file [number]
```

prog11 程序内容如下。

```
$ cat  prog11
#
# example of while loop
#
if [ $# -eq 2 ]                        # 判断命令行上的参数个数
then
    loop=$2                            # 以第二个参数的值作为循环次数
else
    loop=5                             # 将循环次数设置为固定值 5
fi
i=1                                    # 初始化循环计数器
while [ $i -le $loop ]                 # 当前循环次数是否小于等于设定的参数
do
    >$1$i                              # 创建一个空文件
    i=`expr $i + 1 `                   # 循环计数器加一
done
```

该程序运行时，首先判断命令行上的参数个数，如果是两个，则把第二个参数的值作为循环次数；如果命令行上的参数个数不是两个，则将循环次数设置为 5。每循环一次，就创建一个空文件，文件名的前半部分是命令行上的第一个参数，后半部分是循环序号。“ > filename”实际上是“command > filename”的特殊形式，相当于其中的 command 是一条空命令（参见 4.3.3 小节）。

5.3.7　循环语句 until…do…done

until 循环与 while 循环的功能相似，但不同的是，只有当测试的命令的值是假时，until 循环才执行循环体中的命令表，否则退出循环。这一点与 while 循环正好相反。until…do…done 语句的格式如下。

```
until   命令
do
   命令表
done
```

下面的 Shell 程序 prog12 每隔 10s 检查一次指定用户是否登录了系统。

```
$ cat  prog12
#
# monitor for logon
#
until who | grep $1 > /dev/null     # 查看当前用户名单中有无指定用户
do
    sleep 10                        # 暂停 10s
done
echo "user $1 logs on"              # 显示用户已登录
$
```

在本例中，until 后面是由管道连接起来的 who 和 grep 两条命令，但只有 grep 命令（until 命令之后、do 命令之前的最后一条命令）的返回值决定是否继续进行循环。

who 命令把当前登录系统的用户名单通过管道发送给 grep 命令，grep 命令在用户名单中查找由命令行上第一个参数所指定的用户名。grep 命令的输出被重定向到/dev/null（空设备）上，因为本程序仅仅想知道指定用户是否登录系统，而并不关注和保存 grep 命令的输出。如果 grep 命令没有在用户名单中找到指定的用户名，则返回值为假，表明该用户还未登录系统，执行循环体中的 sleep 命令；如果 grep 命令找到了指定的用户名，则返回值为真，退出 until 循环，显示用户已登录的提示信息。

5.3.8 循环控制语句 continue 和 break

1. continue 语句

在循环体中遇到 continue 语句时，立即跳转到当前循环的顶部开始下一轮循环，continue 语句后面的那些语句就不再执行。如果 continue 语句是在多层循环之内，则只是跳转到当前这层循环的顶部。当然，continue 语句后面也可以带一个数字参数 n，使程序跳转到当前这层循环之外的第 n 层循环顶部；如果数字参数 n 大于循环的层数，则退出整个循环。

示例程序 prog13 的执行格式如下。

```
prog13 正整数 正整数 正整数 ……
```

参数的个数不确定，数量为 1～10，每个参数都是正整数。程序如下。

```
$ cat prog13
#
# example for continue
#
if [ $# -eq 0 ]
then
    echo "Numeric arguments required"
    exit
fi
if [ $# -gt 10 ]
then
    echo "Only ten arguments allowed"
    exit
fi
for number                              # 依次取命令行上的所有参数
do
    count=`expr $number % 2`
    if [ $count -eq 1 ]                 # 如果当前参数为奇数
    then
        continue                        # 取命令行上的下一个参数
    else
        output="$output $number"        # 将偶数放到偶数字符串尾部
    fi
done
echo "Even numbers: $output "           # 显示命令行上的所有偶数
$
```

该程序运行时，首先检查命令行上的参数个数是否正确，如果不正确，则提示错误信息后退出。在 for 循环中，循环变量依次取命令行上的所有参数（省略写法），每取一个参数，就判断其是奇数还是偶数。如果是奇数，则什么都不做，开始下一轮循环——取下一个命令行参数；如果是偶数，则把该偶数放到偶数字符串 output 的尾部。当循环变量依次取完所有的命令行参数后，循环结束，显示命令行上的所有偶数。

2. break 语句

break 语句的功能是从当前的这一层循环中跳出，跳到 done 语句的后面，但不是退出程序。如果是多层嵌套的循环，则可以在 break 语句的后面加上一个数字参数 n，使程序跳到 n 层循环之外。

下面的示例程序 prog14 展示的是 break 语句在多层循环中的应用。

```
$ cat prog14
#
# example for break
#
while  true                    # 第一层循环
do
    echo  level1
    until  false               # 第二层循环
    do
        echo  level2
        break 2                # 跳出两层循环
    done
done
$
```

在本例中，while 语句后面的 true 命令是 Shell 的内部命令，这是一个返回值固定为真的空命令；类似地，until 后面的 false 命令是一个返回值固定为假的空命令。所以这里的 while 循环和 until 循环本身都是无限循环，要终止程序的运行，只能通过循环体中的相关语句（exit、continue、break 等）终止或手动终止。

虽然本程序中的两层循环都是无限循环，但因第二层循环体中的 break 2 语句，每一层循环都只执行了一次就跳出了两层循环，程序结束。

5.4　Shell 函数

在 Shell 程序中，常常把完成固定功能并且要多次使用的一组命令（语句）封装在一个函数里，每当要使用该功能时调用该函数即可。

由于 Shell 是解释型语言，因此 Shell 函数在被调用前必须先说明，即在代码顺序上对函数的说明必须放在调用程序的前面。调用程序可传递参数给函数，函数可用 return 语句把运行结果返回给调用程序。

函数只在当前运行的 Shell 中起作用，不能输出到当前 Shell 的子 Shell 中。

函数的说明格式如下。

```
function_name()
{
    command_1
    …
    command_n
}
```

函数名后面的圆括号是函数标识符，表示 Shell 函数的开始，除此之外没有别的用处，也不能在圆括号中填写变量名等内容。花括号之间的内容为函数体，其中可以是任意的语句，但不能再嵌套函数。

函数一旦被说明后，主程序就可以像调用普通的命令（功能性语句）一样调用函数，并在调用时传递参数给函数。函数返回后，主程序可以通过检查函数的返回值来判断函数的运行是否正确。函数的返回值既可以在函数中用 return 语句来显式地给出，也可由函数中的最后一条语句的返回值来隐式地给出。

函数和主程序之间也可以使用公共变量的形式来传递参数，即在函数中定义和使用的变量，返回主程序后仍可使用保存在该变量中的值。同样，在主程序中定义和使用的变量，在函数开始运行时也可以使用保存在该变量中的值。也就是说，在同一个 Shell 程序（无论是主程序还是函数）中定义和使用的变量实际上是全局性的，但这种变量的使用方式易产生混淆，使用时需谨慎。

下面的示例程序 prog15 展示了在 Shell 程序中使用函数功能的一般方法。

```
$ cat prog15
#
# example for function
#
check_user( )                               # 定义名为 check_user 的函数
{
    user=`who |  grep  $1`                  # 查找指定的用户是否已登录
   if [  -n  $user ]
   then
          return  0                         # 找到指定用户，返回真值
   else
          return  1                         # 未找到指定用户，返回假值
   fi
}
# MAIN, Main, main: program begins here     # 程序从这里开始运行
while  true
do
    echo  -n  "Input username: "
    read   uname
    check_user  $uname                      # 调用函数，并传递参数 uname
    if [ $?  -eq  0 ]                       # 判断函数的返回值
    then
        echo  "user  $uname  online"
    else
        echo  "user  $uname  offline"
    fi
done
$
```

本例中首先是对函数 check_user 的说明，其中的$1 是主程序传递给该函数的第一个参数。函数结束时通过 return 语句显式地给出返回值。

本程序从 while 语句处开始运行，每次循环都重新提示用户输入要查找的用户名，并将该用户名作为命令行参数传递给调用的 check_user 函数，再根据函数的返回值判断指定用户是否已登录系统。

5.5 命令组的应用规则与限制

在 Shell 程序中，常常使用包含多条命令的命令组来完成某一特定的功能，由此来优化程序的结构。命令组作为相对独立的程序模块，可被当作单条命令或函数来应用。

命令组作为一个相对独立的整体，其标准输入和输出也是可以被重定向的。

5.5.1 Shell 命令组的标准输出重定向

当命令组的标准输出被重定向时，命令组中的所有命令的输出都按运行顺序依次被送到新的重定向文件中，除非命令组中的某条命令又另外指定了单独的输出重定向文件。

1. 命令组标准输出重定向格式一

```
(command1;command2;… ;commandn) > outfile
```

通常情况下，当前的命令解释器 Shell 在遇到这类命令组时，会再建立一个子 Shell（参见 4.1.4 小节）来解释执行圆括号中的命令（命令组）。这里的输出重定向实际上就是对这个子 Shell 的标准输出重定向。

例如，有下面的命令组。

```
(echo "current  dir is `pwd`"
echo "files in the dir: "
ls -l )    >  output_file
```

命令组运行后，文件 output_file 中的内容依次为 3 条命令的运行结果，示例如下。

```
current dir is /home/teacher/zhanglan
files in the dir:
total  5
drwxr-xr-x  2 zl  teacher   516  Jul 11  18:46  src
-rw-r--r--  1 zl  teacher    73  Sep 05  12:35  file1
-rwxr-xr-x  1 zl  teacher    82  Sep 05  21:08  tst9
```

2. 命令组标准输出重定向格式二

```
while 命令
do
    命令组
done  >  output_file
```

这里的文件 output_file 是整个 while 循环（命令组）的输出文件，而不仅仅是 done 语句的输出文件。下面为对 while 循环进行标准输出重定向的示例程序 prog16。

```
$ cat prog16
#
# monitor for online users
#
while true
do
    date
    stu=`who | wc -l`
    echo "online users: $stu"
    echo
    sleep 60
done > users_log
$
```

这是一个无限循环程序，每隔一分钟检查一次当前系统中的用户登录情况，并输出当前的日期和用户数量。输出信息保存在文件 users_log 中，便于系统管理人员查看并分析、跟踪登录用户数量的变化情况。

5.5.2　Shell 命令组的标准输入重定向

当命令组的标准输入被重定向时，则根据命令组中各命令的先后次序，输入数据先满足第一个需要输入数据的命令，剩下的数据再满足第二个需要输入数据的命令，依此类推。

子 Shell 命令组的标准输入重定向格式如下。

```
(command1; command2; … ; commandn) < inputfile
```

或者使用以下格式进行标准输入重定向。

```
command | (command1; command2; …;  commandn)
```

示例如下。

```
$ ps -e | (read title; echo $title; grep student3)
```

ps 命令把当前系统中的所有进程的列表通过管道发送给后面的命令组。read 命令先读入 ps 命令输出结果中的第一行（标题行），并由 echo 命令显示出来，grep 命令再从 ps 命令输出结果中的第二行开始查找包含字符串 student3 的行并显示出来。

对于循环类命令组的标准输入重定向，常采用以下格式。

```
command | while 命令
do
    命令组
done
```

或者采用以下格式进行标准输入重定向。

```
while 命令
do
    命令组
done < inputfile
```

下面的示例程序 prog17 从文件 userlist 中每读入一行，就执行一次循环体，显示出当前行的序号和前两个字段的内容，一直读到文件 userlist 的末尾，退出循环。

```
$ cat prog17
i=1
while   read  id  name  component       # 从 userlist 文件中读入
do
        echo "$i  UID:  $id   name: $name"
        i=`expr  $i  +  1`
done  <  userlist                       # 重定向到 while 命令组
$
```

该程序执行时的循环条件是 read 命令成功地从标准输入重定向文件 userlist 中读入了一行，直到读到文件末尾，退出循环。每读入一行，就把读入的第一个和第二个字符串分别赋给 id 和 name 两个变量，把该行后面剩余的所有字符串都赋给 component。循环体则按格式输出当前行的行号（序号），以及变量 id 和 name 的值。

类似地，给 for 循环或 until 循环等命令组重定向标准输入和标准输出文件时，都是遵循上述原则的。在实际的 Shell 编程应用中，经常对命令组的标准输入和标准输出同时进行重定向。

下面的示例程序 prog18 的主要功能就是在一个指定文件中的每一行的行首加上行号。

```
$ cat prog18
#
# Put line numbers on all lines of a file
#
if [ $# -ne 1 ]
then
    echo "Usage: $0 filename "
    exit 1
fi
count=1                              # 初始化计数器
cat $1 | while read line             # 依次读入每一行
do
    echo $count $line
    count='expr $count + 1'          # 计数器加一
done > tmp$$                         # 临时保存整个 while 命令组的输出
mv tmp$$ $1                          # 将临时文件名改为原文件名
$
```

该程序的基本功能就是根据命令行上第一个参数指定的文件名，给该文件中的每一行的行首加上行号。程序开始运行时，在检查完命令行上的参数个数并初始化计数器后，由 cat 命令打开指定的文件，并通过管道把文件内容传递给 while 循环。while 循环从管道中每读入一行，就在这行前面加上行号后再输出该行，一直到文件的结束。每次循环输出的内容都暂时存放在临时文件中，临时文件名是字符串 tmp 加上当前进程的进程号，其目的是避免与其他文件名冲突。循环结束后，再将临时文件名改为原文件名。

下面的示例程序 prog19 进一步显示了在一个应用程序中包含多种标准输入、标准输出重定向形式的使用场景。

```
$ cat prog19
#
# speller: check and fix spelling errors in a file
# Usage: $0 oldfile newfile
#
while read line                                      # 从 oldfile 文件中读入一行
do
    echo $line
    echo -n "Is this word correct ? [Y/N] "          # 显示到终端屏幕上
    read answer < /dev/tty                           # 从终端键盘上读入
    case "$answer" in
    [Yy]*)
        echo $line >> $2                             # 追加到 newfile 文件中
        ;;
    *)
        echo -n "What is the correct spelling?"      # 显示到终端屏幕上
        read word < /dev/tty                         # 从终端键盘上读入
        echo $word >> $2                             # 追加到 newfile 文件中
        echo "$line has been changed to $word."      # 显示到终端屏幕上
        ;;
    esac
done < $1                                            # 命令组标准输入重定向
$
```

这是一个简单的拼写错误检查修订程序，程序每循环一次就从输入文件中读入一行并显示，提示用户判断正确与否。如果用户回答正确，则程序直接输出该行到新文件中；如果用户回答不正确（除了以 Y 或 y 开头的所有其他字符串），则提示用户输入新的行，并输出该行到新文件中。

在本例中，命令行上的第一个参数是作为整个 while 命令组的标准输入重定向文件，而终端设备（/dev/tty）则只是其中的某个特定的 read 命令的标准输入重定向文件。这样，需要检查的行是从命令行指定的文件中读入的，而用户的回答则需要从终端键盘上读入。提示信息输出到终端屏幕上，从源文件中读入的正确行，以及用户重新输入的正确行，则输出到指定的输出文件中。

5.5.3 while 命令组的循环条件

在 while 命令组中，while 语句后面到由 do 和 done 构成的循环体之间的命令可以不止一条，但只有其中的最后一条命令的返回值可以当作是否继续循环的判断条件。其格式如下。

```
while command1
     command2
     …
     commandn
do
     循环体命令表
done
```

每次循环时，都要执行一遍 command1 至 commandn，但 command1 至 commandn-1 执行成功与否都不直接影响 while 循环。只有 commandn 的执行结果（退出状态）作为 while 的循环测试条件，决定是否进入下一轮循环。下面的示例程序 prog20 展示了这样一种使用场景。

```
$ cat prog20
num=1
while  who
     date
     ls -l  |  sort  >  filelist
     test  $num  -ne   6
do
     …
     num=`expr  $num  +  1`
done
$
```

在 prog20 中，虽然每次循环都要执行一遍 who、date、ls 和 test 命令，但只有 test 命令的执行结果才能决定是否进入下一轮循环。

5.6 练习

1. 编写并执行一个 Shell 脚本的步骤有哪些？
2. 如何在 Shell 脚本中读取命令行上的参数？
3. 通常在 Shell 脚本中使用什么命令/语句来显示一个变量的值？
4. 如果修改 Shell 环境变量 PATH 的值，把当前工作目录“./”也作为 PATH 中的一个搜索目录，那么把当前工作目录放在 PATH 中的最前面和最后面有什么区别？

5. 请分析，如果把示例程序 prog18 中的语句 cat $1 | while read line 改为 while read line < $1，会出现什么情况？

6. 示例程序 prog19 中如果在第一个 echo $line >> $2 语句后面加上 continue 语句，其功能有什么差异吗？

7. 请编写一个连续响铃 10 声的 Shell 脚本并运行，看看实际效果。

8. 编写一个 Shell 脚本，运行时有一个作为命令行参数的文件名，把该文件中的内容替换为该文件名的字符串。

9. 编写一个 Shell 脚本，把一个文件中的第一行与最后一行交换位置。

10. 编写一个 Shell 脚本，删除一个文件中所有的偶数行（第 2,4,6…行）。

11. 编写一个 Shell 脚本，把一个文件中所有的偶数行合并到前面的奇数行后面（第 2 行合并到第 1 行后面，第 4 行合并到第 3 行后面……）。

12. 编写一个 Shell 脚本，建立若干个空文件，文件名前面部分由命令行上的第一个参数确定，文件名后面部分为建立该文件时的序号（例如 abc1,abc2,abc3…），新建文件的个数由命令行上的第二个参数确定，如果没有第二个参数，则固定为 5 个。

第 6 章 数据查找和筛选工具

Linux 操作系统中通常包含多个数据查找和筛选工具，例如 vi、find、sed、grep、awk 等，用于对文本文件（例如运行日志和客户名单等）进行特定内容的查找和筛选，并生成相关报表。在 Shell 脚本中常常直接调用这些工具来进行数据处理，让数据处理操作更便捷，效果也更直观。本章主要介绍 Linux 操作系统中处理文本数据时常用的正则表达式（Regular Expression，RE）和两个可编程数据处理工具——流编辑器 sed 和数据处理器 awk 的功能及其编程方法，使读者在 Shell 编程的基础上应用这两个工具来编写功能更加完善和灵活的脚本。实际上无论是 sed 还是 awk 中的操作命令中都可以包含更加复杂、丰富和灵活多变的处理模式，包括逻辑判断、条件分支、循环、函数等，从而帮助用户写出功能强大而高效的程序。

6.1 正则表达式

在第 2 章中我们介绍了文件名通配符，使用文件名通配符可以方便地模糊查找文件，或用一个简单的字符串来代替一系列具有某种规律的文件名。如果要在命令的运行结果或文本文件中模糊查找某些字符串，就要用到正则表达式。

正则表达式通常由多个元字符组成，使用正则表达式可以快速地查找和定位文件中指定的内容。

在 Linux 操作系统中许多工具都要使用到正则表达式，这些工具包括 grep、vi、sed 和 awk 等。

需要注意的是，本节介绍的正则表达式中的元字符和匹配模式与文件名通配符的表示和用法有部分相似之处，但也有明显的区别。文件名通配符用于在目录中查找特定的文件名，而正则表达式则用于在文件中查找特定的字符串。

不同的操作系统版本中，正则表达式所用的元字符和匹配模式可能有少量的不同，详细信息请查阅对应的文档或帮助手册。

6.1.1 正则表达式的定义

正则表达式是一种字符模式，用来在字符串搜索中匹配具有相同形式的字符串。正则表达式的形式是封装在一对斜线中的字符串，示例如下。

```
/file/
/student/
/123abc/
```

```
/[Cc]hengdu/
/ *computer$/
```

正则表达式在要查找的数据中以“行”为单位来查找匹配的字符串。在一行要查找的数据中，可能多次匹配指定的字符串。

6.1.2 正则表达式中的元字符

正则表达式中的字符串中常常使用一些特殊的字符来表示某种要查找的范围或类型，这些特殊的字符就叫元字符。正则表达式常用的元字符如表 6.1 所示。

表 6.1 正则表达式常用的元字符

元字符	功能	举例	意义
^	行首定位	/^vitamin/	匹配所有以 vitamin 开头的行
$	行尾定位	/vitamin$/	匹配所有以 vitamin 结尾的行
.	匹配任意单个字符	/v..n/	匹配所有以 v 开头，以 n 结尾，长度为 4 个字符的字符串
*	匹配任意多个前导字符	/v*itamin/	匹配以 0 个到多个字符 v 开头，后跟 itamin 的字符串
[ ]	匹配方括号中的任何一个字符	/[Vv]itamin/	匹配 Vitamin 和 vitamin 字符串
[a-z]	匹配指定范围内的任何一个字符	/vitamin[A-D]/	匹配 vitaminA、vitaminB、vitaminC 和 vitaminD 字符串
\	给后面的元字符转义	/vitamin\./	匹配 vitamin.（去掉“.”的元字符含义）字符串

说明：正则表达式中的字符串不能包含字符串的间隔符号，这些间隔符号包括空格符、回车符、换行符、制表符、文件结束符和普通的标点符号。

6.1.3 正则表达式应用示例

现有一个名为 intro 的文本文件，用屏幕编辑器 vi 打开该文件，在 vi 的命令模式下使用正则表达式来查找指定的字符串。下面的斜线及其中包含的字符串是用户从键盘输入的字符串（要查找的内容），显示内容中的粗体字即匹配的字符串。

```
$ vi intro
```

Fifty years'efforts and cultivations have witnessed the **University**'s process from sole dependence on electronic information engineering to all-around programs in electronic disciplines, and the **University** now turns out to be a key multidisciplinary **university** with electronic science and technology as its nucleus, engineering as its major field and featured the harmonious integration of science, engineering, management and liberal arts, well prepared at the call of the history to come up as a high-level research-oriented **university**.

```
~
~
~
/[Uu]niversity/
```

说明：方括号中的字符（U 和 u）匹配任意一个，因此本例中的正则表达式匹配 University 和 university。

```
$ vi intro
```

```
    Fifty years'efforts and cultivations have witnessed the University's process from
sole dependence on electronic information engineering to all-around programs in
electronic disciplines, and the University now turns out to be a key multidisciplinary
university with electronic science and technology as its nucleus, engineering as its
major field and featured the harmonious integration of science, engineering, management
and liberal arts, well prepared at the call of the history to come up as a high-level
research-oriented university.
    ~
    ~
    ~
    /e*ri/
```

说明："*"匹配 0 个到多个前导字符 e，因此本例中的正则表达式匹配了 3 个 eeri 和一个 ri。

```
    $ vi intro
```

```
    Fifty years'efforts and cultivations have witnessed the University's process from
sole dependence on electronic information engineering to all-around programs in
electronic disciplines, and the University now turns out to be a key multidisciplinary
university with electronic science and technology as its nucleus, engineering as its
major field and featured the harmonious integration of science, engineering, management
and liberal arts, well prepared at the call of the history to come up as a high-level
research-oriented university.
    ~
    ~
    ~
    /i.n/
```

说明："."匹配任意单个字符，因此本例中的正则表达式匹配了 3 个 ion、3 个 ien 和一个 itn。

```
    $ vi intro
```

```
    Fifty years'efforts and cultivations have witnessed the University's process from
sole dependence on electronic information engineering to all-around programs in
electronic disciplines, and the University now turns out to be a key multidisciplinary
university with electronic science and technology as its nucleus, engineering as its
major field and featured the harmonious integration of science, engineering, management
and liberal arts, well prepared at the call of the history to come up as a high-level
research-oriented university.
    ~
    ~
    ~
    /ti[a-z]/
```

说明：查找以 ti 开头并后接 a 到 z 中的任意一个字符的字符串，故本例中的正则表达式匹配了 3 个 tio、一个 tid 和一个 tiv。

6.2 流编辑器 sed 简介

6.2.1 什么是流编辑器

流编辑器（stream editor，sed）是一种流水线型的、非交互式的文本编辑器。它使用户可以在命令行上（而不是编辑器中）对文件进行无破坏性编辑。

sed 工作时，首先读取被编辑文件中的第一行文本，将其放入一个被称为模式空间的临时缓冲区中。再读取编辑命令，根据命令中指定的模式和行号来查找和编辑文本。编辑完成后将结果输出到标准输出（默认为屏幕）上并读取下一行文本。重复这个过程直到文本结束。

由于对每一行文本的编辑操作都是 sed 根据编辑命令自动进行的，无须人工操作，因此编辑过程是非交互式的。利用这个特点，程序员常常在 Shell 脚本中调用 sed 来自动编辑和处理较大的数据文件。

流编辑器 sed 与屏幕编辑器 vi 虽然基本功能都是对文本文件进行编辑，但它们的编辑方式和运行流程具有较大的差异。表 6.2 列出了屏幕编辑器 vi 与流编辑器 sed 的主要区别。

表 6.2　屏幕编辑器 vi 与流编辑器 sed 的主要区别

特性	vi	sed
操作方式	交互式	非交互式
编辑流程	全局并行（可逆行）	逐行串行（不可逆行）
编辑执行地点	编辑器	命令行
编辑空间	临时文件（文件缓存）	模式空间（行缓存）
对源文件的影响	破坏性的	非破坏性的
批量发出命令	不能	能
基本编辑单位	字符	行
主要应用场合	人工编辑	程序自动编辑
可编辑文件大小	较小	较大

6.2.2　sed 命令的基本格式

流编辑器 sed 有以下 4 种常见的命令格式。

```
sed 'command' file
sed -n 'command' file
sed -e 'command1' -e 'command2' file
sed -f script_file file
```

说明如下。

command：行编辑器命令，与第 3 章中讲述的相关内容一致。

-n：只显示与指定模式匹配的行，缺省时默认所有行都要显示。

-e：在一个命令行上进行多次编辑时，每一个编辑命令前都需要加上-e。

-f：编辑命令放在其后的脚本中。

sed 命令的执行结果是发送到标准输出（通常为屏幕）上的，如果要将结果保存到文件中，则应该使用标准输出重定向功能。示例如下。

```
sed 's/student/teacher/' oldfile > newfile
```

6.2.3　sed 命令中的行编命令基本格式

下面列举的是在 sed 命令中单引号内的行编命令的常用格式，方括号表示任选，可有可无。

1. [行定位符][行编命令元字符]

```
sed '1,9d' file1
```

上述命令表示删除文件 file1 中的前 9 行，显示第 10 行及以后的内容。

```
sed  -n  '32p'  file2
```

上述命令表示只显示文件 file2 中第 32 行的内容。

2. 正则表达式[行编命令元字符]

```
sed  -n  '/computer/p'  file3
```

上述命令表示显示文件 file3 中包含字符串 computer 的行。

```
sed  '/xyz/d'  file4
```

上述命令表示显示文件 file4 中除了包含字符串 xyz 的行以外的所有其他行。

3. [行定位符][行编命令元字符]正则表达式[行编命令元字符]

```
sed  -n  '3,8s/east/west/'  file5
```

上述命令表示在第 3 行～第 8 行，把每一行中出现的第一个 east 替换为 west，并显示替换后的结果。

```
sed  -n  '1,$s/Beijing/Shanghai/g'  file6
```

上述命令表示在文件 file6 中，将从第一行到最后一行出现的所有字符串 Beijing 都改为 Shanghai。

6.2.4　sed 命令的出错信息和退出状态

sed 命令执行不成功的原因通常分为两大类，一类是操作系统命令错误，另一类是 sed 的行编命令中的正则表达式错误或模式不匹配。

1. 操作系统命令错误

例如：　sed　-y　'2,9s/computer/network/'　file7。

显示：　sed：ERROR：Illegal option –y。

退出状态值：1。

说明：　sed 命令没有-y 这个选项。

例如：　sed　-n　'/software/p'　file8。

显示：　sed：ERROR：Cannot open file8。

No such file or directory

退出状态值：2。

说明：　被编辑文件 file8 不存在。

2. 正则表达式错误或模式不匹配

例如：　sed　-n　's/abc/xyz'　file9。

显示：　sed：ERROR：Command garbled：s/abc/xyz。

退出状态值：1。

说明：　行编命令不完整（缺少后面的第三条斜线）。

例如：　sed　-n　'2,26s/winter/spring/'　file10。

显示：　无。

退出状态值：0。

说明：　sed 命令本身运行正常，只是 file10 文件中没有匹配的字符串。

在不同的 Linux 操作系统版本中，sed 命令的选项及其意义可能有所差异，在运行过程中的相关提示信息也可能有所不同。因此，如果把 sed 命令写进 Shell 脚本中，则判断 sed 命令是否正常运行时既要判断命令的退出状态值，又要区分提示的错误信息。

6.2.5 sed 命令应用示例

1. 显示文件内容：p 命令

```
sed -n '22,35p' file11
```

上述命令表示显示文件 file11 中第 22~35 行的内容。

```
sed -n '/string/p' file12
```

上述命令表示显示文件 file12 中包含字符串 string 的行。

```
sed -n '9,/^uestc/p' file13
```

上述命令表示显示文件 file13 中第 9 行到以字符串 uestc 开头的行。

```
sed -n '/[Cc]hina/p' file14
```

上述命令表示显示文件 file14 中包含字符串 China 和字符串 china 的行。

2. 删除文件内容：d 命令

```
sed '76d' file15
```

上述命令表示删除文件 file15 中的第 76 行。

```
sed '9,$d' file16
```

上述命令表示删除文件 file16 中第 8 行以后的所有行。

```
sed '/co*ool/d' file17
```

上述命令表示删除文件 file17 中包含 cool、coool、cooool 等字符串的行。

3. 替换文件内容：s 命令

```
sed -n 's/Beijing/Shanghai/g' file18
```

上述命令表示将文件 file18 中所有的 Beijing 替换为 Shanghai。

```
sed -n 's/^ *uid/username/p' file19
```

上述命令表示将文件 file19 中以 0 个至多个空格开头且后面为 uid 的字符串替换为 username。

“^”和“*”之间有一个空格。

4. 多次编辑：e 命令

```
sed -e '1,5d' -e 's/good/bad/' file20
```

上述命令表示将文件 file20 中的第 1～5 行删除，同时将 good 替换为 bad。

5. 添加新行：a 命令

```
sed '/^operation/a\
this is an inserted line' file21
```

上述命令表示在文件 file21 中的以字符串 operation 开头的行后面添加新的一行“this is an inserted line”。

6.3 数据处理器 awk 简介

awk 是一种程序设计语言，主要用于对格式化的输入数据（文本文件、标准输入或命令的输出等）进行扫描，按照指定的模式匹配和提取数据，并产生相应的报表。

awk 从输入文件的第一行开始逐行扫描到最后一行，每扫描一行，就与正则表达式指定的模式进行匹配，从符合要求的行中提取数据，按指定的格式显示出来。

awk 对格式化的以普通文本文件形式存放的数据，具有非常强大的搜索、提取和产生报表的能力，并且 awk 命令本身又可方便地嵌入 Shell 脚本，因此在有些应用环境（例如商业、金融、行政管理）中会把 awk 当作小型数据库管理系统来使用。

6.3.1 数据记录和数据域

awk 通常处理的数据是格式化的数据，即数据中的每一条记录（行）都包含相同数量的域（字段）。域的分隔符由 Shell 的环境变量 IFS 的值来指定（参考 4.4.1 小节），默认情况下是空格。当然，也可以由用户自定义其他字符来作为域的分隔符。

为方便记忆和数据处理，awk 定义了一些内部变量来代指数据中的某个记录或域，常见的内部变量如下。

NR：当前数据在文件中的记录的序号（行号）。

NF：当前记录中域的个数（字段数）。

$0：当前的整条记录（一整行）。

$1：当前记录中的第一个域（第一个字段）。

$2：当前记录中的第二个域（第二个字段）。

……

当然，awk 还有许多内部变量，只是这些变量不常用，在这里就不赘述，感兴趣的读者可以查看相关文档。

一个名为 member 的数据文件示例如下。

```
$ cat member
Chen  Jia    4938    28/6/81     57284
Ding  Yi     2541    12/4/76     38296
Liu   Di     8049    6/11/62     75123
Xiao  Kun    5276    13/7/78     49829
$
```

当 awk 处理数据文件 member 时，如果当前正在处理第一行，则相关变量的取值如下：

```
NR=1
NF=5
$0=Chen  Jia  4938  28/6/81  57284
$1=Chen
$2=Jia
$3=4938
$4=28/6/81
$5=57284
```

6.3.2　awk 命令的基本格式

1. awk 命令的基本格式

awk 的命令格式如下。

```
awk  'pattern  {action}'  filename
```

awk 扫描 filename 中的每一行，对符合模式 pattern 的行执行操作 action。这里的模式 pattern 通常为正则表达式，指定搜索匹配的条件；action 则指定对匹配的数据所要执行的操作，通常为 print。当 pattern 缺省时，awk 对数据文件中所有的记录执行 action 指定的操作，示例如下。

```
awk  '{action}'  filename
```

如果 awk 命令中指定了 pattern，但未指定要执行的操作 action，则显示出所有符合模式 pattern 的行，示例如下。

```
awk  'pattern'  filename
```

没有指定 pattern 和没有指定 action 的 awk 命令，是 awk 命令的两种特例。

pattern 除了可以是正则表达式外，还可以是条件语句；action 除了可以是 print 外，还可以是其他一些 awk 的内置函数或用户自定义函数。使用这些功能可以写出一些功能强大且灵活的 awk 应用程序。为方便初学者学习、掌握，下面的示例中 pattern 都是正则表达式，action 都是 print。

2. 应用示例

```
$ awk  '/Chen/'  member
Chen  Jia  4938  28/6/81  57284
```

说明：在 member 文件中查找包含字符串 Chen 的记录。由于没有指定 action，默认动作就是显示整条记录（整行）的内容。

```
$ awk  '/Liu/  {print  $1, $2}'  member
Liu  Di
```

说明：在 member 文件中查找包含字符串 Liu 的记录，并把找到的记录中的第 1 个域和第 2 个域的值显示出来。

```
$ awk  '/29/  {print  NR, $1, $5}'  member
2  Ding  38296
4  Xiao  49829
```

说明：在 member 文件中查找包含字符串 29 的记录，把对应记录的序号、第 1 个域和第 5 个域的值显示出来。

3. 从其他命令输入数据

awk 命令的输入数据除了可以直接来自命令后面的文件外，还可以来自通过管道接收的其他命令运行的结果。

格式如下。

```
command  |  awk  'pattern  {action}'
```

以下是一个示例。

```
$ who
Chenjia  pts/0  2019-08-27  18:37
Dingyi   pts/4  2019-08-27  15:10
Liudi    pts/6  2019-08-27  14:36
Xiaokun  pts/1  2019-08-27   14:40
$
```

```
$ who | awk '/pts\/6/ {print $1}'
Liudi
```

上述命令行的功能就是查看现在谁在 pts/6 终端上操作。首先用 who 命令得到当前的活跃用户名单,并通过管道把名单发送给 awk 命令,awk 命令在这个名单中查找包含字符串 pts/6 的记录，最后显示出记录中的第一个域（用户名）的值。由于要查找的字符串 pts/6 中包含的斜线是正则表达式中表示开始和结束的特殊字符，因此要在斜线前面加上转义符反斜线来去掉这个斜线的特殊含义，表示要使用斜线这个字符本身。

4. 从标准输入（键盘）输入数据

格式如下。

```
awk 'pattern {action}'
```

由于命令行中未指定输入数据来源，默认情况下 awk 从标准输入（键盘）读取数据。键盘上每输入一行，awk 就处理一行，直到遇到 Ctrl+D 键为止。示例如下。

```
$ awk '/aaa/ {print $0, NF}'
bbbb bbb bb
aaaa aaa aa
aaaa aaa aa 3
xxxx xxx xx
# 按 Ctrl+D 键结束
$
```

上述命令是在输入数据中查找包含字符串 aaa 的记录，找到后将整条记录以及记录中的域的个数显示出来。由于没有指定输入数据来源，因此 awk 命令在运行时就像其他操作系统命令一样需要从标准输入（键盘）上读取数据。当用户输入“bbbb bbb bb”并按 Enter 键后，awk 命令收到这行数据，但因未在其中找到字符串 aaa 而没有任何输出。当用户输入“aaaa aaa aa”并按 Enter 键后，awk 命令收到这行数据，并在其中找到了指定的字符串 aaa，故输出结果“aaaa aaa aa 3”，其中的“3”是 NF 的值，即这个记录中包含 3 个域。用户输入“xxxx xxx xx”后，同样因其中没有符合条件的字符串，故无任何输出。用户按 Ctrl+D 键后，awk 认为已经到达文件的结尾了，执行结束。

6.3.3 格式化输出

在 awk 命令的一般性应用中，如果对数据的输出格式没有太复杂的要求，则使用 awk 命令的内置函数 print 就行了。

要查看 pts/5 终端上的用户现在在干什么，可以用以下的命令来实现。

```
$ ps -e | awk '/pts\/5/ {print "pts/5: " $4}'
pts/5: bash
pts/5: ps
pts/5: awk
$
```

如果需要在 awk 命令执行时输出更复杂的格式，则可使用 awk 命令的另一内置函数 printf。printf 函数是高级格式化输出函数，其语法与 C 语言中的 printf 函数的语法非常相似。

按指定的格式显示数据文件 member 中部分域的值示例如下。

```
$ awk '{printf "UID:%4  Uname:%-6s  %-6s \n",$3,$1,$2}' member
UID:4938   Uname:Chen  Jia
UID:2541   Uname:Ding  Yi
UID:8049   Uname:Liu   Di
UID:5276   Uname:Xiao  Kun
$
```

上述示例依次输出 member 文件中每一条记录的第三、第一和第二个域的值，并在前面加上相应的说明。第三个域在各条记录中都是固定长度的 4 个字符，故采用右对齐的格式显示；而各条记录中第一和第二个域的长度是变化的，故分别采用 6 个字符的固定长度且左对齐的格式显示出来，从而达到输出数据格式排列整齐的效果。

6.3.4　awk 的命令文件

当需要对输入数据中的一条记录执行多项操作时，常把这些操作命令放在一个文件中，这个文件被称为 awk 命令文件。在执行时，在命令行上使用-f 选项，后面跟命令文件，来代替原来在命令行上用单引号标注的命令。其格式如下。

```
awk  -f  awk_file  data_file
```

awk 程序运行时，从输入数据中的第一条记录开始，对每一条记录执行命令文件中的所有操作后，再对下一条记录执行命令文件中的所有操作，以此类推，一直到输入数据的最后一条记录处理完毕为止。

现有一个名为 my_awk 的命令文件示例如下。

```
$ cat  my_awk
/Liu/  {print  "***** Found User: Liu  *****"}
{print  "Name: ", $1, $2, "UID: ", $3}
$
```

对 6.3.1 小节中的 member 数据文件执行 awk 命令时调用 my_awk 命令文件，执行结果示例如下。

```
$ awk  -f  my_awk  member
Name: Chen  Jia  UID: 4938
Name: Ding  Yi   UID: 2541
***** Found User: Liu *****
Name: Liu    Di   UID: 8049
Name: Xiao  Kun  UID: 5276
$
```

在上述示例中，awk 命令从数据文件中每读取一条记录，就要执行 my_awk 文件中的两行操作。只有第三条记录符合命令文件中的正则表达式的条件，因此执行了 my_awk 文件中的第一和第二条 print 操作；数据文件中的其他行因不满足正则表达式中的条件，所以就只执行了 my_awk 文件中的第二条 print 操作。

在 awk 中，如果对数据文件中的每条记录所进行的操作不复杂，则在 awk 的命令行上直接给出相关操作就比较简单、直观。但是要对一条记录进行多重且比较复杂的操作时，则使用 awk 命令文件的形式更方便，其中一个好处是简化了 awk 程序（或包含 awk 命令的 Shell 程序），代码看起来也比较整洁；另一个好处是如果要对数据处理的方式进行修改，则只需对命令文件进行修改，而不必修改 awk 程序或包含 awk 命令的 Shell 程序。

6.4　练习

1. 正则表达式中常用的元字符有哪些？

2. 如果要在命令行上用 cat 命令显示当前目录下的所有 C 语言源程序，该如何编写该命令？

3. 流编辑器 sed 与屏幕编辑器 vi 相比，根本的区别是什么？

4. 哪种情况下用流编辑器比用屏幕编辑器更方便？

5. 在使用流编辑器 sed 时，如果要把编辑后的结果保存到原文件中，该如何操作？

6. 执行流编辑命令“sed -n '/xyz/d' file”以后，屏幕上会显示什么结果？

7. 在 awk 命令执行时，如果“print”后的几个变量之间不加逗号，例如：

```
awk '{print $1 $3 $5}' member
```

试试看会发生什么情况。

8. 在哪些情况下使用 awk 来处理数据比用 Shell 的普通语句来处理数据更直观、方便？

9. 编写一个 Shell 脚本，把一个文件中的所有大写字母改为小写字母。

10. 编写一个 awk 命令，输出 member 文件中所有行的第 2 个域。

11. 假设 member 文件中的第 4 个域为出生日期（日/月/年），请编写一个 awk 命令，输出 20 世纪 70 年代出生者的名字。

12. 编写一个 Shell 脚本，查看 member 文件所列成员（以第 1 个域为准）中是否有成员已登录到当前系统中。

第 7 章 多模块链接与集成编译工具 GNU make

与其他操作系统上的软件开发类似，基于 Linux 操作系统的软件开发也需要用到编译器、链接器、解释程序、程序调试工具以及自动构建系统等开发工具。构建系统的目标是把源代码转换为可执行程序，构建过程的细节内容因编程语言和操作系统而异，但基本概念是一致的。

当源文件的规模较大，涉及多个模块，往往就需要某种形式的自动构建系统。基于 GNU make 的构建系统是 Linux 软件开发最常见的自动构建系统之一。本章主要对 GNU make 的工作方式、Makefile 的规则等内容进行详细的介绍。

7.1 多模块程序设计

Linux 操作系统上的程序编译和调试，通常采用 GNU 跨平台开发工具链，主要包括 GCC、binutils、glibc 和 gdb。

GCC 是 GNU 计划的一个项目，是一个用于编程开发的自由编译器。GCC 支持众多语言，包括 C、C++、Ada、Object C、Java 及 Go 等语言。

GCC 主要包含 cpp（预处理器）、gcc（C 语言编译器）、g++（C++编译器）等编译器以及 binutils 等二进制工具。binutils 提供了一系列用来创建、管理和维护二进制目标文件的工具程序，包括汇编器（as）、链接器（ld）、静态库归档工具（ar）、反汇编工具（objdump）、ELF 结构分析工具（readelf）、无效调试信息和符号的工具（strip）等。通常 binutils 与 GCC 是紧密相集成的，没有 binutils 的支持 GCC 不能正常工作。

glibc 是 GNU 计划发布的 libc 库，即 C 语言程序运行时库。glibc 将 Linux 操作系统所提供的系统调用以 C 语言函数的形式封装为应用程序接口（Application Programming Interface，API）。几乎其他任何的运行库都会依赖于 glibc。glibc 除了封装 Linux 操作系统所提供的系统服务外，它本身也提供了许多其他一些必要功能服务的实现。

gdb 是 GNU 计划发布的程序调试工具，gdb 可以完成以下 4 个方面的功能：

（1）启动程序，按照自定义的要求运行程序；

（2）可让被调试的程序在所指定的位置的断点处停住（断点可以是条件表达式）；

（3）当程序被停住时，可以检查此时程序中所发生的情况；

（4）动态地改变程序的执行环境。

在 Linux 操作系统中，通过 C 语言编写的程序要转换为可执行文件需要经过预处理、编译、汇编以及链接的过程，如图 7.1 所示。

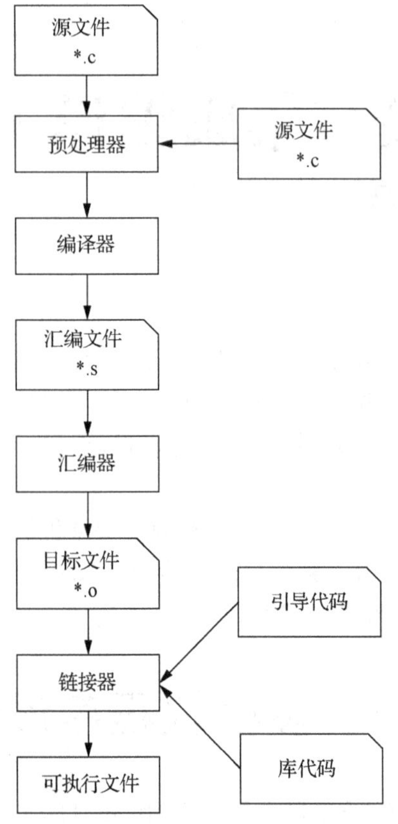

图 7.1　Linux 操作系统中 C 语言程序转换为可执行文件的过程

在 Linux 操作系统中，对于单独的 C 语言源文件（hello.c），可以通过以下示例所示的命令编译成最终的可执行文件（默认包含预处理、编译、汇编及链接这 4 个阶段）。

```
gcc hello.c -o hello.o
```

gcc 命令首先调用预处理器 cpp 进行预处理。在预处理过程中，主要对源文件中的文件包含（例如通过 include 包含的头文件）、预编译语句（例如宏定义 define）等进行分析。接着调用 cc1 进行编译，这个阶段将进一步处理预处理后的文件，然后生成以.s 为后缀的汇编文件。汇编是将汇编语言代码转换为机器码的过程，这个过程会调用汇编器来处理汇编文件，一般来说，以.s 为后缀的汇编文件汇编后将生成以.o 为后缀的目标文件。当所有的目标文件都生成之后，gcc 就调用链接器 ld 来完成最后的关键性工作，这个阶段就是链接。在链接阶段，所有的目标文件被安排在可执行程序中的恰当的位置，同时，该程序所调用到的库函数也从各自所在的静态链接库中被链接到合适的位置。

实际的 Linux 程序开发往往涉及多个模块，根据习惯通常将不同模块的实现代码放在不同的源文件中。以下几个文件示例是一个简单的多模块 Linux 程序 addressbook，其中包含 4 个 C 语言源文件和一个 C 语言头文件，实现了通信录的功能。

main.c 文件示例如下。

```
#include "addressbook.h"
int main(int argc, char **argv)
{
    for(;;){
        scanf("%d", &cmd);
        switch(cmd){
            case 0:
            find_rec();
            break;
            case 1:
            insert_rec();
            break;
            case 2:
            delete_rec();
            break;
            default:
            printf("Commands: 0 = Search, 1 = Insert, 2 = Delete \n");
            break;
        }
    }
}
```

insert.c 文件示例如下。

```
#include "addressbook.h"
int insert_rec()
{
    char  msg_str[MSG_LEN];
    int i;
    if (num_record == MAX_RECORD){
        printf("-- No space left --\n");
        return 1;
    }
    printf("Enter name: ");
    scanf("%s", msg_str);
    strcpy(names[num_record], msg_str);
    printf("Enter student id: ");
    scanf("%s", msg_str);
    strcpy(student_id[num_record], msg_str);
    printf("Enter email: ");
    scanf("%s", msg_str);
    strcpy(emails[num_record], msg_str);
    num_record++;
    printf("Insert successful!\n\n");
    return 0;
}
```

delete.c 文件示例如下。

```
#include "addressbook.h"
int delete_rec()
{
    int i, index;
    if (num_record == 0){
        printf("No item in the address book!\n");
        return -1;
    }
    do{
        printf("Enter index of record to be deleted (0-%d): ", num_record-1);
```

```
            scanf("%d", &index);
        }while(index < 0 && index >= num_record);
        for(i = index; i < num_record; i++){
            strcpy(names[i], names[i+1]);
            strcpy(student_id[i], student_id[i+1]);
            strcpy(emails[i], emails[i+1]);
        }
        printf("Delete successful!\n\n");
        --num_record;
        return 0;
    }
```

addressbook.h 文件示例如下。

```
    #include <stdio.h>
    #include <string.h>
    #include <stdlib.h>

    #define MAX_RECORD 35
    #define MSG_LEN 20
    char  names[MAX_RECORD][MSG_LEN],  student_id[MAX_RECORD][MSG_LEN],  emails[MAX_
RECORD] [MSG_LEN];
    int num_record;
    void print_onerow(int index);
    void print_all();
    int find_rec();
    int insert_rec();
    int delete_rec();
```

find.c 文件示例如下。

```
    #include "addressbook.h"
    int find_rec()
    {
        char  msg_str[MSG_LEN];
        int i;
        printf("Enter names or student id or email address: ");
        scanf("%s", msg_str);
        for(i = 0; i < num_record; i++){
            if (strcmp(names[i], msg_str) == 0 || strcmp(student_id[i], msg_str) == 0
|| strcmp(emails[i], msg_str) == 0)
                break;
        }
        if (i < num_record)
            print_onerow(i);
        else
            printf("No such record!\n");
        printf("\n");
        return 0;
    }
```

通过 gcc 命令将这 4 个 C 语言源文件和一个 C 语言头文件编译成一个目标文件，过程见以下示例。

```
    gcc -c main.c
    gcc -c insert.c
    gcc -c delete.c
    gcc -c find.c
    gcc main.o insert.o delete.o find.o -o addressbook
```

这样，addressbook 程序的整个构建过程就完成了。如图 7.2 所示的依赖关系图是对这一过程的图形化展示。

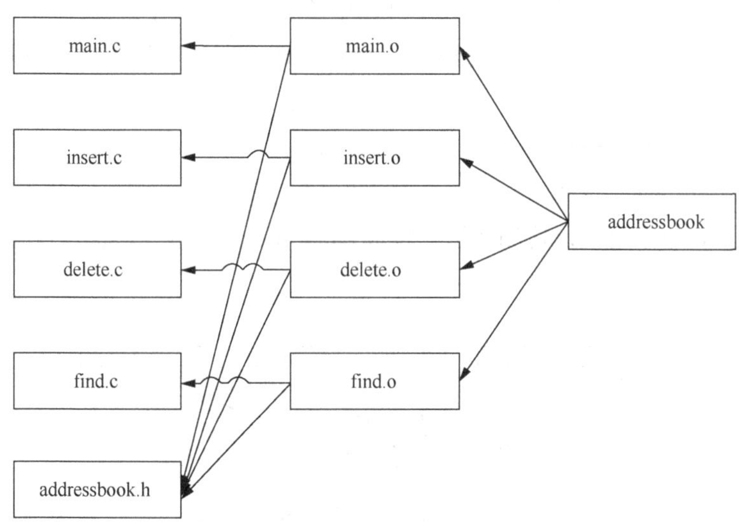

图 7.2　addressbook 程序的依赖关系图

依赖关系图在构建系统中占有重要地位，它不仅列出了参与构建过程的文件，而且展示了这些文件之间的依赖关系。诸如 GNU make 等构建工具，使用依赖关系图来判断要对哪些文件进行编译，以及何时进行编译。

例如，从 main.o 发出的指向 main.c 和 addressbook.h 的两个箭头，表明这两个源文件都用于编译生成 main.o。另外，如果这两个文件中任一文件被修改过，就必须重新编译 main.o，以便更新可能存在的修改内容；反之，如果 main.o 在最近一次编译之后，main.c 或 addressbook.h 都未做任何修改，那么无须重新编译 main.o。

构建系统的目标是把源代码转换为可执行程序，还支持 Web 应用打包、文档生成、源代码自动分析以及很多其他相关活动。构建过程的细节内容因编程语言和操作系统而异，但基本概念是一致的。当源文件的规模稍微大一些，就需要某种形式的自动构建系统。这种系统可以是 Shell 脚本，供开发者在每次源代码修改之后运行；也可以是 Makefile，记录源文件和目标文件之间的关系；还可以是更复杂的构建框架，它可以扩展到成千上万个源文件的处理规模。

7.1.1　多模块程序的常见自动构建系统

当前，许多软件开发人员并不了解自己编写的程序是如何编译出来的，在本小节中，我们将对 Linux 操作系统中常见的多模块程序自动构建系统进行介绍。

1. GNU make

GNU make 是一个控制源代码生成可执行文件或其他文件的工具，需要通过名为 Makefile 的文件来说明构建的目标和规则。Makefile 简单规则见以下示例。

```
target:prevequisites ...
    commands
    ...
```

以上示例的含义是生成 target，它依赖于 prevequisites。如果 prevequisites 有修改或者 target 不存在，就逐个执行下面的 commands 去生成 target。

2. GNU Build System

认识 GNU Build System 可以从使用者和开发者两个角度入手。

从使用者的角度看，GNU Build System 为用户提供了源代码包编译安装方式，示例如下。

```
tar -xvzf package-name.version.tar.gz
cd package-name.version
./configure -prefix=xxx
make
make install
```

其中 configure 的作用就是检测环境，生成 Makefile 的脚本，其执行过程如图 7.3 所示。

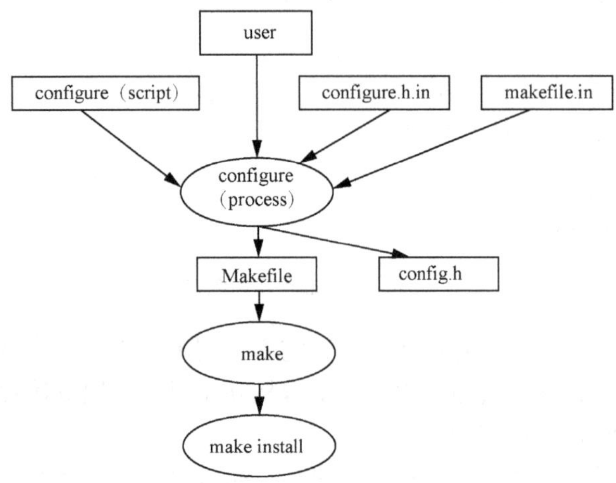

图 7.3　configure 的执行过程

从开发者的角度看，GNU Build System 为广大程序员提供了编写构建规则和检查安装环境的功能，如图 7.4 所示。

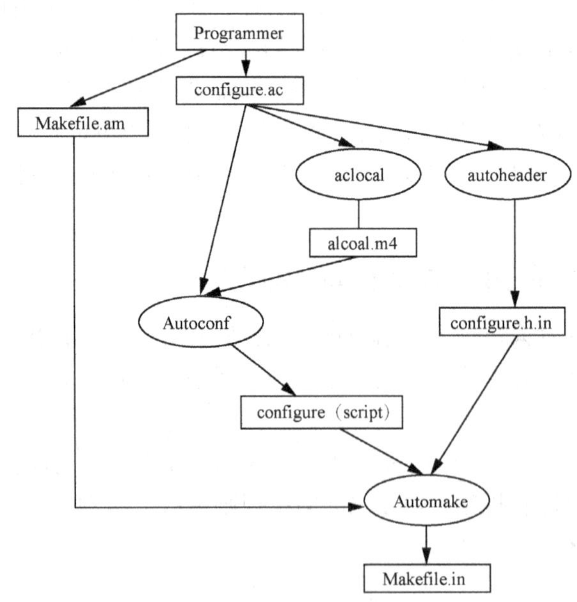

图 7.4　编写构建规则和检查安装环境

开发者要发布自己的源代码，首先需要编写一个针对 Autoconf 的 configure.ac，其次需要编写一个针对 Automake 的 Makefile.am 来描述构建规则。定义好检查环境和配置的 configure.ac 以及描述构建规则的 Makefile.am，就可以生成一个可以发布的源代码包。示例如下。

```
aclocal
autoconf
autoheader
touch NEWS README AUTHORS ChangeLog
automake -a
./configure
make
make dist
```

3. CMake

CMake 是一个跨平台的安装（编译）工具，可以用简单的语句来描述所有平台的安装（编译过程）。CMake 能够输出各种各样的 Makefile 或者 project 文件，能够检查编译器所支持的 C++特性，类似 GNU Build System 中的 Automake。CMake 并不直接构建出最终的软件，而是产生标准的构建脚本，在 Linux 环境中产生 Makefile 或在 Windows 环境中产生 Visual Studio 的工程文件，然后使用相应的工具进行编译。

4. SCons

SCons 是用 Python 语言编写的下一代的程序构建工具，其目标就是让开发人员更容易、更可靠和更快速地构建软件。与传统的 GNU make 工具相比，SCons 具有以下优点。

（1）使用 Python 脚本作为配置文件。

（2）对于 C、C++、Fortran，内建支持可靠的自动依赖分析。

（3）内建支持 C、C++、D、Java、Fortran、Yacc、Lex、Qt、SWIG 以及 Tex/Latex。用户还可以根据自己的需要进行扩展以获取 SCons 对需要的编程语言的支持。

（4）支持 make -j 风格的并行构建。相比 make -j，SCons 可以同时运行多个工作，而不用担心代码的层次结构。

（5）使用 Autoconf 查找头文件、函数库、函数和类型定义。

（6）具有良好的跨平台性。SCons 可以运行在 Linux、AIX、BSD、HP/UX、IRIX、Solaris、Windows、Mac OS X 和 OS/2 上。

7.1.2 基于 GNU make 的构建系统

在本章开始的时候我们介绍了一个多模块程序 addressbook 的编译过程，并介绍了其依赖关系图。在本小节中我们来看 GNU make 如何为示例程序指定依赖关系。

要支持 GNU make，我们需要通过某种方法，以源代码的格式来表达依赖关系。这是通过一个文本格式的文件——Makefile 来实现的，Makefile 可以列出相关文件，描述这些文件之间的依赖关系，并说明将要使用哪些编译器命令。Makefile 与源文件和目标文件保存在同一目录中。以下示例是对图 7.2 中 addressbook 程序依赖关系进行描述的 Makefile 文件。

```
addressbook: main.o insert.o delete.o find.o                 #第 1 行代码
	gcc -g -o addressbook main.o insert.o delete.o find.o #第 2 行代码

main.o:  main.c  addressbook.h                               #第 3 行代码
	gcc -g -c main.c                                      #第 4 行代码

insert.o: insert.c addressbook.h                             #第 5 行代码
```

```
    gcc -g -c insert.c                                  #第 6 行代码

delete.o: delete.c addressbook.h                        #第 7 行代码
    gcc -g -c delete.c                                  #第 8 行代码

find.o: find.c addressbook.h                            #第 9 行代码
    gcc -g -c find.c                                    #第 10 行代码
```

以上 Makefile 中每一段都引入了一个新的规则。第 1 行代码声明一个名为 addressbook 的文件，它依赖于其他所有文件：main.o、insert.o、delete.o、find.o。第 2 行代码提供了一个 Linux 命令，用来根据所有这些目标文件生成 addressbook 文件。第 3 行代码指出 main.o 同时依赖于 main.c 和 addressbook.h 两个文件。而第 4 行代码则指出了用来编译 main.c 的 Linux 命令。后面的 Makefile 内容所提供的规则与上面类似，分别指定了其他源文件和目标文件。以上的 Makefile 对依赖关系的直截了当的转译容易让人理解，但效率较低。

值得注意的是，所有的 Linux 命令（第 2、4、6、8、10 行）必须前置一个 Tab 字符，而不是空格。这是历史原因造成的，也是让许多 Makefile 初学者疑惑的地方。如果忘记了这一点，就会产生如以下示例所示的出错信息。

```
Makefile: 2: … missing separator (di d you mean TAB instead of8 spaces?) .
```

当完成上述 Makefile 文件编写时，可以通过在 Linux Shell 中执行 make 命令，来进行 addressbook 程序的构建，示例如下。

```
$ make
gcc -g -c main.c
gcc -g -c insert.c
gcc -g -c delete.c
gcc -g -c find.c
gcc -g -o addressbook main.o insert.o delete.o find.o
```

在上述过程中，GNU make 程序检查 Makefile 文件，在内存中重新生成依赖关系，然后判断要执行什么命令。因为在创建 addressbook 程序之前，所有目标文件必须都已存在，所以形成了以上所示的命令输出顺序。

有一个重要概念是增量式构建。这意味着 GNU make 不会盲目执行命令，而是做一些事前分析，判断某些文件是否真的需要编译，或这些文件是否已存在。在完成对 addressbook 程序的首次构建之后，如果没有任何修改就再次执行 make 命令，那么将会出现如以下示例所示的提示信息。

```
$ make
make: 'addressbook'is up to date.
```

在上述示例中，GNU make 判断所有已经生成的文件都比源文件更新（也就是说时间戳较近），因此无须进行任何处理。

如果修改了某个源文件（例如 main.c），就改变了这个文件的时间戳。这样一旦执行 GNU make 就会判断 main.o 不是新的（其依赖的 main.c 已更新），从而决定重新编译 main.c 生成 main.o，然后重新生成 addressbook 文件，示例如下。

```
$make
gcc -g -c main.c
gcc -g -o addressbook main.o insert.o delete.o find.o
```

如果修改的是 addressbook.h ，那么情况会有所不同。由于每个源文件都依赖于这个文件，因此所有目标文件和最终生成的程序都要重新编译，示例如下。

```
$ make
gcc -g -c main.c
gcc -g -c insert.c
gcc -g -c delete.c
gcc -g -c find.c
gcc -g -o addressbook main.o insert.o delete.o find.o
```

如果没有在 Makefile 中为每个目标文件都创建一个单独的规则，GNU make 是不可能实现这种类型的增量式构建的。例如，在规则的右边列出所有源文件，示例如下。那么每当任何源文件有修改时，GNU make 都将会重新编译所有源文件。

```
addressbook: main.c insert.c delete.c find.c addressbook.h
    gcc -g -o addressbook main.c insert.c delete.c find.c addressbook.h
```

7.2　make 程序的基本功能和运行流程

7.2.1　GNU make 是如何工作的

GNU make 工作时的执行步骤如下。

（1）读入所有的 Makefile 文件。

（2）读入通过 include 命令被包含的其他 Makefile 文件。

（3）初始化 Makefile 文件中的变量。

（4）推导隐含规则，并分析所有规则。

（5）为所有的目标文件创建依赖关系链。

（6）根据依赖关系，决定哪些目标要重新生成。

（7）执行生成命令。

7.2.2　指定 Makefile

当在 Linux Shell 中执行 make 命令时，如果没有附加任何的选项，那么 make 程序在当前目录下依次查找名为 Makefile、makefile 或 GNUMakefile 的文件，一旦找到，就开始读取这个文件并执行。

也可以通过-f、--file 或是--Makefile 为 make 命令指定一个特殊名字的 Makefile。如果 Makefile 的名字是 abc.mk，那么可以按照以下示例所示的方式来为 make 命令指定该文件。

```
$make -f abc.mk
```

如果在执行 make 命令时多次使用了-f 选项，那么所指定的多个 Makefile 将会被连在一起传递给 make 命令。

7.2.3　Makefile 概述

Makefile 描述了文件的依赖关系。Makefile 中主要包含 5 个部分的内容：显示规则、隐含规则、变量的定义、文件指示和注释。

1．显式规则

显式规则说明了如何生成一个或多个目标文件。该规则是由 Makefile 的书写者显式地指出的要生成的文件、文件的依赖文件以及生成的命令。

2. 隐含规则

因为 make 有自动推导的功能，所以隐含规则可以让我们以简略的方式书写 Makefile。

3. 变量的定义

在 Makefile 中可以定义一系列变量，类似于 C 语言中的宏，变量一般都是字符串。当 Makefile 被执行时，定义的变量都会被扩展到相应的引用位置上。

4. 文件指示

文件指示又包括 3 种类型：指定一个 Makefile 中包含另一个 Makefile，类似 C 语言中的 #include 命令；根据某些条件指定 Makefile 中的有效部分，类似 C 语言中的预编译语句#if；定义一个多行的命令。

5. 注释

Makefile 中只支持行注释，其注释是用“#”标注。如果要在 Makefile 中使用“#”字符，必须通过反斜线进行转义，如“\#”。

7.2.4 指定目标

一般来说，make 构建程序的最终目标是 Makefile 中的第一个目标，也可以指示 make 按照所指定的目标进行程序的构建。这只需要在 make 命令后直接指定目标的名字就可以了，例如大家都很熟悉的“make clean”。

在 Makefile 中包含的几乎所有目标都可以被指定为最终目标，但以“-”开头或是包含“=”的目标除外，因为包含这些字符的目标会被解析成命令行参数或是变量。在 Makefile 中没有被明确写出来的目标（隐含目标）也可以成为最终目标，前提是 make 程序可以找到其隐含的推导规则。

指定目标可以让程序编译变得很方便，示例如下。

```
.PHONY: all
all: source1 source2 source3 source4
```

可以看到，Makefile 中有 4 个需要编译的程序：source1、source2、source3 和 source4。可以使用 make all 命令来编译所有的目标（如果把 all 设置成第一个目标，那么只需执行 make），也可以使用 make source2 来单独编译目标 source2。

7.2.5 控制 make 执行的函数

在 Makefile 中可以通过一些函数来控制 make 程序的运行。例如检测 make 的运行时信息，并且根据这些信息来决定是让 make 继续执行还是终止。

1. error 函数

```
$(error <text ...>)
```

上述语句将产生错误，并且终止 make 的执行，<text...>是错误提示信息。error 函数常见的使用方法示例如下。

```
ifdef ERRORPARAM
$(error error is $(ERRORPARAM)) endif
```

以下是 error 函数使用方法的另一个示例。

```
ERR = $(error found an error!)
.PHONY: err err: ; $(ERR)
```

前一个示例将会在变量 ERRORPARAM 被定义后产生错误，而后一个示例则将在目标 err

被执行时产生错误。

2. warning 函数

```
$(warning <text ...>)
```

warning 函数和 error 函数的用法有相似之处，不同之处在于它并不会让 make 退出执行，而只是输出一段警告信息。

7.2.6　make 支持的选项及退出码

make 命令执行时可能出现 0、1 和 2 这 3 种退出码。0 表示构建成功；如果 make 运行时出现任何错误，则返回 1；如果在命令中使用了-q，并且 make 命令使得一些目标不需要更新，那么返回 2。

make 命令支持很多选项，其主要选项定义如下。

（1）-b 和-m

这两个选项的作用是忽略和其他版本 make 的兼容性。

（2）-B 和--always-make

这两个选项的作用是让 make 认为所有的目标都需要更新（重新编译）。

（3）-C <dir>和--directory=<dir>

这两个选项的作用是指定读取 Makefile 的路径。如果有多个-C 选项，那么表示后面参数指定的路径是相对路径，该路径基于前面参数所指定的路径，并且以最后的目录作为指定的读取 Makefile 的目录。例如，“make -C/home/test/test -C prog”等价于“make -C /home/test/test/prog”。

（4）--debug[=<options>]

这个选项的作用是让 make 输出调试信息，如果没有指定 options 就是输出最简单的调试信息。<options>的可能取值包括：a，输出所有的调试信息；b，只输出简单的调试信息，即输出不需要重新编译的目标；v，在 b 输出调试信息的基础之上，输出的信息还包括哪个 Makefile 被解析、不需要被重新编译的依赖文件（或是依赖目标）等；i，输出所有的隐含规则；j，输出执行规则中命令的详细信息，如命令的 PID、返回码等；m，输出读取 Makefile、更新 Makefile、执行 Makefile 的信息。

（5）-e 和--environment-overrides

这两个选项用于指明环境变量的值并覆盖 Makefile 中定义的变量的值。

（6）-f=<file>、--file=<file>和--Makefile=<file>

这几个选项用于指定 make 需要读取并要执行的 Makefile。

（7）-h 和--help

这两个选项可以让 make 显示帮助信息。

（8）-i 和--ignore-errors

这两个选项可以让 make 在执行时忽略所有的错误。

（9）-I <dir>和--include-dir=<dir>

这两个选项用于指定包含 Makefile 的搜索路径。可以使用多个-I 选项来指定多个目录。

（10）-j [<jobsnum>]和--jobs[=<jobsnum>]

这两个选项用于指定同时运行命令的个数。

（11）-k 和--keep-going

这两个选项可以让 make 在构建过程中出现错误时也不停止运行。但是如果构建某一个目标失败，那么依赖于该目标的其他目标就不会被执行了。

（12）-n、--just-print、--dry-run 和--recon

这几个选项可以让 make 仅输出构建过程中需要执行的命令序列，但并不执行。

（13）-o <file>、--old-file=<file>和--assume-old=<file>

这几个选项可以让 make 不重新生成<file>指定的目标，即使这个目标所依赖文件有更新。

（14）-p 和--print-data-base

这几个选项可以让 make 输出 Makefile 中的所有数据，包括所有的规则和变量。

（15）-q 和--question

这几个选项可以让 make 仅检查所指定的目标是否需要更新，而不运行命令。

（16）-r 和--no-builtin-rules

这几个选项用于禁止 make 使用任何隐含规则。

（17）-R 和--no-builtin-variabes

这几个选项用于禁止 make 使用任何作用于变量上的隐含规则。

（18）-s、--silent 和--quiet

这几个选项可以让 make 在执行命令时不显示命令的输出。

（19）-S、--no-keep-going 和--stop

这几个选项用于取消-k 选项的作用。

（20）-t 和--touch

这两个选项可以让 make 把目标的修改日期变成最新的，也就是阻止生成目标的命令运行。

（21）-v 和--version

这两个选项可以让 make 输出 make 程序的版本、版权等信息。

（22）-w 和--print-directory

这两个选项用于在需要使用多个级别的 make 调用时，在 make 开始和结束处理某个目录时显示出具体的目录。

（23）--no-print-directory

这个选项用于取消-w 选项的作用。

（24）--warn-undefined-variables

这个选项让 make 在发现有未定义的变量时输出警告信息。

7.3　Makefile 规则

如前文所述，在 Makefile 中只有一个最终目标，其他的目标都是被这个目标连带出来的。为了让 make 能够理解哪个目标是最终目标，Makefile 中目标的顺序就显得很重要。定义在 Makefile 中的目标可能会有很多，但是第一条规则中的目标将被确立为最终目标。如果第一条规则中的目标有很多个，那么第一条规则中的第一个目标将被确立为最终目标。示例如下。

```
insert.o: insert.c addressbook.h  # insert 模块
    gcc -c -g insert.c
```

其中 insert.o 是目标，insert.c 和 addressbook.h 是目标所依赖的源文件，包含一个命令“gcc

-c -g insert.c"。这个 Makefile 表达了两个方面的含义。

（1）文件的依赖关系。insert.o 依赖于 insert.c 和 addressbook.h 文件，如果 insert.c 和 addressbook.h 文件日期比 insert.o 文件日期要新，或是 insert.o 文件不存在，那么依赖关系发生。

（2）如果需要生成（或更新）insert.o 文件，那么后面的 gcc 命令说明了该如何生成 insert.o 文件。

7.3.1　规则的格式

Makefile 规则的格式如下：

```
targets: prerequisites;command
...
```

或是

```
targets: prerequisites
    command
...
```

或是

```
targets: prerequisites; command command
...
```

其中 targets 是文件名，可以用空格分开，也可以使用通配符分开。一般来说，目标是一个文件，但也有可能是多个文件。

command 是 make 需要执行的命令，可以是任意的 Shell 命令。如果其未与"target:prerequisites"在一行，那么必须以 Tab 字符开头；如果其与"target:prerequisites"在一行，那么可以用分号作为分隔。

prerequisites 也就是目标所依赖的文件（或所依赖的目标）。如果其中的某个文件比目标文件要新，那么目标文件就被认为是"过时的"，即被认为是需要重新生成的。

如果命令太长，可以使用反斜线作为换行符。make 对一行上有多少个字符没有限制。如前文所述，规则告诉 make 两件事情，文件的依赖关系和如何生成目标文件。一般来说，make 会通过 Linux 的标准 Shell，也就是/bin/sh 来执行命令。

在 Makefile 中还可以使用 include 关键字把其他的 Makefile 包含进当前文件，其语法示例如下。

```
include <filename>
```

filename 可以包含路径和通配符，在 include 前面可以有一些空字符，但不能是 Tab 字符。include 和<filename>可以用一个或多个空格隔开。例如有这样几个 Makefile，即 a.mk、b.mk、c.mk，那么可以通过下面的语句把这些 Makefile 包含进来。

```
include a.mk b.mk c.mk
```

make 命令开始执行时，会寻找 include 所指出的 Makefile，并把其内容安置在当前的位置。如果文件都没有指定绝对路径或是相对路径的话，make 会首先在当前目录下寻找；如果当前目录下没有找到，那么 make 会在下面的几个目录中寻找。

（1）如果 make 执行时指定了-I 或--include-dir 选项，那么 make 就会在这个选项所指定的目录下寻找。

（2）如果目录<prefix>/include 存在，make 就会在该目录下寻找。

如果有文件没有找到，make 会生成一条警告信息，但不会马上出现致命错误，而会继续载入其他的文件。在完成 Makefile 的读取后，make 会重新寻找没有找到或是不能读取的文件。如果还是没有找到，则会出现致命错误。

7.3.2 在规则中使用通配符

在 Linux 操作系统中，如果我们想指定一系列比较类似的文件，就会很自然地想起通配符。make 支持 3 种通配符："*""?"和"[ ]"。

通配符"*"代替了一系列文件，如"*.c"表示所有扩展名为.c 的文件。需要我们注意的是，如果我们的文件名中有通配符，如"*"，那么可以用转义符，如"*"，来表示真实的"*"，而不是任意长度的字符串。以下是几个例子。

```
clean:rm -f *.o
```

上述例子说明 Linux 操作系统 Shell 支持通配符，即通配符可以在命令中使用。

```
print: *.clpr -p $? touch print
```

上面这个例子说明了通配符也可以用在我们的规则中，目标 print 依赖于所有扩展名为.c 的文件。其中的"$?"是一个自动化变量。

```
objects = *.o
```

上面这个例子表示了通配符同样可以用在变量中。"*.o"并不会展开，而是 objects 的值就是"*.o"。Makefile 中的变量其实就类似 C/C++中的宏。如果需要让通配符在变量中展开，也就是让 objects 的值是所有扩展名为.o 的文件的集合，那么可以按照下面的方式给 objects 赋值。

```
objects := $(wildcard *.o)
```

这种用法由关键字"wildcard"指出。关于 Makefile 的关键字，我们将在后文讨论。

浪纹线（~）在文件名中也有比较特殊的用途。如"~/test"表示当前用户的$HOME 目录下的 test 目录；而"~test/test"则表示用户 test 的主目录下的 test 目录。

7.3.3 文件搜寻

在一些大的工程中存在大量的源文件，通常的做法是把这些源文件分类，并存放在不同的目录中。当 make 需要寻找文件的依赖关系时，可以在文件前加上路径；但更好的方法是把路径告诉 make，让 make 自动查找。

Makefile 文件中的特殊变量 VPATH 就是完成这个功能的。如果没有指明这个变量，make 只会在当前的目录中寻找依赖文件和目标文件。如果定义了这个变量，那么 make 就会在当前目录找不到的情况下，到指定的目录中寻找文件。例如：

```
VPATH = src:../headers
```

上面的定义指定两个目录，"src"和"../headers"，make 会按照这个顺序进行搜索，目录由冒号分隔，当前目录永远是最先搜索的地方。

另一个设置文件搜索路径的方法是使用 make 的"vpath"关键字（注意，它是全小写的）。vpath 不是变量，而是一个 make 的关键字，和上面提到的那个 VPATH 变量很类似，但是它更为灵活。它可以为不同的文件指定不同的搜索目录。它的主要使用方法有如下 3 种。

（1）vpath <pattern> <directories>

为符合模式<pattern>的文件指定搜索目录<directories>。

（2）vpath <pattern>

清除符合模式<pattern>的文件搜索目录。

（3）vpath

清除所有已被设置好的文件搜索目录。

vapth 使用方法中的<pattern>需要包含“%”。“%”的意思是匹配若干字符，例如，“%.h”表示所有扩展名为.h 的文件。<pattern> 指定了要搜索的文件，而<directories>则指定了符合<pattern>模式的文件的搜索目录。示例如下。

```
vpath %.h ../headers
```

该语句表示，要求 make 在../headers 目录下搜索所有扩展名为.h 的文件（如果某文件在当前目录没有被找到的话）。

我们可以连续使用 vpath 语句，以指定不同搜索策略。如果连续的 vpath 语句中出现了相同的<pattern>，或是被重复了的<pattern>，那么 make 会按照 vpath 语句的先后顺序来执行搜索操作。示例如下。

```
vpath %.c foo vpath %    blish vpath %.c bar
```

该语句表示搜索扩展名为.c 的文件，先在 foo 目录搜索，然后在 blish 目录搜索，最后在 bar 目录搜索。

```
vpath %.c foo:bar vpath %    blish
```

该语句则表示搜索扩展名为.c 的文件，先在 foo 目录搜索，然后在 bar 目录搜索，最后在 blish 目录搜索。

7.3.4　伪目标

在前面的例子中，曾经提到过一个“clean”的目标，这是一个伪目标。示例如下。

```
clean:
    rm *.o temp
```

编译过程中生成了许多的文件，可以提供一个清除生成文件的“目标”以备重新完整地执行编译时使用——可以通过执行“make clean”来使用该目标。

因为“clean”这个文件并不生成，所以“clean”这个伪目标并不是一个文件，只是一个标签。由于伪目标不是文件，因此 make 无法生成它的依赖关系和决定它是否要执行，只有通过显式地指明这个目标才能让其生效。当然，伪目标的取名不能和文件名重名，不然其就失去了伪目标的意义。

为了避免和文件名重名的情况，可以使用一个特殊的标记“.PHONY”来显式地指明一个目标是伪目标，向 make 说明，无论是否有这个文件，这个目标都是伪目标。示例如下。

```
.PHONY : clean
```

只要有这个声明，无论是否有“clean”文件，要运行“clean”这个目标都只有通过执行“make clean”来实现。于是 Makefile 可以按照如以下示例的方式编写。

```
.PHONY: clean clean:
    rm *.o temp
```

伪目标一般没有依赖的文件，但也可以为伪目标指定所依赖的文件。如果将其放在第一个目标的位置，伪目标同样可以作为默认目标。如果需要“一次性”生成若干个可执行文件，但希望通过简单地执行 make 命令来完成所有的任务，并且所有的目标文件都写在一个 Makefile 中，那么可以通过使用伪目标的这个特性来完成，示例如下。

```
all:prog1 prog2 prog3
.PHONY: all
prog1:prog1.o utils.o
```

```
    cc -oprog1 prog1.o utils.o
prog2: prog2.o
    cc -oprog2 prog2.o
prog3: prog3.o sort.o utils.o
    cc -oprog3 prog3.o sort.o utils.o
```

Makefile 中的第一个目标会被指定为默认目标。上述示例声明了一个“all”的伪目标，其依赖于其他 3 个目标。由于伪目标的特性是，总是被执行，因此其依赖的 3 个目标就总是不如“all”这个目标新。所以，其他 3 个目标的规则总是会被执行。这样就达到了一次性生成多个目标的目的。“.PHONY:all”声明了“all”这个目标为伪目标。

从上面的例子可以看出，目标可以被依赖，所以伪目标同样也可以被依赖，示例如下。

```
.PHONY: cleanall cleanobj cleandiff cleanall :cleanobj cleandiff
    rm program
cleanobj :
    rm *.o
cleandiff :
    rm *.diff
```

“make clean”将清除所有要被清除的文件。“cleanobj”和“cleandiff”这两个伪目标有点像子程序。可以输入“make cleanall”“make cleanobj” 和“make cleandiff”命令来达到清除不同类型文件的目的。

make 可以指定 Makefile 中包含的目标，也包含伪目标，因此可以利用这种性质来让 Makefile 根据指定目标的不同来完成不同的工作。面向 Linux 操作系统的软件，特别是 GNU 开源软件发布时，其 Makefile 中往往包含编译、安装、打包等功能，其定义如下。

（1）all

这个伪目标是最终目标，其功能一般是编译所有的目标。

（2）clean

这个伪目标的功能是删除所有通过 make 命令创建的文件。

（3）install

这个伪目标的功能是安装已编译好的程序，其实就是把目标执行文件复制到指定的目录中。

（4）print

这个伪目标的功能是列出改变过的源文件。

（5）tar

这个伪目标的功能是把源程序打包并备份。

（6）dist

这个伪目标的功能是创建一个压缩文件，一般是把 tar 文件压缩成 gz 文件或 bz2 文件。

（7）TAGS

这个伪目标的功能是更新所有的目标，以供重新编译使用。

（8）check 和 test

这两个伪目标一般用来测试 Makefile 的流程。

7.3.5 自动生成依赖性

在 Makefile 中的依赖关系可能会需要包含一系列头文件。例如 main.c 中包含语句#include

"defs.h"，那么依赖关系应该是 main.o :main.c defs.h。

如果是一个比较大型的工程，要求开发者必须清楚哪些 C 文件包含哪些头文件，并且当开发者加入或删除头文件时，也需要小心地修改 Makefile，这样的工作无疑是非常繁重而又容易出错的。

大多数的 C/C++ 编译器都支持-M 选项，即自动寻找源文件中包含的头文件，并生成依赖关系。比如执行下面的命令后会产生相应的输出。

```
$cc -M main.c
main.o :main.c defs.h
```

因为编译器可以自动生成依赖关系，所以就不必再手动书写若干文件的依赖关系，而由编译器自动生成。需要注意的是，如果使用 GNU 的 C/C++编译器，那么需要使用-MM 选项，否则-M 选项会把一些标准库的头文件也包含进来。

gcc -M 的执行效果示例如下。

```
$gcc -M main.c
main.o: main.c  defs.h  /usr/include/stdio.h
/usr/include/features.h \
/usr/include/sys/cdefs.h /usr/include/gnu/stubs.h \
/usr/lib/gcc-lib/i486-suse-linux/2.95.3/include/stddef.h \
/usr/include/bits/types.h /usr/include/bits/pthreadtypes.h \
/usr/include/bits/sched.h /usr/include/libio.h \
/usr/include/_G_config.h /usr/include/wchar.h \
/usr/include/bits/wchar.h /usr/include/gconv.h \
/usr/lib/gcc-lib/i486-suse-linux/2.95.3/include/stdarg.h \
/usr/include/bits/stdio_lim.h
```

gcc -MM 的执行效果示例如下。

```
$gcc -MM
main.o: main.c defs.h
```

当前并没有相关方法能将编译器的这个功能与 Makefile 直接联动起来，不过可以通过其他方法来迂回地实现这一功能。GNU 建议把编译器为每一个源文件的自动生成的依赖关系放到一个文件中，为每一个 name.c 文件都生成一个 name.d 的 Makefile 文件，.d 文件中就存放对应.c 文件的依赖关系。

于是可以写出.c 文件和.d 文件的依赖关系，并让 make 自动更新或自动生成.d 文件，并把其包含在主 Makefile 中，这样就可以自动化地生成每个文件的依赖关系。以下示例给出了一个模式规则来产生.d 文件。

```
%.d: %.c
    @set -e; rm -f $@; \
$(CC) -M $(CPPFLAGS) $< > $@.$$$$; \
sed 's,\($*\)\.o[ :]*,\1.o $@ :,g' < $@.$$$$ > $@; \
    rm -f $@.$$$$
```

上述规则的意思是，所有的.d 文件依赖于.c 文件。“rm -f $@” 的意思是删除所有的目标，也就是.d 文件。“$(CC) -M $(CPPFLAGS) $< > $@.$$$$; \” 的意思是，为每个依赖文件 “$<”，也就是.c 文件生成依赖文件。其中 “$@” 表示模式 “%.d” 文件，如果有一个 C 文件是 name.c，那么 “%” 就是 “name”。“$$$$” 意为一个随机编号，生成的文件有可能是 “name.d.12345”。接下来使用 sed 命令做了一个替换，关于 sed 命令的用法请参看相关的使用文档。最后删除临时文件。

总而言之，这个模式要做的事就是在编译器生成的依赖关系中加入.d 文件的依赖，即把依赖关系：

```
main.o: main.c defs.h
```

转换成

```
main.o main.d:main.c defs.h
```

于是.d 文件也会自动更新并且可以自动生成了。当然，在这个.d 文件中加入的可以是依赖关系，还可以是生成的命令，让每个.d 文件都包含完善的规则。一旦完成这个工作，接下来就要把这些自动生成的规则放进主 Makefile 中。可以使用 Makefile 的 include 命令来引入其他的 Makefile 文件，示例如下。

```
sources = foo.c bar.c include $(sources: .c=.d)
```

上述语句中，“ $(sources:.c=.d) ” 中的 “.c=.d ” 的意思是做一个替换，把变量$(sources)中所有.c 的字符串都替换成.d。在这里，需要注意替换次序，因为 include 是按顺序来载入文件的，最先载入的.d 文件中的目标会成为默认目标。

7.4 在 Makefile 中执行命令

在 Makefile 中，每条规则中的命令和 Linux 操作系统中的 Shell 命令是一致的。make 会按顺序一条一条地执行命令，每条命令必须以 Tab 字符开头，除非命令紧跟在依赖规则后面的分号后。在命令行中的空格或是空行会被忽略，但是如果该空格或空行以 Tab 字符开头，那么 make 会认为其是一个空命令。

用户在 Linux 操作系统下可能会使用不同的 Shell，但是除非特别指定，否则 make 的命令默认都是 Linux 的标准 Shell 解释执行的。

7.4.1 显示命令

通常 make 会把其要执行的命令行在命令执行前输出到屏幕上。当在命令行前加 “@” 时，这个命令将不被 make 显示出来，命令示例如下。

```
@echo 正在编译 XXX 模块
```

当 make 执行时，会输出“正在编译 XXX 模块”字符串，但不会输出命令。如果没有“@”，那么 make 将输出如下的命令内容。

```
echo 正在编译 XXX 模块
```

如果 make 执行时，带入 make 命令的选项-n 或--just-print，那么将只显示命令而不执行命令。这个功能很有利于对 Makefile 进行调试，看看用户所编写的命令执行起来是什么样子的或是按什么顺序执行的。

make 命令的选项-s 或--slient 的功能是全面禁止命令的显示。

7.4.2 命令执行顺序

当依赖目标的产生时间比目标的产生时间更靠后时，也就是当规则的目标需要被更新时，make 会一条一条地执行其后的命令。需要注意的是，如果要让上一条命令的结果应用在下一条命令，应该使用分号分隔这两条命令。例如，如果第一条命令是 cd 命令，并且希望第二条命令在 cd 命令执行之后的基础上执行，那么不能把这两条命令写在两行上，而应该把这两条命令写在一行上，用分号分隔。以下是把两条命令写在两行上的示例。

```
exec:
cd /home/test
pwd
```

以下是把两条命令写在一行上的示例。

```
exec:
cd /home/test; pwd
```

当执行“make exec”时，前一个示例中的 cd 命令没有作用，pwd 会输出当前的 Makefile 目录；而后一个示例中的 cd 命令就起作用了，pwd 会输出/home/test 目录。

7.4.3　命令出错

命令执行完后，make 会检测每条命令的返回码，如果命令返回成功，那么 make 会执行下一条命令。当规则中所有的命令成功返回后，这个规则就算成功完成了。如果一个规则中的某条命令出错了（命令退出码非零），那么 make 就会终止执行当前规则，且有可能终止所有规则的执行。

有些时候，命令的出错并不表示命令本身就是错误的。例如执行 mkdir 命令时，如果目录不存在，mkdir 命令就成功执行；如果目录存在，就出错了。在这种情况下，使用 mkdir 命令就是希望保证一定要有这样的一个目录，因此并不希望 mkdir 命令出错而终止规则的执行。

为了忽略命令的出错，可以在 Makefile 的命令行前加一个“-”（在 Tab 字符之后），标记为不管命令是否出错都认为是成功的，示例如下。

```
clean:
	-rm -f *.o
```

还有一个全局的办法是，给 make 加上-i 或是--ignore-errors 选项，那么 Makefile 中所有命令都将会忽略错误。而如果一个规则是以“.IGNORE”作为目标的，那么这个规则中的所有命令也将会忽略错误。这些是不同级别的防止命令出错的方法，可以根据程序员的习惯自行设置。

还需要注意的是，make 命令的选项-k 或是--keep-going 的意思是，如果某规则中的命令出错了，那么终止该规则的执行，但继续执行其他规则。

7.4.4　嵌套执行 make

在一些大的工程中往往会把不同模块或是不同功能的源文件放在不同的目录中，这种情况下可以在每个目录中都书写一个该目录的 Makefile。这样就不需要把所有模块的依赖关系、执行命令等全部写在一个 Makefile （总控 Makefile）中，以让总控 Makefile 变得更加简洁，进而降低维护难度。这个技术对模块编译和分段编译有着非常大的好处。

例如，有一个子目录名为 subdir，这个目录下有一个 Makefile 文件，其指明了这个目录下文件的编译规则。那么总控 Makefile 可以按照如以下示例所示的方式编写。

```
subsystem:
	cd subdir && $(MAKE)
```

也可以按照如以下示例所示的方式编写。

```
subsystem:
	$(MAKE) -C subdir
```

这两个例子的意思都是先进入 subdir 目录，然后执行 GNU make 命令。因为 GNU make 命令可能需要一些选项，所以将其定义为$(MAKE)宏变量，这样有利于后续的工程维护。

总控 Makefile 的变量可以传递到下层的 Makefile 中，但是不会覆盖下层的 Makefile 中所定义的变量，除非指定了-e 选项。如果需要传递变量到下层 Makefile 中，那么可以使用如下声明。

```
export <variable …>
```

如果不想让某些变量传递到下层 Makefile 中，那么可以这样声明：

```
unexport <variable …>
export variable = value
```

等价于

```
variable = value
export variable
```

等价于

```
export variable := value
```

等价于

```
variable := value export variable
```

如果要传递所有的变量，那么只要一个 export 就行了，export 后面什么也不用写。

需要注意的是，有两个变量，一个是 SHELL，一个是 MAKEFLAGS，这两个变量无论是否输出，总是要传递到下层 Makefile 中的，特别是 MAKEFLAGS 变量，其中包含 make 的选项信息。如果执行总控 Makefile 时有 make 命令的选项或是在上层 Makefile 中定义了这个变量，那么 MAKEFLAGS 变量的值将会是这些选项，并且会传递到下层 Makefile 中，这是一个系统级的环境变量。

但是 make 命令中有几个选项并不往下传递，它们是-C、-f、-h、-o 和-W。如果不想往下层传递选项，那么可以按如下方式编写 Makefile。

```
subsystem:
        cd subdir && $(MAKE) MAKEFLAGS=
```

如果定义了环境变量 MAKEFLAGS，那么需要确信其中的选项是所有 Makefile 都会用到的。

还有两个在“嵌套执行”中比较有用的选项，即-w 和--print-directory，这两个选项会让 make 在执行过程中输出一些信息，让用户看到目前的工作目录。例如下级 make 目录是/home/test/gnu/make，如果使用“make -w”来执行，那么当进入该目录时，make 将输出如下内容。

```
make: Entering directory '/home/test/gnu/make'.
```

而在完成下层 make 后离开目录时，make 将输出如下内容。

```
make: Leaving directory '/home/hchen/gnu/make'
```

当使用-C 选项来指定 make 下层 Makefile 时，-w 选项会被自动打开。如果选项中有-s（--slient）或是--no-print-directory，那么-w 总是失效的。

7.5 变量定义和使用

在Makefile中定义的变量，就像是C/C++中的宏一样，代表了一个文本字符串，在Makefile

执行的时候变量会在所使用的地方自动展开。与 C/C++所不同的是，可以在 Makefile 中改变变量的值。

变量的名字可以包含字符、数字、下划线（可以是数字开头），但不应该含有“:”“#”“=”或是空字符（空格、回车符等）。变量是大小写敏感的，“foo”“Foo”和“FOO”是 3 个不同的变量。传统的 Makefile 的变量名是全大写的，但推荐使用大小写搭配的变量名，如 MakeFlags。这样可以避免因为和系统变量冲突而发生意外的事情。

有一些变量是很奇怪字符串，如“$<”“$@”等，这些是自动化变量。

7.5.1　变量的基础

变量在声明时需要赋初值，而在使用时需要在变量名前加上“$”，但最好用“()”或是“{}”标注变量。如果需要使用“$”本身，那么需要用“$$”来表示。

变量可以使用在许多地方，如规则中的目标、依赖、命令以及新的变量中。以下是一个典型的示例。

```
objects = program.o foo.o utils.o program : $(objects)
    cc -o program $(objects)
$(objects) : defs.h
```

变量会在使用它的地方精确地展开，示例如下。

```
foo = c
prog.o : prog.$(foo)
    $(foo)$(foo) -$(foo) prog.$(foo)
```

把上例中的变量 foo 展示后的示例如下。

```
prog.o : prog.c
    cc -c prog.c
```

另外，给变量加上圆括号完全是为了更加安全地使用这个变量。

7.5.2　变量中的变量

在定义变量的值时，可以使用其他变量来构建变量的值。在 Makefile 中有两种方式来用变量定义变量的值。

先看第一种方式，也就是简单地使用“=”，“=”左侧是变量，右侧是变量的值，变量的值可以定义在文件的任何一处。

```
foo = $(bar)
bar = $(ugh)
ugh = Huh?

all:
    echo $(foo)
```

在以上示例中，执行“make all”将会输出变量$(foo)的值“Huh?”。由此可见，变量是可以使用后面的变量来定义的。这种方式有好的地方，也有不好的地方。好的地方是，我们可以把变量的真实值推到后面来定义，示例如下。

```
CFLAGS = $(include_dirs) -O
include_dirs = -Ifoo -Ibar
```

当 CFLAGS 在命令中被展开时，会是-Ifoo -Ibar -O。但这种方式也有不好的地方，那就是可能会产生递归定义，示例如下。

```
CFLAGS = $(CFLAGS) -O
```

或

```
A = $(B)
B = $(A)
```

这会让 make 陷入无限循环的变量展开过程中。当然，make 有能力检测这样的定义，并会报错。此外，如果在变量中使用函数，那么会让 make 运行时非常慢。更糟糕的是，这会使得两个 make 的函数 wildcard 和 Shell 发生不可预知的错误，因为无法知道这两个函数会被调用多少次。

为了避免上面的这种情况，我们可以使用 make 中的另一种用变量来定义变量的值的方式。这种方式使用的是“:=”操作符，示例如下。

```
x := foo
y := $(x) bar x := later
```

上述变量定义方式等价于如下示例。

```
y := foo bar x := later
```

值得一提的是，采用这种方式时前面的变量不能使用后面的变量，只能使用前面已定义好的变量。示例如下。

```
y := $(x) bar x := foo
```

那么，y 的值是“bar”，而不是“foo bar”。

上面都是一些比较简单的变量使用示例，以下是一个复杂的示例，其中包括 make 的函数、条件表达式和一个系统变量 MAKELEVEL 的使用方法。

```
ifeq (0,${MAKELEVEL})
cur-dir  := $(Shell pwd)
whoami   := $(Shell whoami)
host-type := $(Shell arch)
MAKE := ${MAKE} host-type=${host-type} whoami=${whoami}
endif
```

如果 make 有一个嵌套执行的动作，那么系统变量 MAKELEVEL 会记录当前 Makefile 的调用层数。

如果需要定义一个值为一个空格的变量，那么可以按照如以下示例所示的方式编写 Makefile。

```
nullstring :=
space := $(nullstring) # end of the line
```

nullstring 是一个空变量，而 space 变量的值是一个空格。因为在操作符的右边是很难描述一个空格的，所以先用一个空变量来指示变量的值开始了，然后是一个空格，最后采用“#”注释符来表示变量定义的终止。这样就可以定义值是一个空格的变量。注释符“#”的这种特性经常被用来定义存在空格的变量。示例如下。

```
dir := /foo/bar # directory to put the frobs in
```

dir 这个变量的值是“/foo/bar”，后面还跟了 4 个空格。还有一个比较有用的操作符是“?=”，示例如下。

```
FOO ?= bar
```

如果 FOO 没有被定义过，那么变量 FOO 的值就是“bar”；如果 FOO 先前被定义过，那么这条语句将什么也不做，等价于如下示例。

```
ifeq ($(origin FOO), undefined)
FOO = bar endif
```

7.5.3　使用条件判断

使用条件判断可以让 make 根据运行时的不同情况选择不同的执行分支。条件表达式可以是比较变量的值，也可以是变量和常量的值。

首先来看一个示例，判断$(CC)变量的值是否是"gcc"，并根据判断结果采用不同的目标生成规则。

```
libs_for_gcc = -lgnu
normal_libs =
foo: $(objects)
ifeq ($(CC),gcc)
    $(CC) -o foo $(objects) $(libs_for_gcc)
else endif
    $(CC) -o foo $(objects) $(normal_libs)
```

在上面示例中，目标"foo"可以根据变量$(CC)的值选取不同的函数库来编译程序。上面示例中有 3 个关键字：ifeq、else 和 endif。ifeq 表示条件语句的开始，并指定一个条件表达式，表达式包含两个参数，以逗号分隔，表达式用圆括号括起；else 表示条件表达式为假的情况；endif 表示一个条件语句的结束，任何一个条件表达式都应该以 endif 结束。

在上面示例中，当变量$(CC)的值是"gcc"时，目标"foo"的规则如下。

```
foo: $(objects)
    $(CC) -o foo $(objects) $(libs_for_gcc)
```

而当变量$(CC)的值不是"gcc"时（比如"cc"），目标"foo"的规则如下。

```
foo: $(objects)
    $(CC) -o foo $(objects) $(normal_libs)
```

条件表达式的语法为：

```
<conditional-directive>
<text-if-true> endif
```

以及

```
<conditional-directive>
<text-if-true> else
<text-if-false> endif
```

其中<conditional-directive>表示条件关键字，如 ifeq。条件关键字有 4 个。第 1 个条件关键字是在前面示例中使用过的 ifeq，其作用是比较参数 arg1 和 arg2 的值是否相同，如果相同则为真，语法如下。

```
ifeq (<arg1>,<arg2>)
ifeq '<arg1>' '<arg2>'
ifeq "<arg1>" "<arg2>"
ifeq "<arg1>" '<arg2>'
ifeq '<arg1>' "<arg2>"
```

在 ifeq 所比较的参数中，还可以使用 make 的函数，示例如下。

```
ifeq ($(strip $(foo)),)
<text-if-empty>
endif
```

这个示例中使用了 strip 函数，如果这个函数的返回值是空（NULL），那么<text-if-empty>就生效。

第 2 个条件关键字是 ifneq，其作用是比较参数 arg1 和 arg2 的值是否相同，如果不同则为真，和 ifeq 的语法类似。示例如下。

```
ifneq (<arg1>, <arg2>)
ifneq '<arg1>' '<arg2>'
ifneq "<arg1>" "<arg2>"
ifneq "<arg1>" '<arg2>'
ifneq '<arg1>' "<arg2>"
```

第 3 个条件关键字是 ifdef，其语法如下。

```
ifdef <variable-name>
```

如果变量<variable-name>的值非空，则表达式为真，否则表达式为假。当然<variable-name>同样可以是一个函数的返回值。注意，ifdef 只是测试一个变量是否有值，其并不会把变量扩展到当前位置。具体的示例如下。

```
bar =
foo = $(bar)
ifdef foo
frobozz = yes
else
frobozz = no
endif
```

以下是 ifdef 使用方法的另一个示例。

```
foo =
ifdef foo
frobozz = yes
else
frobozz = no
endif
```

在 ifdef 使用方法的前一个示例中$(frobozz)的值是“yes”，在后一个示例中则是“no”。

第 4 个条件关键字是 ifndef，其作用和 ifdef 相反，如果变量<variable-name>的值为空，则表达式为真，否则表达式为假，其语法如下。

```
ifndef <variable-name>
```

在条件表达式的语法中，<conditional-directive>这一行上多余的空格是被允许的，但是不能以 Tab 字符作为开始（不然就被认为是命令）。而注释符“#”同样也是安全的。else 和 endif 也一样，只要不是以 Tab 字符开始就行。

需要注意的是，make 是在读取 Makefile 时就计算条件表达式的值，并根据条件表达式的值来选择语句。所以最好不要把自动化变量（如“$@”等）放入条件表达式中，因为自动化变量是在运行时才有的。为了避免混乱，make 也不允许把整个条件语句分成两部分放在不同的文件中。

7.6 练习

1. 在 Makefile 中的命令必须要以什么开始？
2. 如下 Makefile 文件执行 make 命令后，输出的调试信息是什么？

```
all:cd ef
	@echo 123
cd:
	@echo 456
ef:
```

```
    @echo 789
```

3. GCC 主要包含哪些工具?

4. 在 Linux 操作系统中通过 C 语言编写的程序要转换为可执行文件需要经过哪些过程?

5. 在 Linux 操作系统中常见的自动构建系统包括哪些?

6. 当在 Linux Shell 中执行 make 命令时，如果没有附加任何的选项，那么 make 程序在当前目录下依次查找哪些文件?

7. 如果要在 Makefile 的内容（非注释）中使用“#”字符，该如何处理?

8. 在 Makefile 中可以通过哪些函数来控制 make 程序的运行?

9. 在 Makefile 中“~”用在文件名中表示什么含义?

10. 在 Makefile 中，如果一个目标前面有特殊标记“.PHONY”，那么这个目标有什么特殊含义?

11. 在大型工程中，如何编写 Makefile 才能利用编译器的能力自动生成每个文件的依赖关系?

12. 在 Makefile 中，如果需要让上一条命令的结果应用在下一条命令中，应该如何处理?

13. 如何在大型工程中嵌套执行 make?

14. 如何在 Makefile 中设置文件搜索目录?

第 8 章 文件管理与输入/输出调用

"一切皆是文件"是 Linux 操作系统的基本哲学。除了常见的数据文件、可执行文件以及日志文件等普通文件之外，目录、字符设备、块设备、套接字等在 Linux 操作系统中都被当作文件进行管理，如图 8.1 所示。

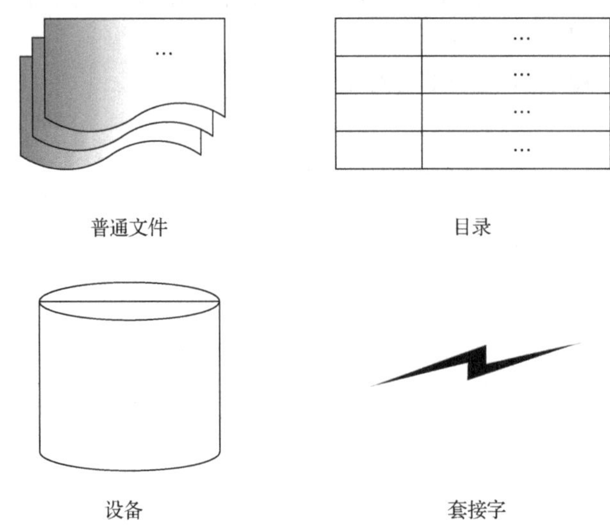

图 8.1　一切皆是文件

在 Linux 操作系统中，不同文件系统的文件以及不同类型的文件都使用相同的函数或命令来进行操作。本章对实现文件系统实际底层支撑的虚拟文件系统进行介绍，并且详细讲解用于对文件和目录进行操作的函数及其实现机制。

8.1　虚拟文件系统

8.1.1　基本概念

Linux 操作系统中允许众多不同的文件系统共存，如 EXT2、EXT3、VFAT 等。通过使用相同的文件 I/O 函数或命令即可对 Linux 操作系统中的任意文件进行操作，而无须考虑其所在的具体文件系统格式。更进一步，还可以跨文件系统对文件进行操作。如图 8.2 所示，可以使用 cp 命令从 VFAT 文件系统格式的硬盘复制数据到 EXT3 文件系统格式的硬盘，这样的操作涉及两个不同的文件系统。

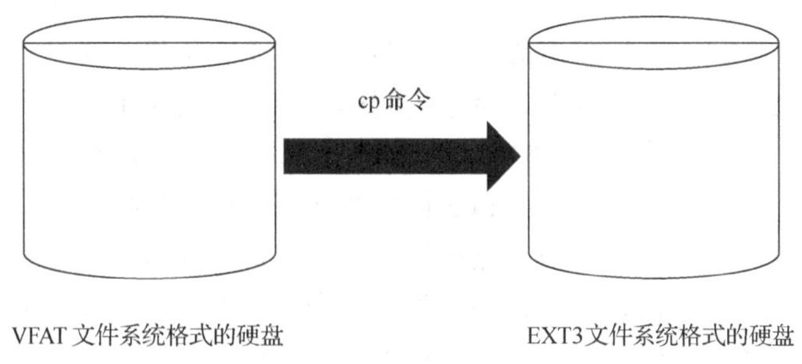

图 8.2　跨文件系统的文件操作

VFS 正是实现“跨文件系统的文件操作”以及“一切皆是文件”这两点特性的关键所在。VFS 是 Linux 内核中的一个软件层，用于给用户空间的程序提供文件系统接口。同时 VFS 也为 Linux 内核提供了一个抽象功能，允许不同的文件系统在 Linux 操作系统中共存。系统中所有的文件系统不但依赖于 VFS 共存，而且依靠 VFS 来协同工作。

为了能够支持各种实际文件系统，VFS 定义了所有文件系统都支持的基本的、概念上的接口和数据结构。同时实际文件系统也提供了 VFS 所期望的接口和数据结构，将自身的诸如文件、目录等概念在形式上与 VFS 的定义保持一致。换句话说，一个实际文件系统想要被 Linux 操作系统支持，就必须提供一个符合 VFS 标准的接口并与 VFS 协同工作。实际文件系统在统一的接口和数据结构下隐藏了具体的实现细节，所以在 VFS 层和 Linux 内核的其他部分看来，所有文件系统都是相同的。图 8.3 显示了 VFS 在内核中与实际文件系统的协同关系。

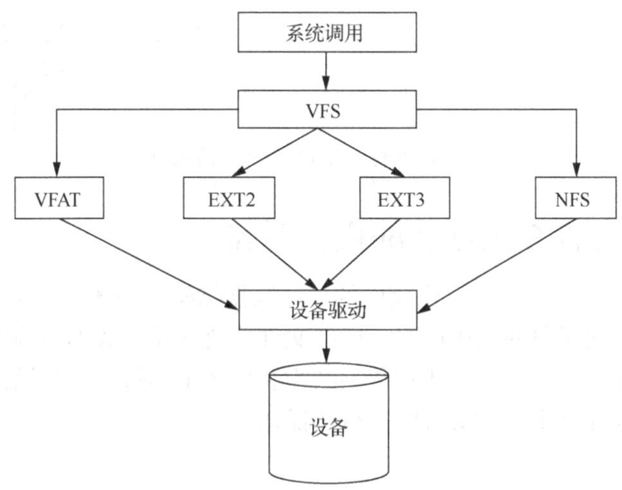

图 8.3　VFS 在内核中与实际文件系统的协同关系

8.1.2　文件系统在存储设备上的表现形式

从本质上来讲，文件系统是特殊的数据分层存储结构，它包含文件、目录和相关的控制信息。为了描述这个结构，此处引入一些抽象的基本概念。

（1）文件：文件是一组在逻辑上具有完整意义的信息项的组合。在 Linux 操作系统中，除了普通文件，其他诸如目录、设备、套接字等也被看作文件。

（2）目录：目录可以说是一个文件夹，用来容纳文件。因为目录可以包含子目录，所以目录可以是层层嵌套的，这样就形成了文件路径。在 Linux 操作系统中，目录也被视为一种特殊文件，对文件进行操作的函数或命令也同样可以用在目录上。

（3）目录项：在一个文件路径中，路径中的每一部分都被称为目录项。如路径 /home/src/test.c 中，目录/、home、source 和文件 test.c 都是目录项。

（4）索引节点（i 节点）：索引节点是用于存储文件的元数据的一个数据结构。文件的元数据，也就是文件的相关信息，和文件本身是两个不同的概念。文件的元数据包含的是诸如文件的大小、拥有者、创建时间、磁盘位置等和文件相关的信息。

（5）超级块：超级块是用于存储文件系统的控制信息的数据结构。超级块描述文件系统的状态、文件系统类型、大小、区块数、索引节点数等，存放于磁盘的特定扇区中。

（6）目录块：存放目录文件的内容的磁盘扇区。

（7）数据块：存放非目录文件的内容的磁盘扇区。

上述抽象概念在存储设备上的表现形式如图 8.4 所示。

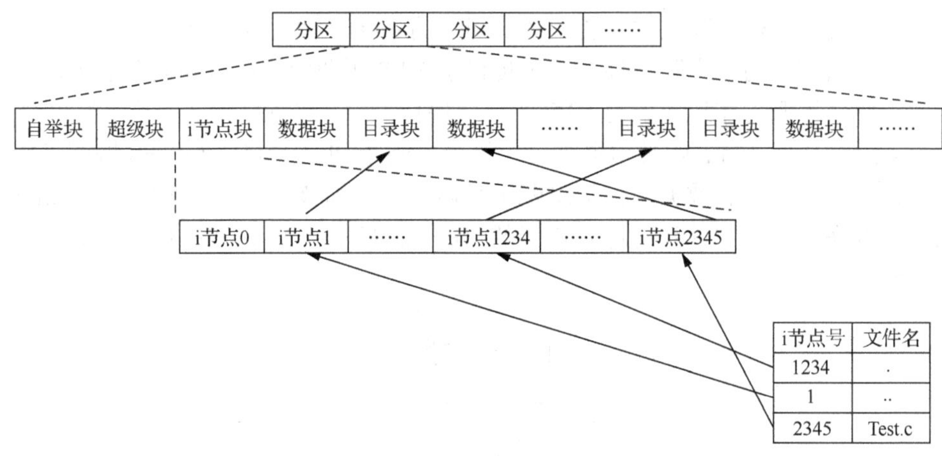

图 8.4　抽象概念在存储设备上的表现形式

8.1.3　虚拟文件系统涉及的内核对象

虚拟文件系统需要依靠 Linux 内核中的一些数据结构来描述其结构信息。Linux 内核代码中大量地使用了面向对象的编码风格，虚拟文件系统涉及的数据结构也采用了这种思想来设计，每个主要对象中都包含了描述对象的结构和由多个函数构成的操作方法，这些操作方法描述了内核针对这几个主要对象可以进行的操作。

1. 超级块对象

超级块对象代表一个已经挂载的文件系统，用于存储其控制信息。也就是说，文件系统的挂载实例与超级块对象一一对应。当一个实际文件系统被挂载时，内核会创建对应的超级块对象，并从磁盘的特定位置读取一些控制信息来填充该对象。超级块对象的部分重要成员定义示例如下。

```
struct super_block
{
```

```
    struct list_head s_list;                    /*指向超级块链表的指针*/
    struct file_system_type  *s_type;           /*文件系统类型*/
    struct super_operations  *s_op;             /*超级块操作方法表*/
    struct list_head       s_instances;         /*该类型文件系统*/
    …
};
```

为了对实际文件系统进行管理，内核需要针对超级块对象进行一系列操作，但这些操作是和实际文件系统相关的，不同的文件系统的操作方法可能不尽相同。为了兼容不同的文件系统，虚拟文件系统允许实际文件系统在超级块操作方法表中注册自己的操作方法。超级块操作方法表由一系列函数指针组成，每个函数指针指向了实际文件系统所定义的操作方法（函数），该数据结构的部分重要成员定义示例如下。

```
struct super_operations
{
struct inode *(*alloc_inode)(struct super_block *sb);
void (*read_inode) (struct inode *);
…
};
```

其中，alloc_inode 方法在给定的超级块下创建并初始化一个新的索引节点对象；read_inode 方法从磁盘上读取索引节点，并动态填充内存中对应的索引节点对象的剩余部分。

2. 索引节点对象

索引节点对象存储了文件的相关信息，代表了存储设备上的一个实际的物理文件。当一个物理文件首次被访问时，内核会创建其对应的索引节点对象，以便向内核提供对该文件进行操作时所需要的信息。这些信息一部分存储在磁盘特定位置，另外一部分是在加载时动态填充的。索引节点对象的部分重要成员定义示例如下。

```
struct inode
{
struct inode_operations    *i_op;         /*索引节点操作方法表*/
struct file_operations    *i_fop;         /*该索引节点对应文件的文件操作方法表*/
struct super_block       *i_sb;           /*相关的超级块*/
…
};
```

与超级块对象类似，为了对实际文件系统进行管理，内核需要针对索引节点对象进行一系列操作，但这些操作是和实际文件系统相关的，不同的文件系统的操作方法可能不尽相同。为了兼容不同的文件系统，虚拟文件系统允许实际文件系统在索引节点操作方法表中注册自己的操作方法。索引节点操作方法表由一系列函数指针组成，每个函数指针指向了实际文件系统所定义的操作方法（函数），该数据结构的部分重要成员定义示例如下。

```
struct inode_operations
{
int (*create) (struct inode *, struct dentry *, int, struct nameidata *);
struct dentry * (*lookup) (struct inode *, struct dentry *, struct nameidata *);
…
};
```

其中，create 方法为 dentry 对象所对应的文件创建一个新的索引节点，lookup 方法在特定目录中寻找 dentry 对象所对应的索引节点。

3. 目录项对象

在 Linux 操作系统中，出于方便查找文件的目的，引入了目录项的概念。Linux 操作系统中文件路径的各个组成部分，无论是目录还是普通的文件，都对应一个目录项对象。不同于超级块对象和索引节点对象，目录项对象没有对应的磁盘数据结构，而是由虚拟文件系统在遍历文件路径的过程中将它们逐个解析成目录项对象。目录项对象的部分重要成员定义示例如下。

```
struct dentry
{
  struct inode *d_inode;                /*相关的索引节点*/
  struct dentry *d_parent;              /*父目录的目录项对象*/
  struct qstr d_name;                   /*目录项的名字*/
  struct list_head d_subdirs;           /*子目录*/
  struct dentry_operations *d_op;       /*目录项操作方法表*/
  struct super_block *d_sb;             /*文件超级块*/
  …
};
```

与超级块对象以及索引节点对象类似，为了对实际文件系统进行管理，内核需要针对目录项对象进行一系列操作，但这些操作是和实际文件系统相关的，不同的文件系统的操作方法可能不尽相同。为了兼容不同的文件系统，虚拟文件系统允许实际文件系统在目录项操作方法表中注册自己的操作方法。目录项操作方法表由一系列函数指针组成，每个函数指针指向了实际文件系统所定义的操作方法（函数），该数据结构的部分重要成员定义示例如下。

```
struct dentry_operations
{
    int (*d_revalidate)(struct dentry *, struct nameidata *);
    int (*d_hash) (struct dentry *, struct qstr *);
    …
};
```

其中，d_revalidate 方法判断目录项是否有效，d_hash 方法为目录项生成散列值。

4. 文件对象

在 Linux 操作系统中，文件对象是进程所打开磁盘文件在内核中的表示，主要用于建立进程和磁盘上的物理文件之间的对应关系。文件对象由 sys_open 函数创建，由 sys_close 函数销毁。文件对象和物理文件之间的关系与进程和程序之间的关系类似，同一个物理文件可以被多个进程所打开，也可以被同一个进程打开多次，这分别对应多个文件对象。

当我们从应用程序开发者（用户空间）的角度来看待虚拟文件系统时，只需要关注文件对象，而无须考虑超级块、索引节点或目录项对象。文件对象仅仅在进程观点上代表已经打开的文件，进程需要通过文件对象来建立与物理文件（索引节点）之间的关联，在 Linux 操作系统中这种关联还需要通过目录项对象来实现。一个物理文件对应的文件对象可能不是唯一的，但是其对应的索引节点对象是唯一的。文件对象的部分重要成员定义示例如下。

```
struct file
{
…
```

```
struct list_head       f_list;          /*文件对象链表*/
struct dentry         *f_dentry;        /*相关目录项对象*/
struct vfsmount        *f_vfsmnt;       /*相关的安装文件系统*/
struct file_operations *f_op;           /*文件操作方法表*/
…
};
```

同理，内核需要针对文件对象进行一系列操作，但这些操作是和实际文件系统相关的，不同的文件系统的操作方法可能不尽相同。为了兼容不同的文件系统，虚拟文件系统允许实际文件系统在文件操作方法表中注册自己的操作方法。文件操作方法表由一系列函数指针组成，每个函数指针指向了实际文件系统所定义的操作方法（函数），该数据结构的部分重要成员定义示例如下。

```
struct file_operations
{
ssize_t (*read) (struct file *, char __user *, size_t, loff_t *); /*文件读操作*/
ssize_t (*write) (struct file *, const char __user *, size_t, loff_t *);/*文件写操作*/
int (*open) (struct inode *, struct file *);/*文件打开操作*/
…
};
```

5. 文件系统类型对象

文件系统类型对象用于描述具体的文件系统的类型信息。Linux 是根据数据在物理介质上的组织方式来区分不同的文件系统类型的。针对 Linux 所支持的每一种类型的文件系统，在内核中都有一个对应的文件系统类型对象。对于每一种类型的文件系统，不管该文件系统是否有实例被安装到系统，也不管有多少个实例被安装到系统中，在 Linux 内核中都有且仅有一个文件系统类型对象。文件系统类型对象的部分重要成员定义示例如下。

```
struct file_system_type
{
const char *name;                           /*文件系统的名字*/
struct subsystem subsys;                    /*sysfs 子系统对象*/
int fs_flags;                               /*文件系统类型标志位*/
/*在文件系统被安装时，从磁盘中读取超级块，在内存中组装超级块对象*/
struct super_block *(*get_sb) (struct file_system_type*, int, const char*, void *);
void (*kill_sb) (struct super_block *);     /*终止访问超级块*/
struct module *owner;                       /*文件系统模块*/
struct file_system_type * next;             /*链表中的下一个文件系统类型*/
struct list_head fs_supers;                 /*具有同一种文件系统类型的超级块对象链表*/
};
```

6. 文件系统挂载点对象

在 Linux 操作系统中每当一个文件系统被实际安装（挂载），内核就相应地创建一个文件系统挂载点对象。文件系统挂载点对象的部分重要成员定义如下。

```
struct vfsmount
{
struct list_head mnt_hash;                  /*散列表*/
struct vfsmount *mnt_parent;                /*父文件系统*/
struct dentry *mnt_mountpoint;              /*安装点的目录项对象*/
```

```
struct dentry *mnt_root;                  /*该文件系统的根目录项对象*/
struct super_block *mnt_sb;               /*该文件系统的超级块*/
struct list_head mnt_mounts;              /*下级文件系统挂载点对象链表*/
struct list_head mnt_child;               /*链接到上级文件系统挂载点对象的链表*/
atomic_t mnt_count;                       /*使用计数*/
int mnt_flags;                            /*安装标志位*/
char *mnt_devname;                        /*设备文件名*/
struct list_head mnt_list;                /*描述符链表*/
struct list_head mnt_fslink;              /*实际文件系统的到期链表*/
struct namespace *mnt_namespace;          /*相关的名字空间*/
};
```

7. 进程文件描述符表对象

在 Linux 操作系统中，每一个进程都包含一个进程文件描述符表对象，内核通过该对象来记录该进程打开的所有的文件对象的指针。进程文件描述符表对象的部分重要成员定义如下。

```
struct files_struct
{
atomic_t count;                /*结构体的使用计数*/
...
int max_fds;                   /*文件对象数的上限*/
int max_fdset;                 /*文件描述符的上限*/
int next_fd;                   /*下一个文件描述符*/
struct file ** fd;             /*全部文件对象数组*/
...
};
```

8.1.4 内核对象间的联系

在 8.1.3 小节中我们已经介绍了虚拟文件系统所涉及的主要内核对象，这些内核对象之间并不是孤立存在的，而是相互关联组成了一个有机的整体，从而支撑虚拟文件系统正常工作。

如图 8.5 所示，对于 Linux 支持的所有文件系统，无论该文件系统是否被挂载或者有多少个实例被挂载，在内核中都有且仅有一个文件系统类型对象。而某个实际文件系统的每一次挂载，都会对应地产生一个超级块对象和一个文件系统挂载点对象。

超级块对象通过成员 s_type 指向对应的文件系统类型对象，具体的文件系统类型对象通过成员 fs_supers 链接文件系统类型的超级块，这些超级块通过成员 s_instances 组成链表。

而从图 8.6 可以知道，Linux 操作系统中的所有进程通过进程控制块对象（task_struct 结构体）中的成员 files 来管理它所打开的所有文件。files 是指向结构体 files_struct 的指针，也就是进程文件描述符表对象指针。而我们通常所说的文件描述符其实是进程打开的文件对象数组的索引值。文件对象通过成员 f_dentry 找到对应的目录项对象，再由目录项对象的成员 d_inode 找到对应的索引节点对象，这样就建立了文件对象与实际的物理文件的关联。还有很重要的一点是，文件对象的文件操作方法表最终是通过索引节点对象的成员 i_fop 得到的。

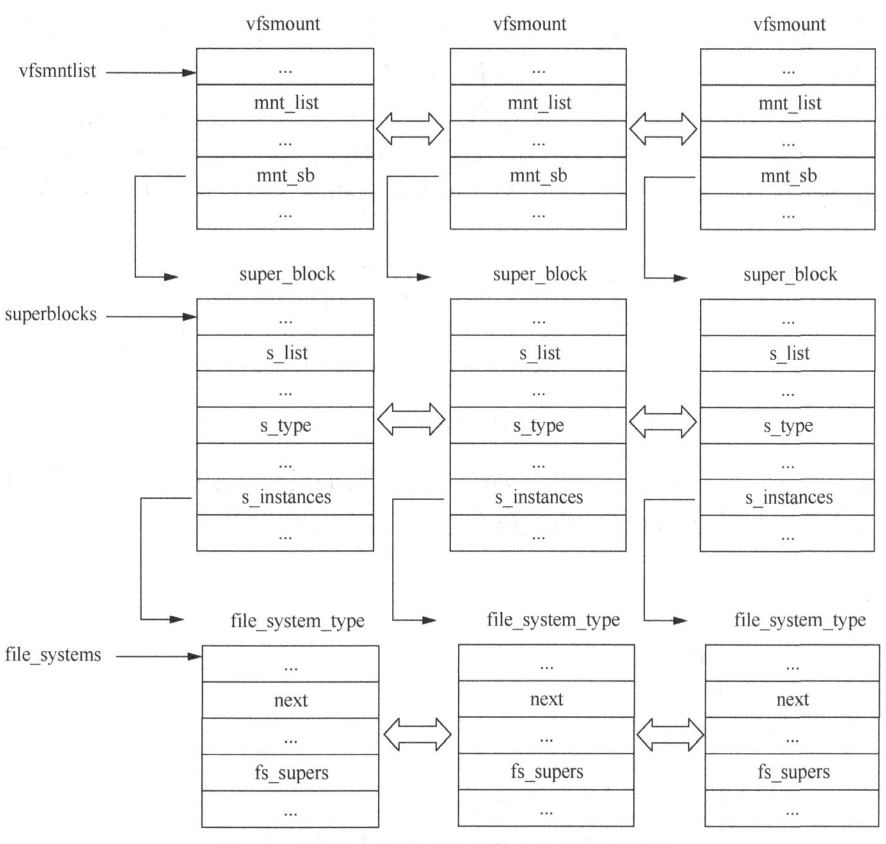

图 8.5 超级块、安装点和具体文件系统的关系

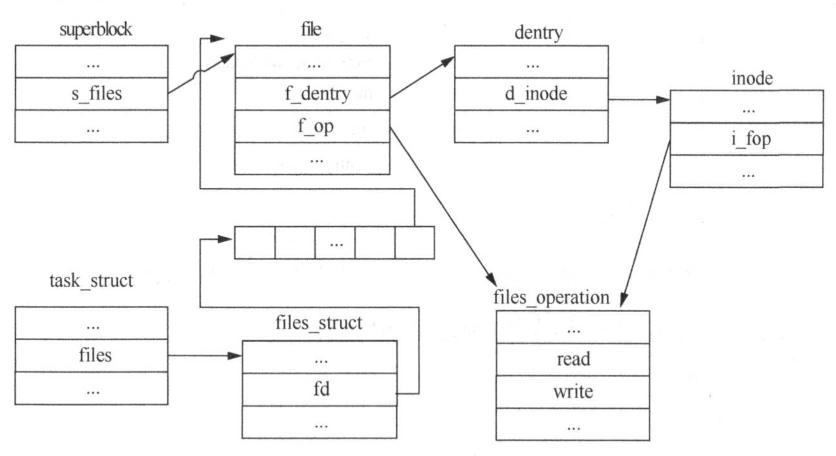

图 8.6 进程与超级块、文件、目录项、索引节点的关系

8.1.5 虚拟文件系统的典型系统调用

到目前为止，我们主要都是从理论上来讲述虚拟文件系统的工作机制，接下来我们将深入源代码层，通过阐述两个具有代表性的系统调用 sys_open 和 sys_read 来介绍基于虚拟文件系统的文件 I/O（读写）操作，从而帮助读者更好地理解虚拟文件系统的实际工作情况。由于本书更关注的是文件操作的整体流程，所以我们在分析源代码时，对一些细节性的处理不展开分析。同时，因为本书篇幅有限，所以只列出了部分相关代码。

在深入分析 sys_open 和 sys_read 之前，我们先对系统调用 sys_read 的前后流程进行分析。图 8.7 描述了用户空间的应用程序从物理介质读数据的过程。当用户空间的应用程序调用文件 I/O 函数 read 时，C 库和 Linux 操作系统会将该函数调用转化为系统调用 sys_read，系统调用 sys_read 会触发 Linux 操作系统切换到内核空间执行，并且通过 VFS 找到实际文件系统，把控制权传给实际文件系统，最后由实际文件系统与物理介质交互，从物理介质中读数据。

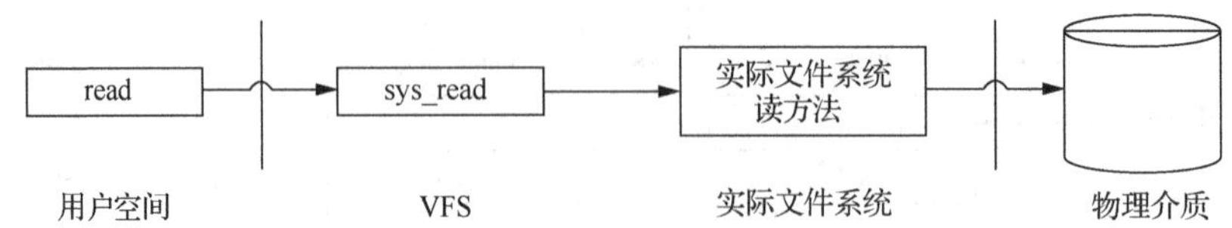

图 8.7　应用程序从物理介质读数据的过程

系统调用 sys_open 的功能是打开或创建一个文件，如果成功则返回该文件的文件描述符。图 8.8 展示了系统调用 sys_open 实现代码中主要的函数调用关系。

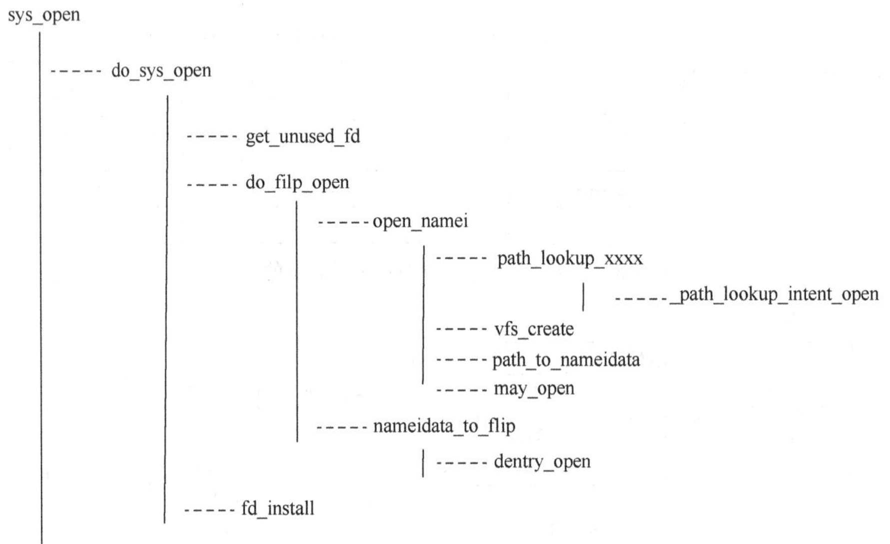

图 8.8　系统调用 sys_open 实现代码中主要的函数调用关系

图 8.9 所示是 sys_read 实现代码中的函数调用关系。

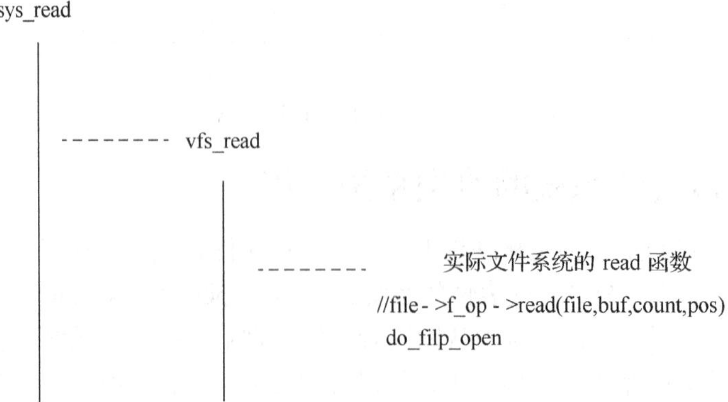

图 8.9　sys_read 实现代码中的函数调用关系

由于 sys_open 和 sys_read 实现的代码量大，函数调用关系复杂，在本书中我们侧重于对该系统调用代码实现的主要流程进行分析，与此同时，针对其中的一些关键函数进行进一步的分析，列出其关键代码。

以下是与系统调用 sys_open 和 sys_read 相关的关键函数。

1. do_sys_open 函数

从 sys_open 的函数调用关系可以看出，sys_open 做了一些简单的参数检验后，就调用了 do_sys_open 函数。以下是对 do_sys_open 函数流程的分析。

首先调用 get_unused_fd 函数得到一个可用的文件描述符；通过该函数，可知文件描述符的实质是进程打开文件列表中对应的某个文件对象的索引值。

接着调用 do_filp_open 函数打开文件，返回一个文件对象，代表由该进程打开的一个文件；进程通过文件对象对物理文件进行 I/O 操作。

最后调用 fd_install 函数建立文件描述符与文件对象之间的联系，以后进程对文件的 I/O 操作都是通过操纵文件描述符来进行的。

2. do_filp_open 函数

do_filp_open 函数用于打开文件，返回一个文件对象。以下是对 do_filp_open 函数流程的分析。

打开文件之前需要先找到该文件。open_namei 函数用于根据文件路径名查找文件，这是借助一个持有路径信息的数据结构 nameidata 进行的。

查找结束后将填充有路径信息的 nameidata 返回给接下来被调用的函数 nameidata_to_filp，从而得到最终的文件对象。当完成相关操作后，nameidata 这个数据结构将会马上被释放。

3. open_namei 函数

open_namei 函数用于查找一个文件。以下是对 open_namei 函数流程的分析。

首先调用 path_lookup_open 函数实现文件的查找功能。如果要打开的文件不存在，则调用 path_lookup_create 函数实现文件的新建。这两个函数封装的是同一个实际的路径查找函数，只是参数不一样，因此它们在处理细节上有差异。

当以新建文件的方式打开文件时，需要创建一个新的索引节点对象。这是通过调用 vfs_create 函数中的核心代码 dir->i_op->create(dir,dentry,mode,nd)来实现的，通过代码调用了实际文件系统所提供的创建索引节点对象的方法。

需要注意的是，这里所创建的是内存中的索引节点对象，它和存储设备上的索引节点的关系就像位于内存中和位于磁盘中的文件一样。此时新建的索引节点对象还不能完全标志位一个物理文件的成功创建，只有把索引节点回写到存储设备上才真正创建了一个物理文件。如果我们以新建文件的方式打开一个文件，对其进行 I/O 操作，但最终没有保存就关闭了该文件，则位于内存中的索引节点对象会经历从新建到消失的过程，而存储介质却不会感知到这一点，这是因为索引节点没有回写。

4. path_to_nameidata 函数

path_to_nameidata 函数的作用是填充 nameidata 数据结构。

5. may_open 函数

may_open 函数的作用是检查是否可以打开该文件。

在 Linux 操作系统中，一些特殊文件（例如链接文件和只有写权限的目录）是不允许被打开的。may_open 函数先检查 nd->dentry->inode 所指向的文件是否是这一类文件，如果是的话则产生错误并返回。

还有一些文件是不能以截断（TRUNC）的方式打开的，如果 nd->dentry->inode 所指向的文件属于这一类，则显式地关闭 TRUNC 标志位。

如果有文件以截断的方式打开文件，则需更新 nd->dentry->inode 的信息。

6. _path_lookup_intent_open 函数

无论是 path_lookup_open 函数还是 path_lookup_create 函数，最终都是调用_path_lookup_intent_open 函数来实现查找文件的功能的。

当查找文件时，在遍历路径的过程中，会逐层地将各个路径组成部分解析成目录项。如果该目录项在目录项缓存中，则直接从缓存中获得；如果该目录项在缓存中不存在，则进行一次实际的访问存储介质操作，从存储介质中读取该目录项所对应的索引节点。得到索引节点后，则建立索引节点与该目录项的联系。如此循环，直到最终找到目标文件所对应的目录项，也就找到了索引节点，而由索引节点找到对应的超级块就可知道该文件所对应的文件系统类型。从存储介质中读取该目录项所对应的索引节点，将引发虚拟文件系统和实际文件系统的一次交互。

从前文的虚拟文件系统理论介绍可知，读取索引节点的函数是由超级块提供的。而当挂载一个实际文件系统时，在内存中创建的超级块的信息是由一个实际文件系统的相关信息来填充的。这里的相关信息就包括实际文件系统所定义的超级块操作方法表，当然也就包括读索引节点的具体实现方式。

如果我们继续对实际文件系统的读索引节点函数进行分析，例如 EXT3 文件系统的 ext3_read_inode 函数，可发现这个函数的重要工作是针对不同的文件类型设置不同的索引节点操作方法表和文件操作方法表，其关键代码示例如下。

```
void ext3_read_inode(struct inode * inode)
{
…
/*是普通文件*/
if (S_ISREG(inode->i_mode)) {
inode->i_op = &ext3_file_inode_operations;
inode->i_fop = &ext3_file_operations;
ext3_set_aops(inode);
} else if (S_ISDIR(inode->i_mode)) {
/*是目录文件*/
inode->i_op = &ext3_dir_inode_operations;
inode->i_fop = &ext3_dir_operations;
} else if (S_ISLNK(inode->i_mode)) {
/*是链接文件*/
…
} else {
/*如果以上 3 种情况都排除了，则是设备驱动*/
/*这里的设备还包括套接字、管道等伪设备*/
…
}
```

7. _dentry_open 函数

这是虚拟文件系统与实际文件系统联系的一个关键点。从前文分析可知，调用实际文件系统的读索引节点函数读取索引节点时，实际文件系统会根据文件类型的不同赋予索引节点不同的文件操作方法表，例如普通文件有普通文件对应的一套操作方法，设备文件有设备文件对应的一套操作方法。当把对应的索引节点的文件操作方法表赋予文件对象，以后对该文件进行操作时，比如读操作，在虚拟文件系统层面虽然对不同文件都是执行同一个 read 函数，但真正执行读操作时，内核却可以区分不同的文件类型。其关键代码示例如下所示。

```
static struct file *__dentry_open(struct dentry *dentry, struct vfsmount *mnt, int flags, struct file *f, int (*open)(struct inode *, struct file *))
{
struct inode *inode;
…
/*该函数的主要工作是填充文件对象*/
…
f->f_mapping = inode->i_mapping;
f->f_dentry = dentry;
f->f_vfsmnt = mnt;
f->f_pos = 0;
/*将对应的索引节点的文件操作方法表赋予文件对象的操作列表*/
f->f_op = fops_get(inode->i_fop);
…
/*若文件对象自己定义了 open 操作，则执行这个特定的 open 操作*/
if (!open && f->f_op)
open = f->f_op->open;
if (open) {
error = open(inode, f);
if (error)
goto cleanup_all;
…
return f;
}
```

8. sys_read 函数

sys_read 函数用于从已打开的文件读取数据。如果读取成功，则返回读到的字节数。如果已到达文件的尾端，则返回 0。

对文件进行读操作时，需要先打开它。从前文分析可知，打开一个文件时，会在内存组装一个文件对象，希望对该文件执行的操作方法已在文件对象中设置好。所以对文件进行读操作时，虚拟文件系统在做了一些简单的转换后（由文件描述符得到其对应的文件对象；其核心思想是返回 current->files->fd[fd]所指向的文件对象），就可以通过 file->f_op->read(file, buf,count,pos)轻松调用实际文件系统的相应函数来对文件进行读操作。

8.2　文件 I/O

对内核来说，所有打开的文件都能用文件描述符来引用。一个文件描述符是一个非负整数。当我们打开一个已经存在的文件或创建一个新的文件时，内核会返回一个文件描述符给进程。当我们想读或者写一个文件时，我们用 open 或 create 函数返回的文件描述符来标识这个文件，作为函数 read 或函数 write 的参数。

与 UNIX 操作系统一样，在 Linux 操作系统中，当创建一个进程时，内核默认为其打开 3 个文件：标准输入、标准输出和标准错误输出。Linux 操作系统把文件描述符 0 与一个进程的标准输入关联，文件描述符 1 与标准输出关联，而文件描述符 2 则与标准错误输出关联。应用程序开发者通常会使用 Linux 操作系统默认打开的这 3 个文件。根据 POSIX 规范，文件描述符 0、1 和 2 应该用符号常量 STDIN_FILENO、STDOUT_FILENO 和 STDERR_ FILENO 代替，这些常量定义在头文件 unistd.h 中。

文件描述符的取值范围为 0～OPEN_MAX。早期的 UNIX 版本允许每个进程最多打开 20 个文件，因此文件描述符的取值范围上限为 19，后续的 UNIX 版本把这个上限调整为 63。在 FreeBSD 5.2.1、Mac OS X 10.3 和 Solaris 9 中，这个上限是由系统内存量、整型数值大小以及系统管理员配置来决定的。在 Linux 2.4.22 中，则规定每个进程可以拥有的文件描述符数量为 1 048 576。

8.2.1 打开文件

在 Linux 操作系统中，应用程序可以通过调用 open 函数来打开或创建一个文件，其定义如下。

```
#include <unistd.h>
int open(const char *pathname, int oflag, .../* mode_t mode */ );
```

如果打开文件成功则返回对应的文件描述符，如果打开文件出错则返回-1。

该函数的第一个参数 pathname 是需要打开或创建的文件的名字。该函数的第二个参数 oflag 指定打开文件的方式，这个参数由一个或多个定义在<fcntl.h>里的标志位常量通过按位或的方式组合生成，主要标志位常量定义如下。

O_RDONLY：只读方式打开。

O_WRONLY：只写方式打开。

O_RDWR：读写方式打开。

每次调用 open 函数时，以上 3 个标志位常量必须有且只有一个被指定，以下的标志位常量则是可选的。

O_APPEND：每次写时添加到文件末尾。

O_CREAT：如果文件不存在则创建新文件（如果在打开文件时指定了这个标志位，则需要为 open 函数提供第三个参数）。

O_EXCL：如果 O_CREAT 也同时被指定而文件已存在，则会产生一个错误。这个文件是否存在的测试以及当文件不存在时文件的创建是一个原子操作。

O_TRUNC：如果文件存在而且它以只写或读写方式被成功打开，则把它的长度截为 0。

O_NOCTTY：如果路径名指向一个终端设备，则不要为这个进程把这个设备作为控制终端分配。

O_NONBLOCK：如果文件名指向一个 FIFO、一个块特殊文件或一个字符特殊文件，这个常量将为打开文件及后续 I/O 设置非阻塞模式。

open 函数的第三个参数是“...”，“...”是在 ISO C 中表示剩余参数的数量和类型可变的方法。对 open 函数来说，当且仅当第二个参数中指定了 O_CREAT 标志位时，就代表创建了一个新文件，此时才需要用第三个参数来指定这个新建文件的访问权限位。

8.2.2 创建文件

在 Linux 操作系统中，应用程序创建一个新文件可以通过调用 creat 函数来实现，其定义如下。

```
#include <unistd.h>
int creat(cont char *pathname, mode_t mode);
```

如果创建文件成功则返回打开的文件的文件描述符（以只写方式打开），如果创建文件出错则返回-1。

调用 creat 函数等同于调用以下所示的内容。

```
open (pathname, O_WRONLY | O_CREAT | O_TRUNC, mode);
```

早期的 UNIX 版本中，open 函数的第二个参数只能是 0、1 或 2，因此当时不能用 open 函数来打开一个不存在的文件，所以需要通过另外一个函数 creat 来创建新的文件。

与 open 函数类似，creat 函数的第一个参数 pathname 是打开或创建的文件的名字；第二个参数 mode 指定所创建文件的访问权限。我们将在后文深入讨论文件访问权限。

creat 函数的一个缺点是只能通过只写的方式打开文件。如果我们想打开一个临时文件写入然后读出，我们必须依次调用 creat、close（关闭打开的文件），然后调用 open。在当前 Linux 版本中，O_CREAT 和 O_TRUNC 可以在 open 函数里使用。因此，要完成打开一个临时文件写入然后读出的操作，可以直接使用 open 函数。示例如下。

```
open (pathname, O_RDWR | O_CREAT | O_TRUNC, mode);
```

8.2.3 关闭文件

在 Linux 操作系统中，应用程序关闭一个打开的文件可以通过调用 close 函数来实现，定义如下。

```
#include <unistd.h>
int close(int filedes);
```

如果关闭打开的文件成功则返回 0，如果关闭打开的文件出错则返回-1。该函数只有一个参数，就是打开文件的文件描述符。

关闭一个文件会同时释放进程在这个文件上可能会有的任何记录锁（record locks）。当一个进程终止时，它所有打开的文件都被内核自动关闭。因此，许多程序利用这个特性隐式地关闭打开的文件。

8.2.4 文件读写位置

每个打开的文件都有一个相应的“文件读写位置”，或称为“当前文件偏移量”（current file offset），一般是一个表示从文件头开始的字节数量的非负整数。在默认情况下，针对打开文件的 I/O 操作是从文件读写位置开始的，而且会在完成 I/O 操作后修改文件读写位置（在原文件位置的基础上加上成功读出或写入的字节数）。当打开某个文件时，如果在第二个参数中没有指定 O_APPEND 标志位，则读写位置默认初始化为 0（从文件头开始进行 I/O 操作）。

在 Linux 操作系统中，应用程序可以通过调用 lseek 函数来设置一个已经打开的文件的读写位置，lseek 函数定义如下。

```
#include <unistd.h>
off_t lseek(int filedes, off_t offset, int whence);
```

设置文件读写位置成功则返回新的文件读写位置，设置出错则返回-1。

该函数的第一个参数是已经打开的文件的文件描述符；第二个参数 offset 则取决于第三个参数 whence 的取值。whence 有 3 种可能的取值：SEEK_SET、SEEK_CUR 和 SEEK_END。

如果 whence 的取值为 SEEK_SET，lseek 函数将会把文件读写位置设置为文件头之后的 offset 个字节数的位置，此时 offset 的值只能为正数；如果 whence 的取值为 SEEK_CUR，则文件读写位置会被设置为当前的文件读写位置加上 offset 的值，此时 offset 的值可以为正数，也可以为负数；如果 whence 的取值为 SEEK_END，则文件偏移量为当前文件的大小（文件尾）加上 offset 的值，此时 offset 的值可以为正数，也可以为负数。

因为成功调用 lseek 函数会返回新的文件读写位置，所以我们可以通过指定第二个参数为 0、第三个参数为 SEEK_CUR，来查询当前的文件读写位置（不改变文件读写位置），示例如下。

```
#include <unistd.h>
off_t currpos;
currpos = lseek(fd, 0, SEEK_CUR);
```

以上的代码同样也可以用来确定一个文件是否有设置文件读写位置的能力。如果文件描述符指向一个管道、FIFO 或套接字，lseek 函数将会把 errno 设置为 ESPIPE 并返回 1。

通常情况下，一个文件的文件读写位置必须是非负整数。尽管如此，有些设备可能允许负的文件读写位置。由于文件读写位置为负数是可能的，因此我们在程序中应该小心比较 lseek 函数的返回值，应测试它是否等于-1，而不能只测试它是否小于 0。

8.2.5 读文件

在 Linux 操作系统中，应用程序可以通过调用 read 函数来从打开的文件中读取数据，定义如下。

```
#include <unistd.h>
ssize_t read(int filedes, void *buf, size_t nbytes);
```

读取文件成功则返回实际读取到的字节数，读取到文件结尾则返回 0，读取文件出错则返回-1。

该函数的第一个参数是打开的文件的文件描述符，第二个参数是用于存储所读取数据的缓冲区指针，第三个参数是请求读取的字节数。

需要注意的是，第二个参数必须指向已经分配的存储空间。同时还需要注意，以下几种情况会造成实际读取的字节数比请求读取的字节数少。

（1）在读取一个普通文件时，如果在读取请求的字节数之前碰到了文件尾，比如，在请求读取 100 字节时，只剩 30 字节就到文件尾了，则 read 函数返回值为 30。在这种情况下，下次我们继续调用 read 函数时，它会返回 0（文件尾）。

（2）当从一个终端设备读取数据时，通常一次最多只能读一行。

（3）当从网络上读取数据时，网络的时延以及缓冲区大小可能会导致读取的字节数比请求的字节数少。

（4）当从一个管道或 FIFO 中读取数据时，如果管道只包含比请求的字节数少的数据，read 函数只返回可用的字节数。

（5）当从一个面向记录（record-oriented）设备读取数据时，一些面向记录设备，比如磁带（magnetic tape），一次最多返回一个记录。

（6）当因为被一个信号中断而只读了部分数据时，read 函数将从文件读写位置开始进行读操作。在读操作成功后，文件读写位置会增加实际读取的字节数。

8.2.6　写文件

在 Linux 操作系统中，应用程序可以通过调用 write 函数来向一个打开的文件写入数据，定义如下。

```
#include <unistd.h>
ssize_t write(int filedes, const void *buf, size_t nbytes);
```

写文件成功则返回实际写入的字节数，写文件出错则返回-1。

该函数的第一个参数是打开的文件的文件描述符，第二个参数是用于存储需要写入文件数据的缓冲区指针，第三个参数是请求写入的字节数。

需要注意的是，第二个参数必须指向已经分配的存储空间，并且已经将需要写入文件的数据存储到该存储空间中；同时 write 函数的返回值一般与 nbytes 参数相等，若不相等则说明出错了。写文件出错的一个常见的原因可能是磁盘空间已满或者超过了一个进程的文件大小限制。

对于普通文件，write 函数从文件读写位置开始写操作。如果打开文件时第二个参数包括 O_APPEND 标志位，则在每次写操作前，Linux 操作系统会将文件读写位置自动设置为文件尾。在写操作成功后，文件读写位置会增加真正写入的字节数。

8.3　文件和目录的属性与权限

因为 Linux 被设计为多用户、多任务的操作系统，所以针对文件所有者、文件所有者用户组以及其他用户分别设定不同权限就非常有必要了。因此，在 Linux 操作系统中针对每个文件分别有 3 个权限域，分别是文件所有者权限域、文件所有者用户组权限域以及其他用户权限域。

通过图 8.10 所示的流程图，我们可以看到在 Linux 操作系统中是如何实现 ls -l 命令的。首先，ls -l 命令没有输入目录名，因此第一步需要知道在哪个目录下执行该命令，这样才能进行下一步的处理。在获取当前工作目录路径以后，就可以进行目录操作了。根据 Linux 操作系统的规定，首先需要打开目录，打开目录以后就可以读取目录条目来获取文件名。因为读取目录条目函数设计的特殊性，我们需要在每次读取目录条目以后判断当前是否到达目录结尾。如果尚未到达目录结尾，那么可以通过相关函数获取当前文件的文件属性（这里需要说明的是，无论哪种类型的 Linux 文件，都可以通过相同的方式获取文件属性）。在获取文件属性之后，就可以对文件属性进行解析并输出。这样，对一个目录条目的处理就完成了。紧接着就是读取下一个目录条目，循环往复，直到到达目录结尾为止。由此可见，ls -l 命令的实现涉及大量的 Linux 目录操作与文件属性管理操作，接下来对相关操作进行详细介绍。

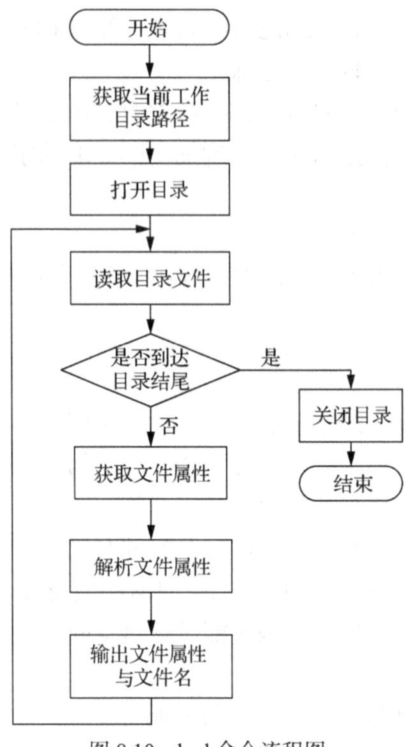

图 8.10 ls -l 命令流程图

8.3.1 获取当前工作目录路径

在 Linux 操作系统中获取当前工作目录路径可以通过 getcwd 以及 get_current_dir_name 函数来实现。这两个函数的声明都在头文件 unistd.h 中。

```
#include <unistd.h>
char *getcwd(char *buf, size_t size)
char *get_current_dir_name(void)
```

可以看到 getcwd 函数包含两个参数，其中 buf 是指向缓冲区的地址的指针，size 是缓冲区的大小。如果这两个参数都被指定，那么 Linux 操作系统将会把当前工作目录的绝对路径名作为一个字符串填充到缓冲区中。在这种情况下，要求开发者设定的 size 长度要大于等于字符串的长度。因为在通常情况下，开发者难以预知当前工作目录的绝对路径名所对应的字符串长度，所以 Linux 也提供了一种更为简洁的函数调用方法，那就是向 getcwd 函数传递一个空指针作为缓冲区指针，同时将 size 参数设置为 0。在这种情况下，函数将根据绝对路径名所对应的字符串长度自动分配缓冲区，并将其地址作为 getcwd 函数的返回值。这里有一个容易出现的编程错误，那就是在获得自动分配的缓冲区并使用缓冲区以后没有进行任何回收处理，因为系统不会自动回收该缓冲区，所以在频繁调用 getcwd 函数的情况下就会出现内存泄漏，这就需要编程对该缓冲区进行释放。

get_current_dir_name 函数的使用方法更为简单、直观，但同样需要注意的是，该函数也需要我们编程释放存放字符串的缓冲区。

8.3.2 读取目录文件

如前文所述，在得到当前工作目录的绝对路径名以后就可以读取目录文件进行相关操作了。在 Linux 操作系统中，目录操作的第一步和最后一步分别是打开目录和关闭目录，对应的函数是 opendir 和 closedir。

目录操作相关的 3 个函数声明都在头文件 dirent.h 中。

```
#include <dirent.h>
DIR *opendir(const char *pathname);
int closedir(DIR *dp);
```

DIR 结构体是 Linux 内核中维护的目录流对象，可用来维护关于被操作目录的相关信息。DIR 结构体的作用与标准 I/O 库所维护的 file 结构体的作用类似，使从 opendir 返回的目录流对象的指针被其他函数所使用。opendir 函数进行初始化操作，以便第一个 readdir 操作能读取目录中第一项目录项。需要注意的是，目录所包含的目录项的顺序是与具体文件系统的实现相关的，而且通常不是按照字母排序的。

opendir 函数的 pathname 参数对应的是目录的路径名，其可以是绝对路径名，也可以是相对路径名。opendir 函数打开 pathname 参数所指定的目录，并将一个目录流和目录相关联。在对目录的操作完成之后一定要调用 closedir 函数来关闭目录，释放对应的数据结构体。

如何遍历一个目录是实现 ls -l 命令的关键。在 Linux 操作系统中，是通过调用 readdir 函数反复读取目录项来实现的。虽然目录也是文件，但在 Linux 操作系统中却不建议程序直接调用 read 函数来读取目录文件的内容（目录项），而是通过调用 readdir 函数来获得目录项的信息。这是因为目录文件的真实格式取决于 Linux 不同版本的系统实现以及具体文件系统的设计，所以需要向应用程序屏蔽目录文件格式的实现细节。

要使用 readdir 函数，必须在源代码中包含 dirent.h 和 sys/types.h 两个头文件。

```
#include <dirent.h>
#include <sys/types.h>
struct dirent *readdir(DIR *dp);
```

每调用一次 readdir 函数，就会从打开的目录流中读取一个目录项，并将其结构体的指针作为函数返回值返回，下一次再调用 readdir 函数时将会读取目录流中的下一个目录项。如果当前已经到达目录结尾或者发生错误，readdir 函数将会返回空指针。利用 readdir 函数的这个特性，我们可以通过简单的代码实现对某个目录的遍历，示例如下。

```
#include <dirent.h>
#include <unistd.h>
#include<sys/types.h>
main(int argc, char *argv[])
{
DIR *dp;
struct dirent *dirp;

if (argc != 2)
exit(-1);
if ((dp = opendir(argv[1])) == NULL)
exit(-1);
while ((dirp = readdir(dp)) != NULL)
printf("%s\n", dirp->d_name);
closedir(dp);
exit(0);
}
```

从以上代码可以看出，我们将 readdir 是否返回空指针作为遍历结束的标志位。在这里，还必须掌握与目录项相关的结构体 dirent，该结构体包含索引节点号、在目录文件中的偏移量、文件名长度以及文件名等。该结构体定义示例如下。

```
struct dirent
{
  ino_t d_ino;                  /*索引节点号*/
  off_t d_off;                  /*在目录文件中的偏移*/
  usigned short d_reclen;       /*文件名长度*/
  unsigned char d_type;         /*文件类型*/
  char d_name[256];             /*文件名*/
};
```

我们重点来关注一下文件名。在 Linux 操作系统中，我们可以根据文件名来判断一个文件是否是隐藏文件。如图 8.11 所示，文件名第一个字符为“.”的文件是隐藏文件，我们可以选择性地处理或不处理隐藏文件。

```
root@xrxy-virtual-machine:~# ls -al
total 160
drwx------ 23 root root  4096 2014-01-02 06:19 .
drwxr-xr-x 23 root root  4096 2012-02-23 09:56 ..
-rwxr-xr-x  1 root root  7255 2013-12-31 22:43 a.out
-rw-------  1 root root  1963 2014-01-01 07:31 .bash_history
-rw-r--r--  1 root root  3106 2011-07-08 13:13 .bashrc
drwx------  9 root root  4096 2013-12-31 22:39 .cache
drwx------  9 root root  4096 2014-01-01 02:41 .config
drwx------  3 root root  4096 2012-02-23 10:08 .dbus
drwxr-xr-x  2 root root  4096 2012-02-23 10:08 Desktop
```

图 8.11　Linux 中的隐藏文件

8.3.3　获取与解析文件属性

ls -l 命令除了要求对目录进行遍历以获取所有文件名之外，还需要能获取每个文件的属性。在 Linux 操作系统中，可以通过 3 个 stat 函数来获取文件属性，分别是 stat、lstat 以及 fstat。

```
#include <sys/stat.h>
int stat(const char *restrict pathname, struct stat *restrict buf);
int fstat(int filedes, struct stat *buf);
int lstat(const char *restrict pathname, struct stat *restrict buf);
```

3 个函数执行成功则返回 0，执行错误则返回-1。stat 和 lstat 这两个函数的参数相同，功能也类似，pathname 参数指定文件名，这两个函数可以读取指定文件的属性，并将其填充到 buf 参数所指向的结构体中。这两个函数的不同之处在于，对于符号链接文件，stat 是返回符号链接引用文件的文件属性，lstat 是返回符号链接本身的文件属性。而 fstat 函数改变了指定文件的方式，不再是依靠文件名来指定，而是依靠文件描述符来指定。

Linux 操作系统是依靠 stat 结构体来描述文件属性的。下面来仔细分析如下所示的结构体。

```
struct stat {
  mode_t    st_mode;          /*文件类型与访问权限*/
  ino_t     st_ino;           /*索引节点号*/
  dev_t     st_dev;           /*文件使用的设备号*/
  dev_t     st_rdev;          /*设备文件的设备号*/
  nlink_t   st_nlink;         /*文件的硬链接数*/
  uid_t     st_uid;           /*文件所有者 ID*/
  gid_t     st_gid;           /*文件所有者所在组 ID*/
  off_t     st_size;          /*文件大小（以字节为单位）*/
```

```
    time_t     st_atime;          /*最后一次访问该文件的时间*/
    time_t     st_mtime;          /*最后一次修改该文件的时间*/
    time_t     st_ctime;          /*最后一次改变该文件状态的时间*/
    blksize_t st_blksize;         /*包含该文件的磁盘块大小*/
    blkcnt_t   st_blocks;         /*该文件所占的磁盘块数*/
};
```

stat 结构体包括多个成员，第 1 个成员是 st_mode，这个成员被用来记录文件的访问权限以及文件类型；第 2 个、第 3 个和第 4 个成员是索引节点号、设备号等；第 5 个成员是文件的硬链接数，这和符号链接是两个不同的概念；第 6 个和第 7 个成员是文件所有者 ID 和文件所有者用户组 ID，知道文件所有者 ID 和文件所有者用户组 ID 也就能找到用户名和所属组名；第 8 个成员是以字节为单位的文件大小；第 9 个、第 10 个和第 11 个成员是与文件相关的时间，我们关心的是最后一次修改文件的时间；第 12 个和第 13 个成员是磁盘块大小和磁盘块数，这里不深入讨论。

st_mode 实质上是一个无符号整数，在 32 位版本的 Linux 操作系统中只使用了低 16 位，其位定义如图 8.12 所示。

图 8.12　st_mode 位定义

按照从低位到高位的顺序，bit0～bit2 是其他用户权限域，每一位分别对应了执行权限、写权限和读权限，该位为 1 表示具有该权限，为 0 表示没有该权限。bit3～bit5、bit6～bit8 分别是文件所有者用户组权限域和文件所有者权限域。bit9～bit11 是文件特殊属性域。bit12～bit15 是文件类型域，本来 Linux 操作系统只有 7 种文件类型，但这里用了 4 位来表示，可能是为以后对文件类型的扩充预留空间。

为了方便开发者对 st_mode 进行解析，Linux 操作系统还定义了一些重要的宏，例如文件的类型编码。可以使用表 8.1 中列出的宏来判定文件类型。这些宏的参数都是 stat 结构体的 st_mode 成员。

表 8.1　Linux 操作系统定义的判定文件类型的宏

宏	文件类型
S_ISREG	普通文件
S_ISDIR	目录文件
S_ISCHR	字符特殊文件
S_ISBLK	块特殊文件
S_ISFIFO	管道或 FIFO
S_ISLNK	符号链接
S_ISSOCK	套接字

在 Linux 操作系统中，每个进程都有相关的 4 个或更多的用户 ID 和组 ID，如表 8.2 所示。

表 8.2　　进程相关的用户 ID 和组 ID

ID 类型	ID 的用途
真实用户 ID（real user ID）	标识用户的真实身份
真实组 ID（real group ID）	
有效用户 ID（effective user ID)	进行文件访问权限核查
有效组 ID（effective group ID）	

其中真实用户 ID 和真实组 ID 标识了当前用户的真实身份。这两个 ID 在以某个用户身份登录 Linux 操作系统时确定，通常这两个 ID 在某个用户的登录会话期里不会改变。有效用户 ID、有效组 ID 决定了进程对文件的访问权限。通常，有效用户 ID 和真实用户 ID 相等，而有效组 ID 和真实组 ID 相等。

每个文件都有一个所有者，这个所有者属于某用户组。所有者由 stat 结构体的 st_uid 成员指定，而文件所有者用户组由 st_gid 成员指定。如图 8.12 所示，在 Linux 操作系统中，可以在文件的 st_mode 中的文件特殊属性域中设置特殊的标志位。例如，设置“U”标志位表示“执行这个文件时，把进程的有效用户 ID 设置为文件所有者”。类似地，设置“G”标志位表示“执行这个文件时，把进程的有效组 ID 设置为文件所有者用户组”。因此，又将这两个特殊属性域中的标志位称为 set-user-ID 位和 set-group-ID 位。

如果某个程序文件的所有者是超级用户，而如果文件的 set-user-ID 被设置，则当该程序文件当作一个进程运行时，它便有了超级用户的权限，而不管执行这个文件的进程的真实用户 ID 的值是什么。例如，允许任何用户改变其登录密码的 Linux 命令 passwd，就是一个设置了 set-user-ID 的程序文件。这样当任何用户执行 passwd 程序时，所产生进程的有效用户 ID 都等于超级用户，这样便于该进程有权限把新的密码写入密码文件/etc/shadow（出于安全考虑，密码文件只有超级用户具有写权限）。可以用宏 S_ISUID（检验是否设置 set-user-ID 位）和 S_ISGID（检验是否设置 set-group-ID 位）来测试 stat 结构体的 st_mode 成员是否设置了这两个特殊属性位。

st_mode 也包含文件的访问权限位，如前文所述，每个文件有 9 个权限位，分为文件所有者权限域、文件所有者用户组权限域以及其他用户权限域这 3 个域。和文件类型类似，可以用表 8.3 中定义的宏来判定文件所具有的访问权限。

表 8.3　　Linux 操作系统定义的判定文件访问权限的宏

宏	文件具有的访问权限
S_ISUSR	文件所有者可读
S_IWUSR	文件所有者可写
S_IXUSR	文件所有者可执行
S_IRGRP	文件所有者同组用户可读
S_IWGRP	文件所有者同组用户可写
S_IXGRP	文件所有者同组用户可执行
S_IROTH	其他用户可读
S_IWOTH	其他用户可写
S_IXOTH	其他用户可执行

8.3.4 文件和目录访问权限

在 Linux 操作系统中对文件和目录的访问都是通过进程来实现的。当一个进程打开、创建或删除一个文件时，内核将会执行文件的访问权限测试。文件访问权限测试依赖于文件所有者 ID 和文件所有者所在组 ID（st_uid 和 st_gid）、进程的有效用户 ID 和有效组 ID。其中文件所有者 ID 和文件所有者所在组 ID 是文件的属性，而进程的有效用户 ID 和有效组 ID 是进程的属性。访问权限测试由内核按照以下步骤执行。

（1）如果进程的有效用户 ID 为 0（超级用户），则允许进程对文件的任何访问。这给予了超级用户对整个文件系统进行任意操作的自由。

（2）如果进程的有效用户 ID 与文件所有者 ID 相同，那么视为文件所有者对文件进行访问，接着就检查文件所有者是否具有相应的权限（检查文件所有者权限域）。如有相应的权限，则访问被允许，否则访问被拒绝。也就是说，进程对文件进行读操作时，文件所有者必须具有对文件的读权限；当进程对文件进行写操作时，文件所有者必须具有对文件的写权限；当进程对文件执行操作时，文件所有者必须具有对文件的执行权限。

（3）如果进程的有效组 ID 与文件所有者所在组 ID 相同，且用户组具有相应的访问权限（文件所有者用户组权限域），则访问被允许，否则访问被拒绝。

（4）如果进程的有效 ID 与文件的所有者 ID 不同，并且进程的有效组 ID 与文件所有者用户组 ID 也不同，那么就检查其他用户是否具有相应的权限，如有相应的访问权限则访问被允许，否则访问被拒绝。

这 4 个步骤依次被尝试。注意，如果进程拥有这个文件（第（2）步），则访问的允许或拒绝取决于文件所有者权限域，而文件所有者所在组权限域不会被查看。类似地，如果进程没有拥有这个文件，但属于一个恰当的组，则访问的允许或拒绝取决于文件所有者所在组权限域，其他用户权限域不会被检查。

不同文件和目录的读、写和执行权限分别有着不同的使用方法。

无论何时进程想要通过文件名路径打开任何类型的文件，都必须有这个路径所提及的所有目录的执行权限，包括当前路径（如果它是隐含的）。因此，目录的执行权限也经常被称为查找位（search bit）。例如，为了打开文件/usr/include/stdio.h，进程需要目录/、/usr、/usr/include 的执行权限。与此同时，根据打开这个文件的方式（只读、读写等），还需要文件本身恰当的权限。

需要注意的是目录的读权限和执行权限的差别。读权限允许用户或用户组读取这个目录文件的内容，得到这个目录所包含的所有文件列表。当目录是某个进程需要访问的路径名的一部分时，执行权限让进程可以解析这个目录（通过查找这个目录来得到指定的文件名）。

用户或用户组必须有一个文件的写权限才能在 open 函数里指定 O_TRUNC 标志位。

在 Linux 操作系统中，目录文件的内容可以被任何具有读权限的用户读取。然而为了保证文件系统的鲁棒性，只允许内核执行对目录文件的写操作。而针对目录文件的写权限和执行权限决定不同用户是否可以在该目录中创建和删除文件，而并不是真正指示用户可以对目录文件进行写操作。

8.3.5 创建与删除目录

在 Linux 操作系统中，应用程序通过调用 mkdir 函数来创建目录，通过调用 rmdir 函数来删除目录。

mkdir 函数将会创建一个新的空目录（当前目录和上一级目录的目录项会被 Linux 操作系统自动创建）。

```
#include <sys/stat.h>
int mkdir(const char *pathname, mode_t mode);
```

创建目录成功则该函数返回 0，创建目录失败则返回-1。

该函数的第一个参数 pathname 是要创建目录的名字；第二个参数 mode 指定所创建目录的访问权限。使用该函数时，一个常见的错误是指定的访问权限中仅包括读权限和写权限（这和创建文件一样）；因为对目录而言，通常还需要指定执行权限，这样才能够允许进入该目录，获取该目录包含哪些文件的相关信息。

在 Linux 操作系统中，新目录会继承父目录的 set-group-ID 位，以便新目录里创建的文件会继承父目录的组 ID。在 Linux 操作系统中，具体文件系统的实现决定了以上特性是否被支持。例如，EXT2 和 EXT3 文件系统允许以上特性被 mount 命令的一个选项控制。然而，在 UFS 文件系统的 Linux 版本上，却不能支持以上特性。

rmdir 函数只能删除一个空的目录（只包括当前目录和上一级目录这两个目录项）。

```
#include <unistd.h>
int rmdir(const char *pathname);
```

该函数唯一的参数是要删除的目录名。删除目录成功则该函数返回 0，删除目录失败则返回-1。

8.4 练习

1. 在复制文件时，为什么绝不能把文件复制到文件自身中？
2. 如何在程序中确定一个目录位于另一个目录中？
3. 思考如何编程实现 mv file1 file2 操作，该操作将 file1 移动到 file2 中。对于同一设备上的文件，mv 应该将 file1 重命名为 file2，而不复制文件内容。
4. 思考虚拟文件系统为什么能支撑“跨文件系统的文件操作”以及“一切皆是文件”这两点特性。
5. Linux 是如何描述文件在存储设备上的表现形式的？
6. Linux 是如何将进程打开的文件与进程关联的？
7. Linux 默认为每个进程打开了几个文件，分别是什么？
8. 通过 creat 函数和 open 函数指定 O_CREAT 来创建文件有什么区别？
9. 文件读写位置可能为负吗？
10. 执行以下程序后文件长度为多少？

```
char   buf1[] = "abcdefghij";
char   buf2[] = "ABCDEFGHIJ";
int main(void)
{
        int           fd;
        if ( (fd = creat("file.hole", FILE_MODE)) < 0)
               err_sys("creat error");
        if (write(fd, buf1, 10) != 10)
```

```
            err_sys("buf1 write error");
        if (lseek(fd, 40, SEEK_SET) == -1)
            err_sys("lseek error");
        if (write(fd, buf2, 10) != 10)
            err_sys("buf2 write error");
        exit(0);
}
```

11. 思考如何设计程序实现对目录中文件的遍历。

12. 思考如何在不采用递归算法的前提下实现文件的递归复制（将 src 递归复制到 dest 中），它的工作方式应与以下 Linux 命令完全相同：cp -r src dest。

13. 3 个函数 stat、lstat 和 fstat 的区别主要是什么？

14. 对文件的访问权限检查分为几个步骤？分别执行什么操作？

15. 在 Linux 中如何判断一个文件是否是隐藏文件？

第 9 章 进程控制

Linux 是一个多任务操作系统，也就是说，在同一个时间内，可以有多个进程同时执行。如果读者对计算机硬件体系有一定了解，会知道我们常用的单 CPU 计算机实际上在一个时间片内只能执行一条指令。那么 Linux 操作系统是如何实现进程同时执行的呢？

本章主要介绍 Linux 操作系统中进程的基本概念和进程的相关操作，包括进程的创建、运行、等待、退出和属性调整等方面的系统调用，使读者学习本章内容后能够编写多进程运行环境下对进程进行运行控制的程序。

9.1 运行环境和进程的标识

9.1.1 进程基本概念

进程是具有一定独立功能的程序在一个数据集合上一次动态执行的过程，是系统进行资源分配和调度的独立单位。进程运行于自己的虚拟地址空间，可以说，任何在 Linux 操作系统下运行的程序都是进程。

进程通常具有以下特性。

动态性：程序是指令的集合，进程是指令的执行过程，动态性是进程最基本的特征。

并发性：多个进程实体可以同时存在于内存中，并能在一段时间内同时运行。并发性是进程的重要特征，同时也是操作系统的重要特征。

独立性：进程实体是一个能够独立运行的基本单位，同时也是系统中独立获得资源和独立调度的基本单位。

异步性：进程按照各自独立的、不可预知的速度向前推进。

9.1.2 进程描述符

Linux 内核利用一个数据结构体（task_struct）代表一个进程，在该结构体中保存进程的属性和其他信息，可以从该结构体中找到与进程相关的所有内核信息。

代表进程的数据结构体指针形成了一个 task 数组，这种指针数组有时也称为指针向量。这个指针的大小由 NR_TASK（默认为 512）保存，表明 Linux 操作系统中最多能同时运行的进程数目。当建立新进程时，Linux 为新进程分配一个 task_struct 结构体，然后将指针保存在 task 数组中。调度程序一直维护一个 current 指针，它指向当前正在运行的进程。所以可以通过 current 查找当前正在运行的进程的进程描述符。

内核通过一个唯一的进程标识符即 PID 来标识每个进程，每个进程都有一个非负的 PID。虽然是唯一的，但是 PID 可以重用。当一个进程终止后，其他进程就可以使用它的 PID 了。PID 为 0 的进程为调度进程，该进程是内核的一部分，也称为系统进程；PID 为 1 的进程为 init 进程，它是一个普通的用户进程，但是以超级用户特权运行；PID 为 2 的进程为守护进程，负责支持虚拟存储系统的分页操作。除了 PID，每个进程还有一些其他的标识符。

由于进程的概念是 Linux 操作系统中的重要概念，因此用来标识进程的结构体也比较大，它需要包含很多信息。大体来说，进程的 task_struct 结构体分为以下几个字段。

1. 状态

在 Linux 操作系统中，进程的状态包括运行态、就绪态和睡眠态三种。

2. 调度信息

调度算法需要此信息来决定系统中的哪一个进程需要执行。

3. 标识符

系统中的每一个进程都有一个进程标识符。进程标识符并不是指向进程向量的索引。每个进程同时还包括用户标识符和工作组标识符。

4. 内部进程通信

Linux 操作系统支持信号、管道、信号量等内部进程通信机制。

5. 链接

在 Linux 操作系统中，每个进程都和其他的进程有所联系，除了初始化进程，其他的进程都有父进程。一个新的进程一般都是由其他进程复制而来的。task_struct 结构体中包括指向父进程、兄弟进程和子进程的指针。

6. 时间和计时器

内核需要记录进程的创建时间和进程运行所占用 CPU 的时间。Linux 操作系统支持进程特殊间隔计时器。进程可以使用系统调用设置计时器，并在计时器失效时给进程一个信号。计时器可以是一次性的或周期性的。

7. 文件系统

进程在运行时可以打开和关闭文件。task_struct 结构体中包括指向每个打开文件的文件描述符的指针，并且包括两个指向 VFS 索引节点的指针。VFS 索引节点用于在文件系统内唯一地描述一个文件或目录，并且提供文件系统操作的统一接口。第一个索引节点是进程的根目录，第二个索引节点是当前工作目录。两个 VFS 索引节点都有一个计数字段用来表明指向节点的进程数。

8. 虚拟内存

大多数的进程都需要虚拟内存，Linux 操作系统必须了解如何将虚拟内存映射到系统的物理内存。

9. 处理器的内容

一个进程可以说是系统当前状态的总和。当一个进程正在运行时，它要使用处理器的寄存器及堆栈等资源；当一个进程挂起时，所有有关处理器的内容都要保存到进程的 task_struct 中；当进程恢复运行时，所有保存的内容再装入处理器。

在一个进程的 task_struct 中，有 4 对进程和组标识符。

uid 和 gid：正在运行的进程的用户标识符和组标识符。

有效 uid 和 gid：有些程序可能将正在运行的进程的 uid 和 gid 改为自己所有，这些程序一般被称为 setuid 程序。它们十分有用，因为这是一种限制服务存取权限的方法。有效 uid 和 gid 是那些 setuid 程序的 uid 和 gid，并且它们保持不变。每当内核检查权限，都要检查有效 uid 和 gid。

文件系统 uid 和 gid：文件系统 uid 和 gid 一般和有效 uid 和 gid 相同，它们用于检查文件系统的存取权限。

保留 uid 和 gid：它们用来和 POSIX 标准兼容，在程序通过系统调用改变进程的 uid 和 gid 时，它们可以保存真正的 uid 和 gid。

task_struct 结构体定义在 include/sched.h 中，该结构体简化版定义如下。

```
<sched.h>
struct task_struct {
    volatile long state;              /* -1 表示不可运行，0 表示可运行，大于 0 表示停止 */
    void *stack;
    atomic_t usage;
    unsigned long flags;              /*进程标志位*/
    unsigned long ptrace;
    int lock_depth;                   /*内核锁的深度 */

    int prio, static_ prio, normal_ prio;
    struct list_head run_list;
    const struct sched_class *sched_class;
    struct sched_entity se;

    unsigned short ioprio;
    unsigned long policy;
    cpumask_t cpus_allowed;
    unsigned int time_slice;

    #if defined(CONFIG_SCHEDSTATS)||
    defined(CONFIG_TASK_DELAY_ACCT)
    struct sched_info sched_info;
    #endif
    struct list_head tasks;
    /* ptrace_list/ptrace_children 链表是 ptrace 能够看到的当前进程的子进程列表*/
    struct list_head ptrace_children;
    struct list_head ptrace_list;
    struct mm_struct *mm, *active_mm;
    /* 进程状态 */
    struct linux_binfmt *binfmt;
    long exit_state;
    int exit_code, exit_signal;
    int pdeath_signal;                        /* 在父进程终止时发送的信号 */
    unsigned int personality;
    unsigned did_exec: 1;
    pid_t pid;
    pid_t tgid;
    struct task_struct *real_parent;          /* 真正的父进程（在被调试的情况下）*/
    struct task_struct *parent;               /* 父进程 */
```

```
    /* children/sibling 链表外的进程加当前调试的进程，构成了当前进程的所有子进程 */
    struct list_head children;          /* 子进程链表 */
    struct list_head sibling;           /* 连接到父进程的子进程链表 */
    struct task_struct *group_leader;   /* 线程组组长 */
    /* PID 与 PID 散列表的联系 */
    struct pid_link pids[PIDTYPE_MAX];
    struct list_head thread_group;
    struct completion *vfork_done;      /* 用于 vfork*/
    int __user *set_child_tid;          /* CLONE_CHILD_SETTID */
    int __user *clear_child_tid;        /* CLONE_CHILD_CLEARTID */
    unsigned long rt_priority;
    cputime_t utime, stime, utimescaled, stimescaled;
    unsigned long nvcsw, nivcsw;        /* 上下文切换计数 */
    struct timespec start_time;         /* 单调时间 */
    struct timespec real_start_time;    /* 启动以来的时间 */
    /* 内存管理器失效和交换信息，它既可以看作特定于内存管理器，也可以看作特定于线程*/
    unsigned long min_flt, maj_flt;
    cputime_t it_prof_expires, it_virt_expires;
    unsigned long long it_sched_expires;
    struct list_head cpu_timers[3];
    /* 进程身份凭据 */
    uid_t uid, euid, suid, fsuid;
    gid_t gid, egid, sgid, fsgid;
    struct group_info *group_info;
    kernel_cap_t cap_effective, cap_inheritable, cap_permitted;
    unsigned keep_capabilities: 1;
    struct user_struct *user;

    char comm[TASK_COMM_LEN];   /* 除去路径后的可执行文件名称，可用[gs]et_task_comm
访问（其中用 task_lock 锁定它），通常由 flush_old_exec 初始化 */
    /* 文件系统信息 */
    int link_count, total_link_count;
    /* ipc 相关 */
    struct sysv_sem sysvsem;
    /* 当前进程特定于 CPU 的状态信息 */
    struct thread_struct thread;
    /* 文件系统信息 */
    struct fs_struct *fs;
    /* 打开文件信息 */
    struct files_struct *files;
    /* 命名空间 */
    struct nsproxy *nsproxy;
    /* 信号处理程序 */
    struct signal_struct *signal;
    struct sighand_struct *sighand;
    sigset_t blocked, real_blocked;
    sigset_t saved_sigmask;   /* 用 TIF_RESTORE_SIGMASK 恢复 */
    struct sigpending pending;
    unsigned long sas_ss_sp;
```

```
    size_t sas_ss_size;
    int (*notifier)(void *priv);
    void *notifier_data;
    sigset_t *notifier_mask;

    #ifdef CONFIG_SECURITY
    void *security;
    #endif
    /* 线程组跟踪 */
    u32 parent_exec_id;
    u32 self_exec_id;
    /* 日志文件系统信息 */
    void *journal_info;
    /* 虚拟内存状态 */
    struct reclaim_state *reclaim_state;
    struct backing_dev_info *backing_dev_info;
    struct io_context *io_context;
    unsigned long ptrace_message;
    siginfo_t *last_siginfo;              /* 由 ptrace 调用*/
    …
}
```

9.2　进程的创建和退出

9.2.1　进程的创建

Linux 操作系统下的进程与线程相同点是都有进程控制块（Process Control Block，PCB），具体的类是 task_struct，区别在于一个是独立的进程资源，一个是共享的进程资源。内核线程完全没有用户空间，进程资源包括进程的 PCB、线程的系统堆栈、进程的用户空间、进程打开的设备（文件描述符表）等。

Linux 用户进程不能直接被创建，因为不存在这样的 API，它只能从某个进程中复制，有的需要通过 exec 这样的 API 来切换到实际想要运行的程序文件。

复制 API 包括 3 种：fork、clone、vfork。

在 Linux 源代码中，这 3 个函数的执行过程是执行 fork、clone、vfork 时，通过一个系统调用表映射到 sys_fork、sys_clone、sys_vfork，再在这 3 个函数中调用 do_fork 做具体的创建进程工作。这 3 个 API 的内部实际都是调用一个内核内部函数 do_fork，只是填写的参数不同而已。

1. do_fork

fork、clone、vfork 最终都会调用 do_fork 函数，它们的差别就是参数上的不同而已。

fork 的实现：

```
do_fork(CLONE_SIGCHLD, …)
```

clone 的实现：

```
do_fork(CLONE_VM|CLONE_FS|CLONE_FILES|CLONE_SIGCHLD,…)
```

vfork 的实现：

```
do_fork(CLONE_VFORK|CLONE_VM|CLONE_SIGCHLD, …)
```

实际上产生效果的也是这些参数。

CLONE_VM：表示共享地址空间（变量等）。

CLONE_FILES：表示共享文件描述符表。

CLONE_VFORK：标识父进程会被阻塞，子进程把父进程的地址空间锁住，直到子进程退出或执行 exec 时才释放该锁。

CLONE_SIGCHLD：共享信号。

Linux 使用写时复制（Copy-On-Write，COW）技术实现 fork，Linux 中使用 fork 的代价仅仅是创建子进程的页表结构体和创建一个 task_struct 结构体。

在 Linux 中使用 vfork 函数时，父进程会被阻塞，直到子进程调用了 exec 或 exit（因为此时不复制页表结构体）。

clone 系统调用是 fork 的推广形式，它允许新进程共享父进程的存储空间、文件描述符和信号处理程序。

2. fork

共享资源：用 fork 创建一个进程时，子进程完全复制父进程的资源，复制出来的子进程不但有自己的 task_struct 结构体和 PID，而且有父进程其他资源（用户空间、文件描述符表）。

写时复制：fork 是一个开销十分大的系统调用，这些开销并不是所有情况下都必需的。比如某进程通过 fork 创建一个子进程后，其子进程仅仅是为了调用 exec 执行另一个程序，那么在 fork 运行的过程中对虚拟内存空间的复制将是一个多余的过程。但由于现在 Linux 中使用了写时复制技术，为了降低开销，fork 最初并不会真的产生两个不同的副本，因为在那个时候，大量的数据其实完全是一样的。写时复制是在推迟真正的数据复制。若后来确实发生了写入，那意味着父进程和子进程的数据不一致了，于是产生复制动作，每个进程拿到属于自己的那一份，这样就可以降低系统调用的开销。所以有了写时复制。

返回值：执行一次 fork 返回两个值。对于父进程，fork 函数返回子进程的进程号，而对于子进程，fork 函数则返回 0。这就是一个函数返回两次的本质。

共享代码段：在运行 fork 之后，子进程和父进程都会继续执行 fork 调用之后的指令。子进程是父进程的副本。它将获得父进程的数据空间与堆栈的副本。这些都是副本，父、子进程并不共享这部分的内存。也就是说，子进程对父进程中的同名变量进行修改并不会影响其在父进程中的值。但是父、子进程共享一些东西，简单来说就是程序的代码段。代码段存放 CPU 执行的机器指令，通常是可读的。

（1）调用方法

```
#include <sys/types.h>
#include <unistd.h>
pid_t fork(void);
```

正确返回：在父进程中返回子进程的进程号，在子进程中返回 0。

错误返回：-1。

（2）函数调用的用途

调用 fork 的目的是，一个进程希望复制自身，从而父、子进程能同时执行不同段的代码。

下面为一个验证示例，请读者运行该代码体会上述内容。

```
#include<stdio.h>
#include<sys/types.h>
#include<unistd.h>
```

```
    #include<errno.h>
    int main()
    {
        int a = 5;
        int b = 2;
        pid_t pid;
        pid = fork();
        if(pid == 0)
        {
          a = a-4;
          printf("I'm a child process with PID [%d], the value of a: %d, the value of
b: %d.\n", pid, a, b);
        }else if(pid < 0)
        {
          perror("fork");
        }else {
        printf("I'm a parent process, with PID  [%d], the value of a: %d, the value of
b: %d.\n", pid, a, b);
            }
            return 0;
    }
```

3. vfork

vfork 系统调用不同于 fork，用 vfork 创建的子进程与父进程共享地址空间。也就是说，子进程完全运行在父进程的地址空间上，如果此时子进程修改了某个变量，这将影响到父进程。因此，上面的例子如果改用 vfork，那么两次输出 a、b 的值是相同的，所在地址也是相同的。但此处有一点要注意的是，用 vfork 创建的子进程必须显式调用 exit 来结束，否则子进程将不能结束，而 fork 则不存在这种情况。

vfork 也是在父进程中返回子进程的进程号，在子进程中返回 0。

执行时机：用 vfork 创建子进程后，父进程会被阻塞，直到子进程调用 exec（exec 将一个新的可执行文件载入地址空间并执行）或 exit。vfork 的好处是在子进程被创建后仅仅是为了调用 exec 执行另一个程序，它不会对父进程的地址空间有任何引用，对地址空间的复制是多余的，因此通过 vfork 共享内存可以减少不必要的开销。

（1）调用方法

与 fork 函数完全相同。

```
#include <sys/types.h>
#include <unistd.h>
pid_t vfork(void);
```

正确返回：在父进程中返回子进程的进程号，在子进程中返回 0。

错误返回：-1。

（2）函数调用的用途

用 vfork 创建进程的主要目的是用 exec 函数执行另外的程序。

以下示例可以验证子进程调用 exec 时父进程是否真的已经结束阻塞。

```
#include<stdlib.h>
#include<sys/types.h>
#include<sys/wait.h>
#include<unistd.h>
#include<stdio.h>
#include<errno.h>
#include<string.h>
```

```
int main()
{
    int a = 1;
    int b = 2;
    pid_t pid;
    int status;
    pid = vfork();
    if(pid == -1)
    {
     perror("Fork failed to creat a process");
     exit(1);
    }else if(pid == 0)
     {
    //    sleep(3);
     if(execl("/bin/example","example",NULL)<0)
        {
        perror("Exec failed");
        exit(1);
        }
     exit(0);
    // }else
    //    if(pid != wait(&status))
    //  {
    //    prrror("A Signal occured before the child exited");
     }else
        printf("parent process, the value of a : %d, b: %d, addr of a: %p, b: %p\n",
a, b, &a, &b);
     exit(0);
}
```

以下是上述父进程的子进程。

```
#include<stdio.h>
int main()
{
    int a = 1;
    int b = 2;
    sleep(3);
    printf("Child process, the value of a is %d, b is %d, the address a %p, b %p\n",
a, b, &a, &b);
    return 0;
}
```

父进程的运行结果如下。

```
Child process ,The value of a is 1,b is 2,the address a 0xbfb73d90,b 0xbfb73d8c
```

如果将注释掉的 5 行加入程序，父进程由于 wait 而阻塞，即使此时子进程阻塞，父进程也不能运行，因此运行结果如下。

```
The value of a is 1,b is 2,the address a 0xbfb73d90,b 0xbfb73d8c
Parent process,the value of a:1,b:2,addr ofa:0xbfaa710c,  b:0xbf aa7108
```

另外还应注意的是，在子进程调用 exec 后父进程才可能调度运行，因此 sleep(3)函数必须放在示例程序中才能生效。

可见，子进程中将变量 a 的值改为 1，而父进程中则保持不变。

4. clone

系统调用 fork 和 vfork 是无参数的，而 clone 则带有参数。

fork 是全部复制，vfork 是共享内存，而 clone 是可以将父进程资源有选择地复制给子进程，没有复制的数据结构体则通过指针的复制与子进程共享。具体要复制哪些资源给子进程，由参数列表中的 clone_flags 来决定。

另外，clone 返回的是子进程的 PID。

（1）调用方法

```
#include <sched.h>
int clone(int (*fn)(void *), void *child_stack, int flags, void *arg);
```

正确返回：返回所创建进程的 PID，函数中的 flags 标志位用于设置创建子进程时的相关选项。

错误返回：-1。

（2）函数调用的用途

调用 clone 的目的是，用于有选择地设置父、子进程之间需共享的资源。

下面来看一个示例。

```
#define _GNU_SOURCE
#include <stdio.h>
#include <stdlib.>
#include <sched.h>
#include <unistd>
#include <fcntl.h>
#include <sys/types.h>
#include <sys/stat.h>
int variable, fd;
int do_something()
{
    variable = 42;
    printf("in child process\n");
    close(fd);
    //_exit(0);
    return 0;
}
int main(int argc, char *argv[])
{
    void *child_stack;
    char tempch;
    variable = 9;
    fd = open("/test.txt", O_RDONLY);
    child_stack = (void *)malloc(16384);
    printf("The variable was %d\n", variable);
    clone(do_something, child_stack+10000, CLONE_VM|CLONE_FILES, NULL);
    sleep(3);                    /* 延时以便子进程完成关闭文件操作、修改变量  */
    printf("The variable is now %d\n", variable);
    if(read(fd, &tempch, 1) < 1)
    {
    perror("File Read Error");
    exit(1);
    }
    printf("We could read from the file\n");
    return 0;
}
```

运行结果如下。

```
the value was 9
in child process
The variable is now 42
```

```
File Read Error
```

从程序的运行结果可以看出，子进程将文件关闭并修改变量（调用 clone 时用到的 CLONE_VM、CLONE_FILES 标志位将使得变量和文件描述符表被共享），父进程随即就"感觉"到了，这就是 clone 的特点。由于此处没有设置 CLONE_VFORK 标志位，因此子进程在运行时父进程也不会阻塞，两者同时运行。

5. fork、vfork、clone 的区别

（1）复制内容的区别

对于 fork，子进程复制父进程的数据段和堆栈段，共享访问代码段。由于在 Linux 中采用写时复制技术，也就是说，fork 执行时并不真正复制用户空间的所有页面，而只是复制页面表。这样，无论是父进程还是子进程，当发生用户空间的写操作时，都会引发写时复制操作，而另行分配一块可用的用户空间，使其完全独立。这是一种提高效率的非常有效的方法。

对于 vfork，子进程共享所有的父进程资源，子进程与父进程共享地址空间，子进程对虚拟地址空间内任何数据的修改同样为父进程所见，这是真正意义上的共享，因此对共享数据的保护必须由上层应用来保证。这也是为什么需要等到调用 exec（只是用另一个新程序替换了当前进程的代码段、数据段、堆栈段）或子进程退出后父进程才能被调度。

对于 clone，通过参数 clone_flags 的设置来决定哪些资源共享，哪些资源复制，一般只有进程的 PCB 和线程的系统堆栈被复制，也就是共享了进程的用户空间、进程打开的设备，但需要依赖共享标识的参数 CLONE_VM（共享地址空间）、CLONE_FS、CLONE_FILES（共享文件描述符表）、CLONE_SIGCHLD（共享信号）。

在 4 项进程资源（包括进程的 PCB、线程的系统堆栈、进程的用户空间、进程打开的设备）的复制中，用户空间是相对庞大的，如果完全复制效率会很低。

（2）访问次序控制的区别

fork 不对父、子进程的运行次序进行任何限制，fork 返回后，子进程和父进程都从调用 fork 函数的下一条语句开始运行。但父、子进程运行顺序是不定的，它取决于内核的调度算法。而在 vfork 调用中，子进程先运行，父进程挂起，直到子进程调用了 exec 或 exit 之后，父、子进程的运行次序才不再有限制。clone 中由 CLONE_VFORK 标志位来决定子进程在运行时父进程是阻塞还是运行，若没有设置该标志位，则父、子进程同时运行；若设置了该标志位，则父进程挂起，直到子进程结束为止。

9.2.2　进程的退出

1. 退出方式

Linux 下进程的退出方式分为正常退出和异常退出两种。

（1）正常退出

① 在 main 函数中执行 return。

② 调用 exit 函数。

③ 调用_exit 函数。

（2）异常退出

① 调用 abort 函数。

② 进程收到某个信号，而该信号使程序终止。

无论哪种退出方式，系统最终都会执行内核中的同一代码。这段代码用来关闭进程所有

已打开的文件描述符，释放它所占用的内存和其他资源。

2. 退出方式的比较

（1）exit 和 return 的区别

exit 是一个函数，有参数。exit 执行完后把控制权交给系统。

return 是函数执行完后的返回。return 执行完后把控制权交给调用函数。

（2）exit 和 abort 的区别

exit 是正常终止进程，abort 是异常终止进程。

3. exit 和_exit 函数的区别

exit 和_exit 函数都是用来终止进程的。当程序执行到 exit 或_exit 时，系统无条件地停止剩下的所有操作，清除各种数据结构体，并终止本进程的运行。

exit 在头文件 stdlib.h 中声明，而_exit 在头文件 unistd.h 中声明。exit 中的参数 exit_code 为 0 代表进程正常终止，若为其他值表示程序执行过程中有错误发生。

_exit 执行后立即将控制权返回给内核，而 exit 执行后要先执行一些清除操作，然后才将控制权交给内核。调用_exit 函数时，其会关闭进程所有的文件描述符，清理内存，但不会刷新流。exit 函数是在_exit 函数之上的一个封装，其会调用_exit 函数，并在调用之前先刷新流。

exit 函数与_exit 函数的最大区别在于，exit 函数在调用 exit 系统之前要检查文件的打开情况，把文件缓冲区的内容写回文件。由于 Linux 的标准函数库中有一种被称作“缓冲 I/O”的操作，其特征就是对应每一个打开的文件，在内存中都有一片缓冲区。每次读文件时，会连续地读取若干条记录，这样在下次读取文件时就可以直接从内存的缓冲区读取；同样，每次写文件的时候也仅仅是写入内存的缓冲区，等满足了一定的条件（如达到一定数量或遇到特定字符等），再将缓冲区中的内容一次性写入文件。这种技术大大增加了文件读/写的速度，但也给编程带来了一点麻烦。比如有一些数据，我们认为已经写入了文件，实际上因为没有满足特定的条件，它们还是保存在缓冲区内，这时用_exit 函数直接将进程关闭，缓冲区的数据就会丢失。因此，要想保证数据的完整性，就一定要使用 exit 函数。

下面我们通过示例来看看它们之间的区别.exit 函数示例如下。

```
#include<stdio.h>
#include<stdlib.h>
int main()
{
    printf("using exit----\n");
    printf("This is the content in buffer\n");
    exit(0);
}
```

运行结果如下。

```
using exit----
This is the content in buffer
```

_exit 函数示例如下。

```
#include<stdio.h>
#include<stdlib.h>
int main()
{
printf("using _exit--\n");
printf("This is the content in buffer");
_exit(0)t;
}
```

运行结果如下。

```
using _exit--
```

printf 函数使用的就是缓冲 I/O 的方式，该函数在遇到“\n”换行符时自动地从缓冲区中将记录读出。所以 exit 函数将缓冲区的数据写完后才退出，而_exit 函数直接退出。

读者也可以把_exit 函数示例中的“printf("This is the content in buffer");”改为“printf("This is the content in buffer\n");”（在 printf 最后加一个“\n”），观察运行结果，会发现此时程序会将 This is the content in buffer 打印出来，为什么会产生这样的结果呢？之所以会这样是因为_exit 函数会直接终止进程，并未将缓冲 I/O 内容清理掉，所以 printf 函数的输出内容后不加“\n”换行符将不被打印。

总结如下。

（1）父进程先于子进程终止。

此种情况下该子进程就是孤儿进程。当父进程先退出时，系统会让 init 进程接管子进程。

（2）子进程先于父进程终止，而父进程又没有调用 wait 函数。

此种情况下子进程进入僵尸状态，并且会一直保持直到系统重启。子进程处于僵尸状态时，内核只保存进程的一些必要信息以备父进程所需。此时子进程始终占有着资源，同时也减少了系统可以创建的最大进程数。

什么是僵尸进程（zombie）呢？这是一个已经终止，但是其父进程尚未对其进行善后处理（获取终止子进程的有关信息，释放它仍占有的资源）的进程。

（3）子进程先于父进程终止，而父进程调用了 wait 函数，此时父进程会等待子进程结束。

9.3　进程的等待与睡眠

9.3.1　wait 函数

编程过程中，有时需要让一个进程等待另外一个进程，最常见的是父进程等待子进程，或者父进程回收子进程资源。这里简单介绍一下 wait 函数，如表 9.1 所示。

表 9.1　wait 函数格式

头文件	#include<sys/types.h> #include<sys/wait.h>
函数原型	pid_t wait(int *status)
参数说明	这里的 status 是一个整型指针，是该子进程退出时的状态。若 status 不为空，则通过它可以获得子进程的结束状态。另外，子进程的结束状态可由 Linux 中一些特定的宏来测定
函数返回值	成功：已成功结束运行的子进程的进程号 失败：-1

函数功能：父进程一旦调用了 wait 就立即阻塞自己，由 wait 自动分析当前进程的某个子进程是否已经退出。如果让它找到了这样一个已经变成僵尸的子进程，wait 就会收集这个子进程的信息，并把它彻底销毁后返回；如果没有找到这样一个子进程，wait 就会一直阻塞在这里，直到有一个子进程出现为止。

下面的示例是进程等待 wait 函数的应用，请读者运行代码自行体验 wait 函数的应用。

```
#include <stdio.h>
#include <sys/stat.h>
#include <sys/types.h>
#include <unistd.h>
#include <wait.h>
#include <errno.h>
#include <stdlib.h>
void waitprocess();

int main(int argc, char * argv[])
{
    waitprocess();
}
void waitprocess()
{
    int count = 0;
    pid_t pid = fork();
    int status = -1;

    if(pid<0)
    {
    printf("fork error for %m\n", errno);
    }else if(pid>0)
     {
    printf("this is parent , pid = %d\n", getpid());
    wait(&status);/*父进程执行到此，马上阻塞自己，直到有子进程结束。当发现有子进程结束时，
就会回收它的资源*/
    }else
    {
    printf("this is child , pid = % d , ppid = %d\n", getpid(), getppid());
    int i;
    for(i = 0; i < 10; i++) {
    count++;
    sleep(1);
    printf("count = %d\n", count);
    }
    exit(5);
    }
    printf("child exit status is %d\n", WEXITSTATUS(status));  /*status 是按位存储
的状态信息，需要调用相应的宏来还原*/
    printf("end of program from pid = %d\n", getpid());
}
```

9.3.2 waitpid 函数

从本质上讲，waitpid 和 wait 函数的作用是完全相同的，但 waitpid 函数多出了两个可由用户控制的参数 pid 和 options，从而为我们编程提供了一种更灵活的方式。下面我们就来详细介绍一下该函数，如表 9.2 所示。

表 9.2 waitpid 函数格式

头文件	#include<sys/types.h> #include<sys/wait.h>	
函数原型	pid_t waitpid(pid_t pid,int *status,int options)	
参数说明	pid	pid>0：等待其进程 ID 与 pid 相等的子进程
		pid=-1：等待任意一个子进程。与 wait 函数等效

续表

参数说明	pid	pid=0：等待其组 ID 等于调用进程组 ID 的任意一个子进程
		pid< -1：等待其组 ID 等于 pid 绝对值的任意一个子进程
	status	同 wait 函数
	options	WNOHANG：若 pid 指定的子进程没有结束，则 waitpid 不阻塞而立刻返回，此时返回值为 0
		WUNTRACED：为了实现某种操作，由 pid 指定的任一进程已被暂停，且其状态自暂停以来还未报告过，则返回其状态
		0：同 wait 函数，阻塞父进程，等待子进程退出
函数返回值	正常：已成功结束运行的子进程的进程号 使用参数 WNOHANG 且没有子进程退出：0 失败：-1	

waitpid 函数返回终止子进程的进程号，并将该子进程的终止状态存放在有 status 指向的存储单元中。

waitpid 函数提供了 wait 函数没有提供的 3 个功能。

waitpid 函数可等待一个特定的进程，而 wait 函数则返回任意一个终止子进程的状态。

waitpid 函数提供了一个 wait 函数的未阻塞版本。当用户希望取得一个子进程的状态，但不想阻塞时，可使用 waitpid 函数。

waitpid 函数支持作业控制。

以下示例是 waitpid 函数的应用。

```
#include<sys/types.h>
#include<sys/wait.h>
#include<unistd.h>
int main()
{
    pid_t  pc,pr;
    pc=fork();
    if(pc<0){                                         /*如果 fork 出错*/
    printf("Erroroccured on forking.\n");
    }else if(pc==0){                                  /*如果是子进程*/
    sleep(10);                                        /*睡眠 10s*/
    exit(0);
    }
    else{
    do{                                               /*如果是父进程*/
    pr=waitpid(pc, NULL, WNOHANG); /*使用了 WNOHANG 参数，waitpid 不会在这里等待 */
    if(pr==0){                                        /*如果没有收集到子进程*/
    printf("Nochild exited\n");
    sleep(1);
    }
    }while(pr==0);
    if(pr==pc)
    printf("successfully get child %d\n",pr);
    else
    printf("someerror occured\n");
```

```
    }
    return 0;
}
```

9.4 进程的执行

9.4.1 exec 函数簇

1. exec 函数簇说明

fork 函数用于创建一个子进程，该子进程几乎是父进程的副本。而有时我们希望子进程去执行另外的程序，exec 函数簇就提供了一个在进程中执行另一个程序的方法。它可以根据指定的文件名或目录名找到可执行文件，并用它来取代原调用进程的数据段、代码段和堆栈段。在执行完之后，原调用进程的内容除了进程号外，其他内容全部被新程序的内容替换。另外，这里的可执行文件既可以是二进制文件，也可以是 Linux 下的任何脚本。

2. 使用情况

在 Linux 中使用 exec 函数簇主要有以下两种情况。

（1）当进程认为自己不能再为系统和用户做出任何贡献时，就可以调用任何 exec 函数簇让自己重生。

（2）如果一个进程想执行另一个程序，那么它就可以调用 fork 函数新建一个进程，然后调用任何 exec 函数簇使子进程重生。

3. exec 函数簇语法

实际上，在 Linux 中并没有 exec 函数，而是有 6 个以 exec 开头的函数，由它们组成了 exec 函数簇。下面简单介绍 exec 函数簇的 6 个成员函数。

所需头文件：#include <unistd.h>。

函数说明：执行文件。

函数原型：

```
int execl(const char *path, const char *arg, …)
int execv(const char *path, char *const argv[])
int execle(const char *path, const char *arg, …, char *const envp[])
int execve(const char *path, char *const argv[], char *const envp[])
int execlp(const char *file, const char *arg, …)
int execvp(const char *file, char *const argv[])
```

函数返回值：成功则函数不会返回，出错则返回-1，失败则将原因记录在 error 中。

这 6 个函数在使用语法的规则上有细微的区别，下面对其查找方式、参数传递方式及环境变量进行说明。

（1）查找方式：函数原型中前 4 个函数的查找方式都是完整的文件目录路径，而最后 2 个函数（也就是以 p 结尾的两个函数）可以只给出文件名，系统会自动根据 PATH 环境变量所指的路径进行查找。

（2）参数传递方式：exec 函数簇的参数传递有两种方式，一种是采用逐个列举的方式进行传递，另一种则是将所有参数整体构建成指针数组进行传递。在这里，参数传递方式是以函数名的第 5 位字母来区分的，字母为“l”（list）的表示采用逐个列举的方式进行传递，字母为“v”（vertor）的表示将所有参数整体构建成指针数组进行传递，然后将该数组的首地址当作参数传递给它，数组中的最后一个指针要求是 NULL。读者观察 6 个函数的函数名(execl、execle、execlp 与 execv、execve、execvp）即可知道它们参数传递方式的区别。

（3）环境变量：exec 函数簇使用系统默认的环境变量，也可以传入指定的环境变量。以“e”（environment）结尾的两个函数 execle、execve 可以在 envp 数组中指定当前进程所使用的环境变量，替换该进程继承的所有环境变量。

4. PATH 环境变量说明

PATH 环境变量包含一张目录表，系统通过 PATH 环境变量定义的路径搜索执行码。PATH 环境变量定义时目录之间要用“:”分隔，以“.”表示结束。PATH 环境变量定义在用户的.profile 或.bash_profile 中。下面是 PATH 环境变量定义的示例，此 PATH 环境变量指定在“/bin”“/usr/bin”和当前目录这 3 个目录中搜索执行码。

```
PATH=/bin: /usr/bin:
export $PATH
```

5. 进程中的环境变量说明

在 Linux 中，Shell 进程是所有执行码的父进程。当一个执行码执行时，Shell 进程通过 fork 创建子进程，然后调用 exec 函数簇去执行执行码。Shell 进程堆栈中存放着该用户下的所有环境变量，使用 execl、execv、execlp、execvp 函数使执行码重生时，Shell 进程会将所有环境变量复制给生成的新进程；而使用 execle、execve 函数时，新进程不继承任何 Shell 进程的环境变量，而由 envp 数组自行设置环境变量。

6. exec 函数簇中各函数间的关系

可通过 exec 函数簇中 6 个函数的函数名来分析它们之间的关系。

函数名的前 4 位：统一为 exec。

函数名的第 5 位：l——参数传递采用逐个列举方式（execl、execle、execlp）；v——参数传递采用构建指针数组方式（execv、execve、execvp）。

函数名的第 6 位：e——可传递新进程环境变量（execle、execve）；p——可执行文件查找方式为文件名（execlp、execvp）。

事实上，这 6 个函数中真正的系统调用只有 execve，其他 5 个都是库函数，它们最终都会调用 execve 函数。调用关系如图 9.1 所示。

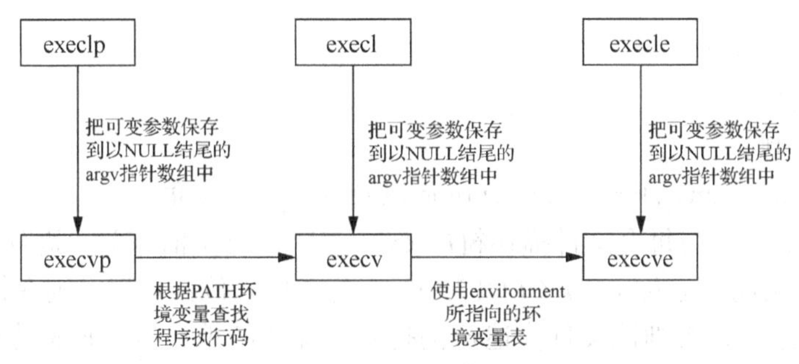

图 9.1　调用关系

7. exec 函数簇调用示例

以下示例展示了 exec 函数簇的调用方法。

```
char *const ps_argv[] ={"ps", "-o", "pid, ppid, pgrp, session, tpgid,
```

```
    comm", NULL};
    char *const ps_envp[] ={"PATH=/bin: /usr/bin", "TERM=console", NULL};
    execl("/bin/ps", "ps", "-o", "pid, ppid, pgrp, session, tpgid, comm", NULL);
    execv("/bin/ps", ps_argv);
    execle("/bin/ps", "ps", "-o", "pid, ppid, pgrp, session, tpgid, comm", NULL,
ps_envp);
    execve("/bin/ps", ps_argv, ps_envp);
    execlp("ps", "ps", "-o", "pid, ppid, pgrp, session, tpgid, comm", NULL);
    execvp("ps", ps_argv);
```

请注意 exec 函数簇形参展开时的前两个参数，第一个参数是带路径的执行码（execlp、execvp 函数的第一个参数是无路径的，系统会根据 PATH 环境变量自动查找，然后合成带路径的执行码）；第二个参数是不带路径的执行码，执行码可以是二进制执行码或 Shell 脚本。

8. 使用 exec 函数簇时的注意事项

在使用 exec 函数簇时，一定要加上错误判断语句。因为 exec 函数簇很容易执行失败，其中最常见的原因如下。

（1）找不到文件或路径，此时 errno 被设置为 ENOENT。

（2）数组 argv 和 envp 忘记用 NULL 结束，此时 errno 被设置为 EFAULT。

（3）没有对应可执行文件的运行权限，此时 errno 被设置为 EACCES。

9. exec 函数簇执行后新进程的不变特征

exec 函数簇执行后新进程保持原进程的以下特征。

（1）环境变量（使用了 execle、execve 函数则不继承环境变量）。

（2）进程 ID 和父进程 ID。

（3）实际用户 ID 和实际组 ID。

（4）附加组 ID。

（5）进程组 ID。

（6）会话 ID。

（7）控制终端。

（8）当前工作目录。

（9）根目录。

（10）文件权限屏蔽字。

（11）文件锁。

（12）进程信号屏蔽。

（13）未决信号。

（14）资源限制。

（15）tms_utime、tms_stime、tms_cutime 以及 tms_ustime 值。

对打开文件的处理与每个文件描述符的 exec 关闭标志位值有关。进程中每个文件描述符都有一个 exec 关闭标志位（FD_CLOEXEC），若此标志位被设置，则在执行 exec 函数簇时关闭该文件描述符，否则该文件描述符仍打开。除非特地设置了该标志位，否则系统的默认操作是在执行 exec 函数簇后仍保持这种文件描述符打开。利用这一点可以实现 I/O 重定向。

10. execlp 函数示例

具体示例如下。

```
#include<stdio.h>
#include<unistd.h>
int main()
{
    if(fork()==0)
    {
    if(execlp("/usr/bin/env","env",NULL)<0)
    {
    perror("execlp error!");
    return -1;
    }
    }
    return 0;
}
```

将上述代码保存为 execlp.c，编译 gcc execlp.c –o execlp。执行结果如下。

```
HOME=/home/test
DB2DB=test
SHELL=/bin/bash
…
```

由执行结果可以看出，execlp 函数使执行码重生时继承了 Shell 进程的所有环境变量，其他 3 个不以 e 结尾的函数同理。

11. execle 函数示例

利用 execle 函数，可将环境变量添加到新建的子进程中。具体示例如下。

```
#include <unistd.h>
#include <stdio.h>
int main()
{
    /*命令参数列表，必须以 NULL 结尾*/
    char *envp[]={"PATH=/tmp","USER=sun",NULL};
    if(fork()==0){
    /*调用 execle 函数，注意这里也要指出 env 的完整路径*/
    if(execle("/usr/bin/env","env",NULL,envp)<0)
    {
    perror("execle error!");
    return -1;
    }
    }
    return 0;
}
```

将上述代码保存为 execle.c，编译 gcc execle.c -o execle。执行结果如下。

```
PATH=/tmp
USER=sun
```

可见，使用 execle 函数可以自己向执行进程传递环境变量，但不会继承 Shell 进程的环境变量。execve 函数也具有和 execle 同样的环境变量传递方式。而其他 4 个 exec 函数则继承 Shell 进程的所有环境变量。

9.4.2　进程的执行与文件共享

1. 进程的执行

由 fork 创建的新进程被称为子进程。

子进程和父进程继续执行 fork 调用之后的指令，子进程是父进程的副本。例如，子进程获得父进程的数据空间、堆栈段的副本。注意，这是子进程所拥有的副本。父、子进程并不共享这些存储空间部分，父、子进程共享代码段。

由于在 fork 之后经常跟随着 exec 函数簇，因此现在的很多实现并不执行父进程数据段、堆栈段的完全复制。作为替代，使用了写时复制技术。这些区域（数据段、堆栈段）由父、子进程共享，而且内核将它们的访问权限改变为只读。如果父、子进程中的任意一个试图修改这些区域，则内核只为修改区域的那块内存制作一个副本，通常是虚拟存储器系统中的一“页”。

Linux 2.4.22 提供了另一种新进程创建函数——clone。这是一种 fork 的泛型，它允许调用者控制哪些部分由父、子进程共享。

一般来说，在 fork 之后是父进程先执行还是子进程先执行是不确定的，这取决于内核所使用的调度算法。如果要求父、子进程之间相互同步，则要求某种形式的进程间通信。

当写到标准输出时，我们将 buf 长度减去 1 作为输出字节数，这是为了避免将终止 NULL 字节写到标准输出。strlen 计算不包括终止 NULL 字节的字符串长度，而 sizeof 则计算包括终止 NULL 字节的缓冲区长度。两者之间的另一个差别是，使用 strlen 需进行一次函数调用，而对 sizeof 而言，因为缓冲区已用已知字符串进行了初始化，其长度是固定的，所以 sizeof 在编译时计算缓冲区长度。

注意 fork 与 I/O 函数之间的交互关系。write 函数是不带缓冲区的，因为在 fork 之前调用 write，所以其数据写到标准输出一次。但是标准 I/O 库是带缓冲区的（这里用到了标准 I/O 库的 printf 函数）。如果标准输出连到终端设备，则它是行缓冲的，否则它是全缓冲的。当以交互方式运行时（此时是行缓冲的），只得到该 printf 输出行一次。其原因是标准输出缓冲区在 fork 之前已由换行符冲洗。但是当将标准输出重定向到一个文件时（此时是全缓冲的），却得到 printf 输出行两次。其原因是，在 fork 之前调用了一次 printf，但当调用 fork 时，该行数据仍在缓冲区中（没有用 fflush 冲洗缓冲区），然后在将父进程数据空间复制到子进程中时，该缓冲区也被复制到子进程中。于是此时父、子进程各自有了该行内容的标准 I/O 缓冲区。在 exit 之前的第二个 printf 将其数据添加到现有的缓冲区中。当每个进程终止时，最终会冲洗其缓冲区中的副本。

2. 文件共享

对程序需注意的另一点是：在重定向父进程的标准输出时，子进程的标准输出也被重定向。实际上，fork 的一个特性是父进程的所有打开文件的文件描述符都被复制到子进程中，父、子进程中每个相同的打开的文件描述符共享一个文件表项。

考虑下述情况，一个进程具有 3 个不同的打开文件，它们是标准输入、标准输出和标准错误输出。在从 fork 返回时，我们有了图 9.2 所示的结构体。

这种共享文件的方式使父、子进程对同一文件使用了一个文件偏移量。如果父、子进程写到同一描述符文件，但又没有任何形式的同步（例如使父进程等待子进程），那么它们的输出就会相互混合（假定所有的描述符是在 fork 之前打开的）。

在 fork 之后处理文件描述符有以下两种常见的情况。

（1）父进程等待子进程完成。在这种情况下，父进程无须对其描述符做任何处理。当子进程终止后，它曾进行过读、写操作的任一共享描述符的文件偏移量已执行了相应的更新。

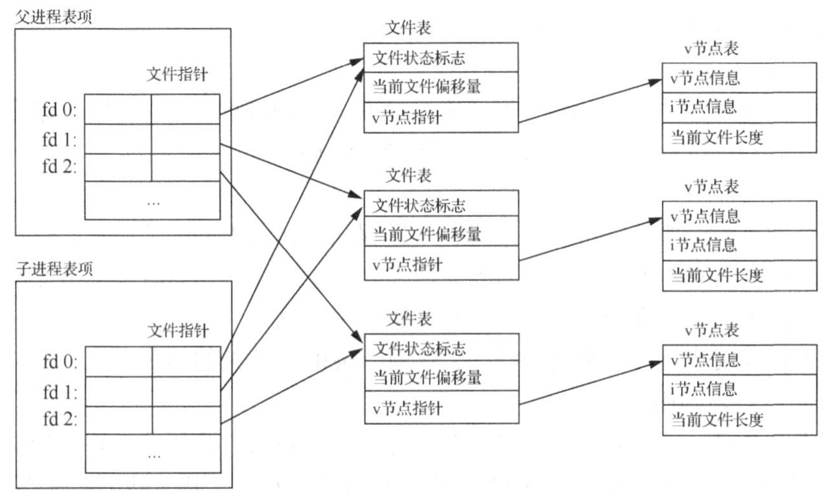

图 9.2　文件共享

（2）父、子进程各自执行不同的代码段。在这种情况下，在 fork 之后，父、子进程各自关闭它们不需要使用的文件描述符，这样就不会干扰对方使用的文件描述符。这种方法是网络服务进程中经常使用的。除了打开文件之外，父进程的很多其他属性也由子进程继承（可以理解为共享），包括：

① 实际用户 ID、实际组 ID、有效用户 ID、有效组 ID；

② 附加组 ID；

③ 进程组 ID；

④ 会话 ID；

⑤ 控制终端；

⑥ 设置用户 ID 标志位和设置组 ID 标志位；

⑦ 当前工作目录；

⑧ 根目录；

⑨ 文件模式创建屏蔽字；

⑩ 信号屏蔽和排列；

⑪ 针对任一打开的文件描述符，在执行时关闭（close-on-exec）标志位；

⑫ 环境；

⑬ 连接的共享存储段；

⑭ 存储映射；

⑮ 资源限制。

父、子进程之间的区别是：

① fork 的返回值不同；

② 进程号不同；

③ 两个进程具有不同的父进程号——子进程的父进程号是创建它的进程的号，而父进程的父进程号则不变；

④ 子进程的 tms_utime、tms_stime、tms_cutime 以及 tms_ustime 均被设置为 0；

⑤ 父进程设置的文件锁不会被子进程继承；

⑥ 子进程未处理的闹钟（alarm）被清除；

⑦ 子进程的未处理信号集设置为空集。

使 fork 失败的两个主要原因是：系统中已经有太多的进程（通常意味着某个方面出了问题）；该实际用户 ID 的进程总数超过了系统限制（CHILD_MAX）。

fork 有下面两种用法。

（1）一个父进程希望复制自己，使父、子进程同时执行不同的代码段，这在网络服务进程中是常见的——父进程等待客户端的服务请求。当这种请求到达时，父进程调用 fork，使子进程处理此请求。父进程则继续等待下一个服务请求到达。

（2）一个进程要执行一个不同的程序，这对 Shell 是常见的情况。在这种情况下，子进程从 fork 返回后立即调用 exec。

某些操作系统将（2）中的两个操作（fork 之后执行 exec）组合成一个，并称其为 spawn。UNIX 操作系统将这两个操作分开，因为在很多场合需要单独使用 fork，其后并不跟随 exec。另外，将这两个操作分开，使得子进程在 fork 和 exec 之间可以更改自己的属性。例如 I/O 重定向、用户 ID、信号安排等。

9.5 进程的属性修改

9.5.1 进程 USERID 的修改

Linux 中每个进程有许多的 ID 与其关联。表 9.3 列出了常见的与进程相关联的 3 种用户 ID。

表 9.3 与进程相关的 ID

ID	用途
真实用户 ID	“我们究竟是谁”，ID 保存的是启动进程用户 ID 和组 ID
真实组 ID	
有效用户 ID	用于文件存取许可权检查。当执行码设置了设置-用户-ID（set-user-ID）位时，进程的有效用户为该文件所属用户，同时就获取了所属用户的用户权限。有效组同理
有效组 ID	
保存的设置用户 ID	用来保存有效用户 ID 和有效组 ID 的副本
保存的设置组 ID	

真实用户 ID 和真实组 ID 标识“我们究竟是谁”，这两个字段是用户登录时取自密码文件中的登录项。通常，在一个登录会话期间这些值并不改变，但是超级用户进程可以对这两个 ID 值随便更改。

有效用户 ID、有效组 ID 决定了文件访问权限。有效用户 ID、有效组 ID 主要在校验文件权限时使用，比如打开文件、创建文件、修改文件、“杀死”（kill）其他的进程等。

保存的设置用户 ID 和设置组 ID 在执行一个程序时保存了有效用户 ID 和有效组 ID 的副本。

通常，当执行一个程序时，进程的有效用户 ID 通常就是真实用户 ID，有效组 ID 通常就是真实组 ID。

每个文件都有一个所有者和组所有者，所有者由 stat 结构体中的 st_uid 成员表示，组所有者则由 st_gid 成员表示。当在文件（st_mode）中设置一个特殊标志位时（其含义是“当执行此文件时，将进程的有效用户 ID 设置为文件的所有者 st_uid”），此时有效用户 ID 就不一定等于真实用户 ID。与此相类似，在文件中可以设置另一位，它使得执行此文件时将进程的有效组 ID 设置为文件的组所有者 st_gid。在文件中这两位被称之为设置-用户-ID 位和设置-组-ID（set-group-ID）位。注意，设置-用户-ID 位和保存的设置-用户-ID 是两个不同的字段，前一个是一个特殊标志位，后一个是用来保存有效用户 ID 的副本。

例如假设 Y 用户有一执行码 test，此时 test 的设置-用户-ID 位没有被设置。当 X 用户执行 Y 用户的执行码 test 时，此时 test 真实用户 ID 等于 X 用户 ID，有效用户 ID 等于 X 用户 ID，保存的设置-用户-ID 等于 X 用户 ID，3 类组 ID 同理。由于有效用户 ID 决定了执行码的用户权限，因此 test 执行码是 X 用户权限，有权限读取和修改 X 用户的文件，而对 Y 用户的文件则不一定有权限。

当对 test 的设置-用户-ID 位进行了设置时，X 用户执行 Y 用户的执行码 test，此时 test 真实用户 ID 等于 Y 用户 ID，有效用户 ID 等于 Y 用户 ID，保存的设置-用户-ID 等于 Y 用户 ID，3 类组 ID 同理。此时 test 执行码为 Y 用户权限，有权限读取和修改 Y 用户的文件，而对 X 用户的文件不一定有权限。如果要让 test 在某一段时间内有 X 用户权限，则可用 seteuid(getuid())方法把有效用户 ID 修改为真实用户 ID（X 用户 ID）；随后 test 又想恢复 Y 用户权限，则可把有效用户 ID 重置，因为设置-用户-ID 是以前有效用户 ID 的副本，在非特权用户下系统会根据设置-用户-ID 的值判断此有效用户 ID 设置是否允许。在非特权用户下，有效用户 ID 重新设置时只能等于真实用户 ID 或保存的设置-用户-ID。

接下来我们介绍几个用于修改用户 ID 的函数。

1. setuid 函数

头文件：#include <unistd.h>。

定义函数：int setuid(uid_t uid)。

函数说明：setuid 函数用来重新设置执行目前进程的真实用户识别码，不过要让此函数有作用，其有效的用户识别码必须为 0（root）。在 Linux 下，当 root 使用 setuid 函数来变换成其他用户识别码时，root 权限会被抛弃，完全转换成该用户身份。也就是说，该进程以后将不再有使用 setuid 函数的权利。如果只是想暂时抛弃 root 权限，稍后想重新取回权限，则必须使用 seteuid 函数。

返回值：执行成功则返回 0，失败则返回-1，错误码存于 errno。

附加说明：一般在编写具有 setuid root 的程序时，为减少此类程序带来的系统安全风险，在使用完 root 权限后建议马上执行“seteuid(getuid());”来抛弃 root 权限。

2. setreuid 函数

相关函数：setuid、seteuid、setfsuid。

头文件：#include<unistd.h>。

定义函数：int setreuid(uid_t ruid，uid_t euid)。

函数说明：setreuid 函数用来将参数 ruid 设置为目前进程的真实用户识别码，将参数 euid 设置为目前进程的有效用户识别码。如果参数 ruid 或 euid 的值为-1，则对应的识别码不会改变。

返回值：执行成功则返回 0，失败则返回-1，错误码存于 errno。

附加说明：请参考 setuid 函数。

3. seteuid 函数

头文件：#include<unistd.h>。

定义函数：int seteuid(uid_t euid)。

函数说明：seteuid 函数用来重新设置执行目前进程的有效用户识别码。在 Linux 下，seteuid(euid)相当于 setreuid(-1,euid)。

返回值：执行成功则返回 0，失败则返回-1，错误码存于 errno。

附加说明：请参考 setuid 函数。

9.5.2 进程 GROUPID 的修改

以下是几个用于修改进程组识别码的函数介绍。

1. setgid 函数

头文件：#include<unistd.h>。

定义函数：int setgid(gid_t gid)。

函数说明：setgid 函数用来重新设置执行目前进程的真实组识别码。如果是以超级用户身份执行此调用，则真实组 ID、有效组 ID 与已保存组 ID 都会被设置。

返回值：设置成功则返回 0，失败则返回-1，错误码存于 errno 中。

错误码：EPERM——并非以超级用户身份调用，而且参数 gid 并非进程的有效组 ID 或已保存组 ID 值之一。

2. setregid 函数。

头文件：#include<unistd.h>

定义函数：int setregid(gid_t rgid,gid_t egid)。

函数说明：setregid 函数用来将参数 rgid 设置为目前进程的真实组识别码，将参数 egid 设置为目前进程的有效组识别码。如果参数 rgid 或 egid 的值为-1，则对应的识别码不会改变。

返回值：执行成功则返回 0，失败则返回-1，错误码存于 errno。

3. setegid 函数

头文件：#include<unistd.h>。

定义函数：int setegid(gid_t egid)。

函数说明：setegid 函数用来重新设置执行目前进程的有效组识别码。

返回值：执行成功则返回 0，失败则返回-1，错误码存于 errno。

9.6 进程的调度

9.6.1 基本概念

无论是在批处理系统中，还是在分时系统中，用户进程数一般都多于处理机数，这将导致它们互相争夺处理机。另外，系统进程也同样需要使用处理机。这就要求进程调度程序按一定的策略，动态地把处理机分配给处于就绪队列中的某一个进程，使之执行。这就是调度。

1. 为什么需要进程调度

需要进程调度的理由很充分，即充分利用计算机系统中的 CPU（处理器）资源，让计算机能够快速地完成各种任务。为此，可在内存中存放数目远大于计算机系统内 CPU 个数的进程，让这些进程在操作系统的进程调度器下高效（高的吞吐量）、及时（低延迟）、公平（fairness）地使用 CPU。为此调度器可设计不同的调度算法来选择进程，这体现了进程调度的策略；同时还需进一步通过进程的上下文切换（context switch）来完成进程切换，这体现了进程调度的机制。

总体来说，我们需要了解何时调度（调度的时机）、是否能够在内核执行的任意位置进行调度（调度的方式）、如何完成进程切换（上下文切换）、如何选择“合适”的进程执行（调度策略/调度算法）、如何评价选择的合理性（进程调度的指标）。了解上述细节，就能够理解进程调度。

2. 进程的 3 种基本状态

（1）睡眠态：等待某个事件的完成。

（2）就绪态：等待系统分配处理器以便运行。

（3）运行（执行）态：占有处理器，正在运行。

运行态→睡眠态：往往是由于等待外设、等待主存等资源分配或等待人工干预而引起的。

睡眠态→就绪态：等待的条件已满足，只需分配到处理器后就能运行。

运行态→就绪态：不是出于自身原因，而是出于外界原因使运行状态的进程让出处理器，这时候就变成就绪态。例如时间片用完，或有更高优先级的进程来抢占处理器等。

就绪态→运行态：系统按某种策略选中就绪队列中的一个进程占用处理器，此时就变成了运行态。

3. 进程调度的分级

高级、中级和低级调度作业从提交开始直到完成，一般最多经历以下三级调度：

高级调度（high-level scheduling）又称为作业调度，它决定把后备作业调入内存运行；

中级调度（intermediate-level scheduling）又称为内存调度，它将一些暂时不能运行的进程调至外存上去等待，并将外存上已具备执行条件的进程调入内存执行；

低级调度（low-level scheduling）又称为进程调度，它决定让就绪队列的某进程获得 CPU。

4. 上下文切换

进程上下文由代码段、数据段、硬件寄存器的内容以及有关数据结构体等组成。硬件寄存器主要包括存放 CPU 将要执行的下条指令虚拟地址的程序计数器 PC、指出机器与进程相关联的硬件状态的处理机状态寄存器 PS、存放过程调用（或系统调用）时所传递参数的通用寄存器 R 以及堆栈指针寄存器 S 等。数据结构体则包括 PCB 等在内的所有与执行该进程有关的管理和控制的表格、数组、链表等。在发生进程调度时，系统要做进程上下文切换。

在进程（上下文）中切换的步骤：保存处理器的上下文，包括程序计数器和其他寄存器；用新状态和其他相关信息更新正在运行进程的 PCB；把原来的进程移至就绪队列或阻塞队列；选择另一个要执行的进程；更新被选中进程的 PCB；从被选中进程中重新装入。

5. 性能评价

进程调度虽然是在系统内部的低级调度，但进程调度的优劣直接影响作业调度的性能。那么，怎样评价进程调度的优劣呢？反映作业调度优劣的周转时间和平均周转时间只在某种程度上反映了进程调度的性能。例如，其执行时间部分实际上包含进程等待（包括就绪态时的等待）时间，而进程等待时间的多少是要依靠进程调度策略和等待事件何时发生等来决定的。因此，进程调度性能的衡量是操作系统设计的一个重要指标。

进程调度性能的衡量方法可分为定性和定量两种。在定性衡量方面，首先是调度的可靠性，包括一次进程调度是否可能引起数据结构体的破坏等。这要求我们对调度时机的选择和保存 CPU 现场十分谨慎。另外，简洁性也是衡量进程调度的一个重要指标。由于调度程序的执行涉及多个进程和上下文切换，如果调度程序过于烦琐和复杂，将会有较大的系统开销。这在用户进程调用系统调用较多的情况下，将会造成响应时间大幅度增加。

进程调度的定量评价包括 CPU 的利用率评价、进程在就绪队列中的等待时间与执行时间之比等。实际上，由于进程进入就绪队列的随机模型很难确定，而且进程上下文切换等也将影响进程的执行效率，因此对进程调度进行解析是很困难的。一般情况下，大多利用模拟或测试系统响应时间的方法来评价进程调度的性能。对调度算法而言，不同的进程调度算法具有不同的特征，为此需要建立衡量一个算法的基本指标。一般而言，衡量和比较各种进程调度算法性能的主要指标如下。

CPU 利用率：CPU 是计算机系统中的“稀缺”资源，所以应在有具体任务的情况下尽可能使 CPU 保持忙碌，从而使得 CPU 资源利用率最高。

吞吐量：CPU 运行时工作量的大小是以单位时间所完成的进程数目来描述的，即称为吞吐量。

周转时间：指从进程创建到进程结束所花的时间，这期间包括由于各种因素（比如等待 I/O 操作完成）导致的进程阻塞所花的时间总和。

等待时间：指进程在就绪队列中等待所花的时间总和。因此衡量一个调度算法的简单方法就是统计进程在就绪队列上的等待时间。

响应时间：指从事件（比如产生了一次时钟中断事件）产生到进程或系统做出响应所花的时间。在交互式桌面计算机系统中，用户希望响应时间越快越好，但这常常要以牺牲吞吐量为代价。

这些指标其实是相互冲突的。响应时间短也就意味着在相关事件产生后，操作系统需要迅速进行进程切换，让对应的进程尽快响应产生的事件，从而导致进程调度与切换的开销增大，这会降低系统的吞吐量。

9.6.2 进程调度的时机与方式

进程调度发生在什么时机呢？这与引起进程调度的原因以及进程调度的方式有关。

引起进程调度的原因有以下几个。

（1）正在执行的进程执行完毕。这时，如果不选择新的就绪进程执行，将浪费处理机资源。

（2）执行中进程调用了 P 原语操作将自己阻塞起来进入睡眠等状态。

（3）执行中进程调用了 P 原语操作，因资源不足而被阻塞；或调用了 V 原语操作，激活了等待资源的进程队列。

（4）执行中进程提出 I/O 请求后被阻塞。

（5）在分时系统中时间片已经用完。

（6）在执行完系统调用返回用户进程时，这时可看作系统进程执行完毕，从而可调度选择新的用户进程执行。

（7）就绪队列中的某进程的优先级变得高于当前执行进程的优先级。

这里需要注意，存在两种进程抢占处理机的调度方式。

（1）可抢占式（可剥夺式）：就绪队列中一旦有某进程的优先级高于当前正在执行的进程的优先级，操作系统便立即进行进程调度，完成进程切换。

（2）不可抢占式（不可剥夺式）：即使在就绪队列存在某进程优先级高于当前正在执行的进程的优先级，当前进程仍将占用处理机且继续执行，直到该进程进入阻塞状态，或时间片用完，或在执行完系统调用后准备返回用户进程前的时刻，才重新发生调度让出处理机。

显然，可抢占式调度可有效减少等待时间和响应时间，但会带来较大的其他管理开销，使得吞吐量等性能指标比不可抢占式调度要低。所以一般在桌面计算机系统中都支持可抢占式调度，使得用户可以得到更好的人机交互体验；而在服务器领域通常会采用不可抢占式调度，从而提高系统的整体吞吐量。

9.6.3　常用的进程调度算法

在操作系统中，调度是指一种资源分配，因而调度算法是指根据系统的资源分配策略所规定的资源分配算法。对于不同的系统和系统目标，通常采用不同的调度算法。例如，在批处理系统中，为了照顾众多短作业，应采用短作业优先的调度算法；在分时系统中，为了保证系统具有合理的响应时间，应采用轮转法进行调度。目前存在的多种调度算法中，有的算法适用于作业调度，有的算法适用于进程调度；但也有些调度算法既可以用于作业调度，也可以用于进程调度。

作业调度：根据作业控制块中的信息，检查系统中的资源是否能满足作业对资源的需求，以及按照一定的调度算法，从外存的后备队列中选取某些作业调入内存，并为它们创建进程，分配必要的资源，然后将新创建的进程排在就绪队列上等待调度。因此，也把作业调度称为接纳调度。

进程调度：当计算机系统处于就绪态的用户进程数多于 CPU 数时，就会产生多个进程或线程同时竞争 CPU 的结果。假设现在只有一个 CPU 可用，那么操作系统就必须选择一个进程运行，并把 CPU 分配给该进程。

非抢占式算法：在采用这种调度算法时，一旦把处理机分配给某进程，就让它一直运行（绝不会因为时钟中断或者任何其他原因去抢占当前正在运行进程的处理机），直至该进程完成，或者因为发生某件事被阻塞，才把处理机分配给其他的进程。

抢占式算法：这种调度算法允许调度程序根据某种规则，暂停某个正在执行的进程，将已经分配给该进程的处理机重新分配给另一个进程。当然，抢占是有一定原则的，包括优先权原则、短进程优先原则和时间片原则。

表 9.4 列出了几个进程的到达时间、执行时间和优先级，我们将在后文给出几种调度算法的进程执行次序和各种调度算法的平均周转时间。

表 9.4　　P1～P5 进程的到达时间、执行时间和优先级

进程	到达时间（s）	执行时间（s）	优先级
P1	0	10	3
P2	2	1	1

续表

进程	到达时间（s）	执行时间（s）	优先级
P3	3	2	2
P4	5	1	4
P5	5	5	3

1．先来先服务调度算法

处于就绪态的进程按先后顺序进入就绪队列中，而先来先服务（First Come First Serve，FCFS）调度算法按就绪进程进入就绪队列的先后次序选择当前最先进入就绪队列的进程来执行，直到此进程阻塞或结束，才进行下一次的进程选择调度。

进程运行顺序：

P1→P2→P3→P4→P5

进程平均运行时间：

{（10−0）+（11−2）+（13−3）+（14−5）+（19−5）}/5=10.4

因为 P1、P2、P3 的到达时间依次递增，所以按照 P1、P2、P3 的顺序依次运行；P4、P5 的到达时间相同，但是 P4 的优先级比 P5 的优先级高，所以先运行 P4。

算法优点：易于理解且实现简单，只需要一个队列（FIFO），相当公平。

算法缺点：比较有利于长进程，而不利于短进程；有利于 CPU 繁忙的进程，而不利于 I/O 繁忙的进程。

2．最短作业优先调度算法

最短作业优先（Shortest Job First，SJF）调度算法选择就绪队列中确切（或估计）运行时间最短的进程来执行。该算法既可采用可抢占式算法，也可采用非抢占式算法。

进程运行的顺序：

P1→P2→P3→P4→P5→P1

进程平均运行时间：

{（19−0）+（3−2）+（5−3）+（6−5）+（11−5）}/5=5.8

因为按照到达时间的先后排序依次是 P1、P2、P3、P4、P5，又因为 P2 在 2s 后到达，所以 P1 先运行 2s 后再运行 P2。P4 和 P5 都是相同时间到达，但由于 P4 优先级高于 P5，因此先运行 P4，等运行完 P5 后，再运行 P1。

算法优点：相比 FCFS 调度算法，该算法可改善平均周转时间和平均带权周转时间，缩短进程的等待时间，提高系统的吞吐量。

算法缺点：对长进程非常不利，长进程可能长时间得不到执行，且未能依据进程的紧迫程度来划分执行的优先级，以及难以准确估计进程的执行时间，从而影响调度性能。

3．时间片轮转调度算法

时间片轮转（Round Robin，RR）调度算法定义了一个时间单元，称为时间片（或时间量）。一个时间片通常为 1～100ms。当正在运行的进程用完了时间片后，即使此进程还要运行，操作系统也不让它继续运行，而是从就绪队列依次选择下一个处于就绪态的进程运行；而被剥夺 CPU 使用的进程返回到就绪队列的末尾，等待再次被调度。

假设简单时间片轮转调度算法中的时间片为 2 个单位进程运行顺序：

P1→P2→P1→P3→P4→P5→P1→P5→P1→P5→P1

进程平均运行时间：

$$\{(19-0)+(3-2)+(7-3)+(8-5)+(17-5)\}/5=7.8$$

该算法属于可剥夺算法，在 P1 运行 2s 后，此时 P2 到达且运行时间短，故 P2 抢占处理机优先运行，在 P2 运行完之后又继续运行 P1，在 P1 又运行 2s 后，此时 P3、P4、P5 到达，然后依次运行，直到 P5 运行完 2s 后，又轮到 P1 运行，因此 P1、P5 轮流交叉运行直到完成。

算法优点：时间片轮转调度算法的特点是简单易行、平均响应时间短。

算法缺点：不利于处理紧急作业。在时间片轮转调度算法中，时间片的大小对系统性能的影响很大，因此时间片的大小应选择恰当。

不过，时间片的大小可调整，如果时间片大到让一个进程足以完成其全部工作，这种算法就退化为 FCFS 调度算法；若时间片设置得很小，那么处理机在进程之间的进程上下文切换工作过于频繁，使得真正用于运行用户程序的时间减少。时间片可以静态设置好，也可以根据系统当前负载状况和运行情况动态调整，时间片大小的动态调整需要考虑就绪态进程个数、进程上下文切换开销、系统吞吐量、系统响应时间等多方面因素。

4. 高响应比优先调度算法

高响应比优先（Highest Response Ratio Next，HRRN）调度算法是介于先来先服务调度算法与最短作业优先调度算法之间的一种折中算法。先来先服务调度算法只考虑进程的等待时间而忽视了进程的执行时间，而最短作业优先调度算法只考虑用户估计的进程的执行时间而忽视了就绪进程的等待时间。为此需要定义响应比 *Rp*：

$$Rp=(\text{等待时间}+\text{预计执行时间})/\text{执行时间}=\text{响应时间}/\text{执行时间}$$

高响应比优先调度算法会选取 *Rp* 较大的进程执行。

进程运行顺序：

P1→P4→P2→P3→P5

优先数：

优先数=（等待时间+要求的服务时间）/要求的服务时间

所以当 P1 运行结束时，

$$R_2=\frac{8+1}{1}=9$$

$$R_3=\frac{7+2}{2}=4.5$$

$$R_4=\frac{5+1}{1}=6$$

$$R_5=\frac{5+5}{5}=2$$

经比较 R2 最大，先运行 P2。当 P2 运行结束时，

$$R_3=\frac{8+2}{2}=5$$

$$R_4=\frac{6+1}{1}=7$$

$$R_5=\frac{6+5}{5}=2.2$$

经比较 R4 最大，先运行 P4。当 P4 运行结束时，

$$R_3 = \frac{9+2}{2} = 5.5$$

$$R_5 = \frac{7+5}{5} = 2.4$$

经比较 R3 最大，先运行 P3。

所以最高响应比优先调度算法的运行次序为：

P1→P2→P4→P3→P5

其平均周转时间为：

$$\overline{T} = \frac{(10-0)+(11-2)+(12-5)+(14-3)+(19-5)}{5} = 10.2$$

算法优点：由于长作业也有机会投入运行，因此在同一时间内处理的作业数显然要少于 SJF 调度算法，从而采用 HRRN 调度算法时其吞吐量将小于采用 SJF 调度算法时的吞吐量。

算法缺点：由于每次调度前要计算响应比，因此系统开销也会相应增加。

5. 多级反馈队列调度算法

多级反馈队列（Multilevel Feedback Queue，MLFQ）调度算法是一种 CPU 处理机调度算法。UNIX 操作系统采取的便是这种调度算法。该算法设置多个就绪队列，并为各个队列赋予不同的优先级。第一个队列的优先级最高，第二个队列次之，其余队列优先级依次降低。

多级反馈队列调度流程如下。

（1）进程在进入待调度的队列等待时，首先进入优先级最高的队列等待。

（2）首先调度优先级高的队列中的进程。若高优先级队列中已没有可调度的进程，则调度次优先级队列中的进程。例如 Q1、Q2、Q3 这 3 个优先级依次降低的队列，只有当 Q1 中没有进程等待时，才会调度 Q2；同理，只有当 Q1、Q2 都为空时，才会调度 Q3。

（3）对于同一个队列中的各个进程，按照时间片轮转调度算法调度。比如 Q1 的时间片为 N，那么 Q1 中的作业在经历了 N 个时间片后若还没有完成，则进入 Q2 等待；若 Q2 的时间片用完后作业还不能完成，则进入下一级队列，直至完成。

（4）当低优先级队列中的进程在运行时，又有新到达的作业，那么在运行完这个时间片后，CPU 马上分配给新到达的作业（抢占式）。

多级反馈队列调度算法将时间片轮转与优先级调度相结合，把进程按优先级分成不同的队列，先按优先级调度；优先级相同的，按时间片轮转。其优点是兼顾长、短作业，有较好的响应时间，可行性强，适用于各种作业环境。

6. 最高优先级调度算法

进程的优先级用于表示进程的重要性及运行的优先性。最高优先级调度算法（Highest Priority First，HPF）常用于批处理系统中，在进程每次调动时，系统会把处理机分配给就绪队列中优先级最高的进程，确保优先级高的进程能够优先执行。一个进程的优先级可分为两种：静态优先级和动态优先级。

静态优先级是在创建进程时确定的。一旦确定后，在整个进程运行期间不再改变。静态优先级一般由用户依据进程的类型、进程所使用的资源、进程的估计运行时间等因素来设置。一般而言，进程需要的资源越多、估计运行的时间越长，进程的优先级越低。对于 I/O 密集型的进程可以把优先级设置得高一些。

动态优先级是指在进程运行过程中，根据进程执行情况的变化来调整优先级。动态优先级一般根据进程占有 CPU 时间的长短、进程等待 CPU 时间的长短等因素确定。进程占有处理机的时间越长，优先级越低；而等待时间越长，优先级越高。那么进程调度器将根据静态优先级和动态优先级的总和进行排序，并保证优先级最高的就绪进程优先执行。

根据优先级调度算法，表 9.4 中的 5 个进程的运行顺序为：

P1→P4→P1→P5→P3→P2

进程平均运行时间为：

$$\{(11-0)+(19-2)+(18-3)+(6-5)+(16-5)\}/5=11$$

因为 P1 到达时间是 0s，所以先运行 P1。经过 2s 后，P2 到达，但是由于 P2 的优先级低于 P1，所以继续运行 P1，同理，P3 也一样。但经过 5s 后，P4、P5 到达，由于 P4、P5 的优先级均高于 P1，且 P4 优先级高于 P5，因此先运行 P4，等 P4 运行完以后，再运行 P1，然后按照优先级顺序依次运行 P5、P3、P2。

总之，FCFS、SJF、HRRN 这 3 种调度算法主要关心对用户的公平性、平均周转时间、平均等待时间等评价系统整体性能的指标，并不关心响应时间，也不区分任务的紧急程度，交互性差。因此，这 3 种调度算法适用于早期的批处理系统。而 RR、HPF、MLFQ 调度算法注重响应时间、公平性等，因此这 3 种调度算法适用于交互式系统。

9.6.4　进程调度策略

Linux 调度程序运行时，要在所有处于可运行状态的进程之中选择最值得运行的进程投入运行。选择进程的依据是什么呢？在每个进程的 task_struct 结构中有这么 4 项：

```
policy, priority, counter, rt_priority
```

这 4 项就是调度程序选择进程的依据。其中，policy 是进程的调度策略，用来区分两种进程——实时进程和普通进程；priority 是进程（实时和普通）的优先级；counter 是进程剩余的时间片，它的大小完全由 priority 决定；rt_priority 是实时优先级，这是实时进程所特有的，用于实时进程间的选择。

首先，Linux 根据 policy 从整体上区分实时进程和普通进程。因为实时进程和普通进程的调度是不同的，实时进程应该先于普通进程运行。然后，对于同一类型的不同进程，采用不同的标准来选择进程。

对于普通进程，Linux 采用动态优先调度，选择进程的依据就是进程 counter 的大小。进程创建时，优先级 priority 被赋一个初值，一般为 0～70。这个数字同时也是计数器 counter 的初值，也就是说进程创建时两者是相等的。字面上看，priority 是“优先级”的意思，counter 是“计数器”的意思，然而实际上，它们表达的是同一个意思——进程的“时间片”。priority 代表分配给该进程的时间片，counter 代表该进程剩余的时间片。在进程运行过程中，counter 不断减少，而 priority 保持不变，以便在 counter 变为 0 的时候（该进程用完了所分配的时间片）对 counter 重新赋值。当一个普通进程的时间片用完以后，并不马上用 priority 对 counter 进行赋值，只有所有处于可运行状态的普通进程的时间片都用完了以后，才用 priority 对 counter 重新赋值，这个普通进程才有了再次被调度的机会。这说明，普通进程运行过程中，counter 的减小给了其他进程运行的机会，直至 counter 减为 0 时普通进程才完全放弃对 CPU 的使用。这也就相当于优先级在动态变化，所以称之为动态优先调度。

至于时间片这个概念，和其他不同操作系统一样，Linux 的时间单位是“时钟滴答”，只是不同操作系统对一个时钟滴答的定义不同而已（Linux 为 10ms）。进程的时间片就是指多少个时钟滴答。比如，若 priority 为 20，则分配给该进程的时间片就为 20 个时钟滴答，也就是 20 × 10ms=200ms。Linux 中某个进程的调度策略、优先级等可以作为参数，由用户自己决定，具有很强的灵活性。内核创建新进程时分配给进程的时间片默认为 200ms（更准确地，应为 210ms），用户可以通过系统调用改变它。

对于实时进程，Linux 采用了两种调度策略，即 SHCED FIFO（实时调度策略，先到先服务）和 SHCED RR（实时调度策略，时间片轮转）FCFS 调度。因为实时进程具有一定程度的紧迫性，所以衡量一个实时进程是否值得运行，Linux 采用了一个比较固定的标准。实时进程的 counter 只是用来表示该进程的剩余时间片，并不作为衡量它是否值得运行的标准，这和普通进程是有区别的。

这一切看来比较麻烦，但实际上 Linux 中的实现相当简单。Linux 用 goodness 函数来衡量一个处于可运行状态的进程值得运行的程度。该函数综合了上面提到的各个方面，给每个处于可运行状态的进程赋予一个权值（weight），调度程序以这个权值作为选择进程的唯一依据。

Linux 根据 policy 的值将进程总体上分为实时进程和普通进程，并提供了 3 个调度程序：一个传统的 UNIX 调度程序和两个由 POSIX.1b(原名为 POSIX.4)操作系统标准所规定的“实时”调度程序。但这种实时只是软实时，不满足诸如中断等待时间等硬实时要求，只是保证了当实时进程需要时一定只把 CPU 分配给实时进程。

非实时进程有两种优先级，一种是静态优先级，另一种是动态优先级。实时进程又增加了第三种优先级，即实时优先级。优先级是一些简单的整数，为了决定应该允许哪一个进程使用 CPU 的资源，用优先级代表相对权值——优先级越高，它得到 CPU 的机会也就越大。

静态优先级：不随时间而改变，只能由用户进行修改。它指明了在被迫和其他进程竞争 CPU 之前，该进程所应该被允许的时间片的最大值（但很可能地，在该时间片耗尽之前，进程就被迫交出了 CPU）。

动态优先级：只要进程拥有 CPU，它就随着时间不断减小；当它小于 0 时，标记进程重新调度。它指明了在这个时间片中所剩余的时间。

实时优先级：指明这个进程自动把 CPU 交给哪一个进程；较高权值的进程总是优先于较低权值的进程。如果一个进程不是实时进程，其优先级就是 0，所以实时进程总是优先于非实时进程的（实际上，实时进程也会主动放弃 CPU）。

policy 值说明如下。

（1）SCHED_OTHER：这是进程的默认类型表明这是一种普通进程，采用动态优先调度策略，选择进程的依据主要是进程优先级权值（goodness）的大小。这种进程在运行时，可以被高 goodness 值的进程抢先。

（2）SCHED_FIFO：表明这是一种实时进程，遵守 POSIX1.b 标准的 FIFO 调度规则。它会一直运行，直到有一个进程因 I/O 阻塞，或者主动释放 CPU，或者 CPU 被另一个具有更高 rt_priority 的实时进程抢先。在 Linux 实现中，SCHED_FIFO 进程仍然拥有时间片，只有当时间片用完时它们才被迫释放 CPU。因此，如同 POSIX1.b 一样，这样的进程就像没有时间片（不是采用分时）一样运行。Linux 中进程仍然保持对其时间片的记录（不修改 counter）主要是为了实现的方便，同时避免在调度代码的关键路径上出现条件判断语句 if (! (current->;;

policy&;；SCHED_FIFO)){……}。要知道，其他大量非 FIFO 进程都需要记录时间片，这种多余的检测只会浪费 CPU 资源（一种优化措施，不应将执行时间占 10%的代码的运行时间减少 50%；而是将执行时间占 90%的代码的运行时间减少 5%。0.9+0.1*0.5=0.95>0.1+0.9*0.9=0.91）。

（3）SCHED_RR：表明这也是一种实时进程，遵守 POSIX1.b 标准的 RR 调度规则。除了时间片有些不同外，这种进程与 SCHED_FIFO 类似。当 SCHED_RR 进程的时间片用完后，该进程就被放到就绪队列的末尾。

只要系统中有一个实时进程在运行，则任何 SCHED_OTHER 进程都不能在任何 CPU 运行。每个实时进程都有一个 rt_priority。因此，可以按照 rt_priority 在所有 SCHED_RR 进程之间分配 CPU。其作用与 SCHED_OTHER 进程的 priority 作用一样。只有超级用户能够用系统调用 sched_setscheduler，来改变当前进程的类型（sys_nice、sys_setpriority）。

此外，Linux 内核还定义了 SCHED_YIELD。这并不是一种调度策略，而是截取调度策略的一个附加位。如同前面说明的一样，如果有其他进程需要 CPU，它就提示调度程序释放 CPU。特别要注意的是，这甚至会引起实时进程把 CPU 释放给非实时进程。

9.6.5　主要函数

真正执行调度的函数是 schedule(void)，它选择一个最合适的进程执行，并且真正进行上下文切换，使得选中的进程执行。而 reschedule_idle(struct task_struct *p)的作用是为进程选择一个合适的 CPU 来执行，如果它选中了某个 CPU，则将该 CPU 上当前运行进程的 need_resched 标志位置为 1，然后向当前进程发出一个重新调度的处理机中断，使得选中的 CPU 能够在中断处理返回时执行 schedule 函数，真正调度进程 p 在 CPU 上执行。在 schedule 和 reschedule_idle 中调用了 goodness 函数。goodness 函数用来衡量一个处于可运行状态的进程值得运行的程度。此外，在 schedule 函数中还调用了 schedule_tail 函数，在 reschedule_idle 函数中还调用了 reschedule_idle_slow 函数。

1．goodness 函数分析

一个任务的 goodness 是以下因素的函数：正在运行的任务、想要运行的任务、当前的 CPU。goodness 返回下面两类值中的一个：1000 以下或者 1000 及 1000 以上。1000 及 1000 以上只能赋给实时进程，而 0～999 只能赋给普通进程。实际上，在单处理器情况下，普通进程的 goodness 值为 0～41。在对称多处理（Symmetrical Multi-Processing，SMP）情况下，SMP 模式会优先照顾等待同一个处理器的进程。不过，无论是单核处理器还是多核处理器，实时进程的 goodness 值都是 1001～1099。

goodness 函数其实不会返回-1000，也不会返回其他负值。由于 idle 进程的 counter 值为负，因此如果使用 idle 进程作为参数调用 goodness，就会返回负值，但这是不会发生的。

goodness 是一个简单的函数，但它是 Linux 调度程序不可缺少的部分。运行队列中的每个进程每次执行 schedule 时都要调度它，因此它的执行速度必须足够快。

goodness 函数的函数体如下所示。

```
    static inline int goodness(struct task_struct * p,  int this_cpu,  struct mm_struct
*this_mm){
        int weight;
        if (p->;;policy ! = SCHED_OTHER) { /*如果是实时进程，则将 counter 的值赋给 weight，
这就给了进程一个大概的权值。counter 中的值表示进程在一个时间片内剩下要运行的时间*/
```

```
        weight = 1000 + p->;;rt_priority;
        goto out;
        }
        weight = p->;;counter;
        if (! weight)      /* weight 为 0，表示该进程的时间片已经用完，则直接转到标号 out*/
        goto out;
        #ifdef __SMP__
        /*在 SMP 情况下，如果进程将要运行的 CPU 与进程上次运行的 CPU 是一致的，则权值加上
PROC_CHANGE_PENALTY，这个宏定义为 20*/
        if (p->;;processor == this_cpu)
        weight += PROC_CHANGE_PENALTY;
        #endif
        if (p->;;mm == this_mm) /*进程 p 与当前运行进程是同一个进程的不同线程，或者是共享地址
空间的不同进程，优先选择，权值加 1*/
        weight += 1;
        weight += p->;;priority;  /* 权值加上进程的优先级*/
        out:
        return weight;              /* 返回值作为进程调度的唯一依据，优先调度权值大的进程*/
    }
```

2. schedule 函数分析

schedule 函数的主要作用是从就绪进程中选择一个优先级最高的进程来代替当前进程运行。如果当前进程因不能获得必要资源而被阻塞，则系统先将当前进程插入适当的等待队列，把状态改为 TASK_INTERRUPTABLE 或 TASK_UNINTERRUPTABLE，然后调用 schedule 函数。一旦资源可用，就从等待队列删除当前进程。如果把当前进程的 TIF_NEED_RESCHED 标志位设置为 1，因为会在恢复前检查这个标志位的值，所以 schedule 将在之后某个时间被明确调用，以延迟方式调用调度程序。下面，我们就来分析 schedule 函数到底做了些什么工作。

```
asmlinkage void __sched schedule(void){
    struct task_struct *prev, *next;
    st ruct prio_array *array;
    struct list_head *queue;
    unsigned long long now;
    unsigned long run_time;
    int cpu, idx, new_prio;
    long *switch_count;
    struct rq *rq;
    if (unlikely(in_atomic() && !current->exit_state)) {
        printk(KERN_ERR "BUG: scheduling while atomic: "
            "%s/0x%08x/%d/n", current->comm, preempt_count(), current->pid);
        dump_stack();
    }
    profile_hit(SCHED_PROFILING, __builtin_return_address(0)); /*禁止抢占*/
need_resched:
    preempt_disable();
    prev = current;
    release_kernel_lock(prev);
need_resched_nonpreemptible:
    rq = this_rq();
    if (unlikely(prev == rq->idle) && prev->state != TASK_RUNNING) {
        printk(KERN_ERR "bad: scheduling from the idle thread!/n");
        dump_stack();
```

```
    }
    schedstat_inc(rq, sched_cnt);
    spin_lock_irq(&rq->lock);
    now = sched_clock();  /*返回当前时间*/
    if (likely((long long)(now - prev->timestamp) < NS_MAX_SLEEP_AVG)) {
        run_time = now - prev->timestamp;
        if (unlikely((long long)(now - prev->timestamp) < 0))
            run_time = 0;

    } else
        run_time = NS_MAX_SLEEP_AVG;
    run_time /= (CURRENT_BONUS(prev) ? :1);
    if (unlikely(prev->flags & PF_DEAD))
        prev->state = EXIT_DEAD;
    switch_count = &prev->nivcsw;
    if (prev->state && !(preempt_count() & PREEMPT_ACTIVE)) {
        switch_count = &prev->nvcsw;
        if (unlikely((prev->state & TASK_INTERRUPTIBLE) &&
                unlikely(signal_pending(prev))))
            prev->state = TASK_RUNNING;

        else {
            if (prev->state == TASK_UNINTERRUPTIBLE)
                rq->nr_uninterruptible++;
            deactivate_task(prev, rq);  /*从可运行队列中删除进程*/
        }
    }
    update_cpu_clock(prev, rq, now);
    cpu = smp_processor_id();
    if (unlikely(!rq->nr_running)) {  /*这个运行队列里的进程数*/
        idle_balance(cpu, rq);
        if (!rq->nr_running) {
            next = rq->idle;   /*如果可运行队列里的进程数为0，则调用idle函数*/
            rq->expired_timestamp = 0;
            wake_sleeping_dependent(cpu);
            goto switch_tasks;
        }
    }
    array = rq->active;
    if (unlikely(!array->nr_active)) {     /*如果active里的进程数为0，就要和expired
队列置换*/
        schedstat_inc(rq, sched_switch);
        rq->active = rq->expired;
        rq->expired = array;
        array = rq->active;    /*array最终指向expired队列*/
        rq->expired_timestamp = 0;
        rq->best_expired_prio = MAX_PRIO;
    }
    idx = sched_find_first_bit(array->bitmap);       /*找到优先级最高的idx*/
    queue = array->queue + idx;
    next = list_entry(queue->next, struct task_struct, run_list);    /*选取队列中的
第一个进程*/
    if (!rt_task(next) && interactive_sleep(next->sleep_type)) {
        unsigned long long delta = now - next->timestamp;
```

```
        if (unlikely((long long)(now - next->timestamp) < 0))
            delta = 0;

        if (next->sleep_type == SLEEP_INTERACTIVE)
            delta = delta * (ON_RUNQUEUE_WEIGHT * 128 / 100) / 128;

        array = next->array;
        new_prio = recalc_task_prio(next, next->timestamp + delta);
        if (unlikely(next->prio != new_prio)) {
            dequeue_task(next, array);
            next->prio = new_prio;
            enqueue_task(next, array);
        }
    }
    next->sleep_type = SLEEP_NORMAL;
    if (dependent_sleeper(cpu, rq, next))
        next = rq->idle;
switch_tasks:    /*进程切换*/
    if (next == rq->idle)
        schedstat_inc(rq, sched_goidle);

    prefetch(next);
    prefetch_stack(next);
    clear_tsk_need_resched(prev);
    rcu_qsctr_inc(task_cpu(prev));
    prev->sleep_avg -= run_time;
    if ((long)prev->sleep_avg <= 0)
        prev->sleep_avg = 0;

    prev->timestamp = prev->last_ran = now;
    sched_info_switch(prev, next);
    if (likely(prev != next)) {    /*一些队列本身属性值的更新*/
        next->timestamp = now;
        rq->nr_switches++;
        rq->curr = next;
        ++*switch_count;
        prepare_task_switch(rq, prev, next);
        prev = context_switch(rq, prev, next);
        barrier();
        finish_task_switch(this_rq(), prev);
    } else
        spin_unlo ck_irq(&rq->lock);
    prev = current;
    if (unlikely(reacquire_kernel_lock(prev) < 0))
        goto need_resched_nonpreemptible;

    preempt_enable_no_resched();
    if (unlikely(test_thread_flag(TIF_NEED_RESCHED)))
        goto need_resched;
}
```

schedule 函数的任务之一是用另外一个进程来替换当前正在执行的进程。因此，该函数的关键结果是设置一个 next 变量，使它指向被选中的进程，而该进程将取代当前进程。如果系统中没有优先级高于当前进程的可运行进程，最终 next 与 current 相等，不发生任何进程切换。

schedule 函数先禁用内核抢占并初始化一些局部变量。

```
need_resched:
preempt_disable();
prev = current;
release_kernel_lock(prev);

nee d_resched_nonpreemptible:
rq = this_rq();
```

这里把 current 返回的指针赋给 prev，并把与本地 CPU 相对应的运行队列数据结构的地址赋给 rq。

下一步，schedule 要保证 prev 不占用大内核锁。

```
if (prev->lock_depth >= 0)
up(&kernel_sem);
```

注意，schedule 不改变 lock_depth 字段的值。当 prev 恢复执行的时候，如果该字段的值不等于负数，则 prev 重新获得 kernel_flag 自旋锁。因此，通过进程切换会自动释放和重新获取大内核锁。

然后，调用 sched_clock 函数以读取时间戳计数器，并将它的值的单位转换成纳秒，所获得的时间戳存放在局部变量 now 中。然后，schedule 计算 prev 所用的时间片长度。

```
now = sched_clock( );
run_time = now - prev->timestamp;
if (run_time > 1000000000)
run_time = 1000000000;
```

通常使用限制在 1s（要转换成纳秒），run_time 的值用来限制进程对 CPU 的使用。

在开始寻找可运行进程之前，schedule 必须关掉本地中断，并获得所要保护的运行队列的自旋锁。

```
spin_lock_irq(&rq->lock);
```

prev 可能是一个正在被终止的进程。为了确认这个事实，schedule 检查 PF_DEAD 标志位。

```
if (prev->flags & PF_DEAD)
prev->state = EXIT_DEAD;
```

接下来，schedule 检查 prev 的状态。如果不是可运行状态，而且没有在内核态被抢占，就应该从运行队列删除 prev 进程。不过，如果是非阻塞挂起信号，而且状态为 TASK_INTERRUPTIBLE，schedule 函数就把该进程的状态设置为 TASK_RUNNING，并将它插入运行队列。这个操作与把处理器分配给 prev 是不同的，只是给 prev 一次被选中执行的机会。

```
if (prev->state != TASK_RUNNING && !(preempt_count() & PREEMPT_ACTIVE)) {
if (prev->state == TASK_INTERRUPTIBLE && signal_pending(prev))
prev->state = TASK_RUNNING;

else {
if (prev->state == TASK_UNINTERRUPTIBLE)
rq->nr_uninterruptible++;
deactivate_task(prev, rq);
}
}
```

现在，schedule 检查运行队列中剩余的可运行进程数。如果有可运行的进程，schedule 就调用 dependent_sleeper 函数。在绝大多数情况下，该函数立即返回 0。但是，如果内核支持超线程技术，schedule 函数检查要被选中执行的进程的优先级是否比已经在相同物理 CPU

的某个逻辑 CPU 上运行的兄弟进程的优先级低。在这种特殊的情况下，schedule 拒绝选择低优先级的进程，而执行 swapper 进程。

```
if (rq->nr_running) {
    if (dependent_sleeper(smp_processor_id( ), rq)) {
        next = rq->idle;
        goto switch_tasks;
    }
}
```

如果运行队列中没有可运行的进程存在，schedule 就调用 idle_balance 函数，从另外一个运行队列迁移一些可运行进程到本地运行队列。idle_balance 与 load_balance 类似。

```
if (!rq->nr_running) {
idle_balance(smp_processor_id( ), rq);
if (!rq->nr_running) {
next = rq->idle;
rq->expired_timestamp = 0;
wake_sleeping_dependent(smp_processor_id( ), rq);
if (!rq->nr_running)
goto switch_tasks;
  }
}
```

如果 idle_balance 没有成功地把进程迁移到本地运行队列，schedule 就调用 wake_sleeping_dependent 重新调度空闲 CPU（每个运行 swapper 进程的 CPU）中的可运行进程。如前文讨论 dependent_sleeper 函数时所说明的，通常在内核支持超线程技术的时候可能会出现这种情况。然而，在单处理机系统中，或者在把进程迁移到本地运行队列均失败的情况下，schedule 函数就选择 swapper 进程作为 next 进程并继续进行下一步骤。

我们假设 schedule 函数已经肯定运行队列中有一些可运行进程，现在它必须检查这些可运行进程中是否至少有一个进程是活动的。如果没有，schedule 函数就交换运行队列数据结构体的 active 和 expired 字段的内容。因此，所有的过期进程变为活动进程，而空集合接纳将要过期的进程。

```
array = rq->active;
if (!array->nr_active) {
rq->active = rq->expired;
rq->expired = array;
array = rq->active;
rq->expired_timestamp = 0;
rq->best_expired_prio = 140;
}
```

现在可以在活动的 prio_array_t 数据结构体中搜索一个可运行进程了。首先，schedule 搜索活动进程集合位掩码的第一个非 0 位。回忆一下，当对应的优先权链表不为空时，就把位掩码的相应位置 1。因此，第一个非 0 位的下标对应包含最佳运行进程的链表，随后，返回该链表的第一个进程描述符。

```
idx = sched_find_first_bit(array->bitmap);
next = list_entry(array->queue[idx].next, task_t, run_list);
```

函数 sched_find_first_bit 是基于 bsfl 汇编语言指令的，它返回 32 位中被设置为 1 的最低位的位下标。局部变量 next 现在存放将取代 prev 的进程描述符。schedule 函数检查 next->activated 字段，该字段的编码值表示进程在被唤醒时的状态，如表 9.5 所示。

表 9.5 activated 的状态

值	说明
0	进程处于 TASK_RUNNING 状态
1	进程处于 TASK_INTERRUPTIBLE 或 TASK_STOPPED 状态，而且正在被系统调用服务例程或内核线程唤醒
2	进程处于 TASK_INTERRUPTIBLE 或 TASK_STOPPED 状态，而且正在被中断处理程序或可延迟函数唤醒
−1	进程处于 TASK_UNINTERRUPTIBLE 状态而且正在被唤醒

如果 next 是一个普通进程而且它正在从 TASK_INTERRUPTIBLE 或 TASK_STOPPED 状态被唤醒，调度程序就把从进程插入运行队列开始所经过的时间（以纳秒为单位）加到进程的平均睡眠时间中。换言之，进程的睡眠时间被增加了，已包含进程在运行队列中等待 CPU 所消耗的时间。

```
if (next->prio >= 100 && next->activated > 0) {
unsigned long long delta = now - next->timestamp;
if (next->activated == 1)
delta = (delta * 38) / 128;
array = next->array;
dequeue_task(next, array);
recalc_task_prio(next, next->timestamp + delta);
enqueue_task(next, array);
}
next->activated=0;
```

要说明的是，调度程序会把被中断处理程序和可延迟函数所唤醒的进程与被系统调用服务例程和内核线程所唤醒的进程区分开，在前一种情况下，调度程序增加全部运行队列等待时间；而在后一种情况下，它只增加等待时间的一部分。这是因为交互式进程更可能被异步事件（考虑用户在键盘上的按键操作）而不是同步事件唤醒。

现在 schedule 函数已经要让 next 进程投入运行。内核将立刻访问 next 进程的 thread_info 数据结构体，它的地址存放在 next 进程描述符的接近顶部的位置。

```
switch_tasks:
prefetch(next);
```

prefetch 宏提示 CPU 把 next 进程描述符的第一部分字段的内容装入硬件高速缓存，正是这一点改善了 schedule 的性能。因为对于后续指令的执行（不影响 next），数据是并行移动的。在替代 prev 之前，调度程序应该完成一些管理的工作：

```
clear_tsk_need_resched(prev);
rcu_qsctr_inc(prev->thread_info->cpu);
```

以防以延迟方式调用 schedule，clear_tsk_need_resched 函数清除了 prev 的 TIF_NEED_RESCHED 标志位。然后，schedule 函数记录 CPU 正在经历静止状态。schedule 函数还必须减少 prev 的平均睡眠时间，并把它补充给进程所使用的 CPU 时间片。

```
prev->sleep_avg -= run_time;
if ((long)prev->sleep_avg <= 0)
prev->sleep_avg = 0;
prev->timestamp = prev->last_ran = now;
```

随后更新进程的时间戳。prev 和 next 很可能是同一个进程：在当前运行队列中没有优先级较高或相等的其他活动进程时，会发生这种情况。在这种情况下，schedule 函数不进行进程切换。

```
if (prev == next) {
spin_unlock_irq(&rq->lock);
goto finish_schedule;
}
```

之后，prev 和 next 肯定是不同的进程了，那么进程切换确实发生了，示例如下。

```
next->timestamp = now;
rq->nr_switches++;
rq->curr = next;
prev = context_switch(rq, prev, next);
```

context_switch 函数建立 next 的地址空间，示例如下。

```
static inline struct task_struct *context_switch(struct rq *rq, struct task_struct
*prev, struct task_struct *next)
{
    struct mm_struct *mm = next->mm;
    struct mm_struct *oldmm = prev->active_mm;
    trace_sched_switch(rq, prev, next);
    if (unlikely(!mm)) {
        next->active_mm = oldmm;
        atomic_inc(&oldmm->mm_count);
        enter_lazy_tlb(oldmm, next);
    } else
        switch_mm(oldmm, mm, next);
    if (unlikely(!prev->mm)) {
        prev->active_mm = NULL;
        WARN_ON(rq->prev_mm);
        rq->prev_mm = oldmm;
    }
#ifndef __ARCH_WANT_UNLOCKED_CTXSW
    spin_release(&rq->lock.dep_map, 1, _THIS_IP_);
#endif
    /* Here we just switch the register state and the stack. */
    switch_to(prev, next, prev);
    return prev;
}
```

进程描述符的 active_mm 字段指向进程所使用的内存描述符，而 mm 字段指向进程所拥有的内存描述符。对于一般的进程，这两个字段有相同的地址。但是，Linux 2.2 以后的版本中，内核线程没有自己的地址空间，因而它的 mm 字段总是被设置为 NULL。context_switch 函数保证，如果 next 是一个内核线程，那么它使用 prev 所使用的地址空间，示例如下。

```
if (!next->mm) {
next->active_mm = prev->active_mm;
atomic_inc(&prev->active_mm->mm_count);
enter_lazy_tlb(prev->active_mm, next);
}
```

一直到 Linux 2.2，内核线程都有自己的地址空间，这种设计选择不是最理想的，因为不管什么时候，当调度程序选择一个新进程（即使是一个内核线程）运行时，都必须改变页表；因为内核线程都运行在内核态，其映射对系统的所有进程都是相同的。甚至最坏的情况下，写 CR3 寄存器会使所有的后备缓冲区表项无效，这将导致极大的性能损失。现在的 Linux 具有更高的效率，因为如果 next 是内核线程，就根本不触及页表。作为进一步的优化，如果 next 是内核线程，schedule 函数就把进程设置为懒惰 TLB 模式。

相反，如果 next 是一个普通进程，schedule 函数就用 next 的地址空间替换 prev 的地址空间，示例如下。

```
if (next->mm)
switch_mm(prev->active_mm, next->mm, next);
```

如果 prev 是内核线程或正在退出的进程，context_switch 函数就把指向 prev 内存描述符的指针保存到运行队列的 prev_mm 字段中，然后重新设置 prev->active_mm，示例如下。

```
if (!prev->mm) {
rq->prev_mm = prev->active_mm;
prev->active_mm = NULL;
}
```

现在，context_switch 可以调用 switch_to 执行 prev 和 next 之间的进程切换了：

```
switch_to(prev, next, prev);
return prev;
```

schedule 函数中，在 switch_to 之后紧接着的指令并不由 next 进程立即执行，而是当调度程序选择 prev 执行时由 prev 执行。然而，在那个时刻，prev 局部变量并不指向我们开始描述 schedule 时所替换出去的原来的进程，而是指向 prev 被调度时由 prev 替换出去的原来的进程。

进程切换后的第一部分指令，示例如下。

```
barrier( );
finish_task_switch(prev);
```

在 schedule 中，紧接着 context_switch 函数调用之后，barrier 产生一个代码优化屏障。然后，执行 finish_task_switch 函数。

如果 prev 是一个内核线程，运行队列的 prev_mm 字段存放指向 prev 的内存描述符的地址。mmdrop 函数减少内存描述符的使用计数器，如果该计数器等于 0，则该函数还要释放与页表相关的所有描述符和虚拟存储区。

finish_task_switch 函数还要释放运行队列的自旋锁并打开本地中断。然后，检查 prev 是否是一个正在从系统中被删除的僵尸任务。如果是，就调用 put_task_struct 以释放进程描述符引用计数器，并撤销所有对该进程的引用。

schedule 函数的最后一部分指令，示例如下。

```
prev = current;
if (prev->lock_depth >= 0)
__reacquire_kernel_lock( );

preempt_enable_no_resched();
if (test_bit(TIF_NEED_RESCHED, &current_thread_info( )->flags)
goto need_resched;
return;
```

由上述代码可知，schedule 在需要的时候重新获得大内核锁、重新启用内核抢占，并检查一些其他的进程是否已经设置了当前进程的 TIF_NEED_RESCHED 标志位。如果是，则整个 schedule 函数重新开始执行，否则函数结束。

9.7 练习

1. 程序与进程有什么区别和联系？
2. 在 Linux 中创建进程主要有哪几种方式？

3. 用 fork 创建新进程时，子进程从父进程继承了哪些资源？

4. fork 和 vfork 有什么区别？

5. 什么是进程同步？wait 是如何实现进程同步的？

6. fork 在子进程中的返回值一般是什么，在父进程中的返回值又是什么？

7. PID 为 0 的交换进程是什么进程？

8. 程序设计：使用系统调用 fork 创建两个子进程，当此程序运行时，在系统中有一个父进程和两个子进程活动。

9. waitpid 函数的 pid 参数怎样设置表示等待任一子进程终止？

10. 简述如何防止僵尸进程并写出相关代码。

11. 编写代码实现一个能持续 30s 的僵尸进程。

12. 非实时进程与实时进程分别有哪些优先级？

13. Linux 调度程序运行时，要在所有处于可运行状态的进程之中选择最值得运行的进程投入运行，选择进程的依据是什么呢？

14. 在 Linux 中什么情况下使用 exec 函数簇？

15. 调用 exec 函数簇前后有效用户 ID 和有效组 ID 是否会发生变化？为什么？

16. 哪些函数可以实现进程 uid 的修改？

17. 简述进程间的基本状态及转换。

18. 引起进程调度的原因有哪些？

19. 进程调度都有哪些分级？

20. 对于实时进程，Linux 有哪些调度策略？

21. Linux 是根据进程的动态优先级还是静态优先级来调度程序的？

22. 进程调度的核心数据结构体是哪一个？

第 10 章 进程间通信

进程用户空间是相互独立的，一般而言是不能相互访问的，但很多情况下进程间需要互相通信来完成系统的某项功能。进程通过与内核及进程之间的互相通信来协调它们的行为。本章主要介绍在 Linux 操作系统中常用的多种通信方式以及它们进行协同通信的具体方法，详细说明进程间通信的多种形式：管道、命名管道、通常称为 XSI IPC 的 3 种形式的 IPC（消息队列、信号量和共享存储），以及 POSIX 提供的替代信号量机制。本章旨在通过相关概念及代码学习在多进程环境中如何实现进程之间的互相通信。

10.1 管道

10.1.1 基本概念

管道是 Linux 中很重要的一种通信方式，是把一个程序的输出直接连接到另一个程序的输入。简而言之，管道把前一个命令的结果当成后一个命令的输入，它是由内核管理的一个缓冲区，相当于我们放入内存中的一个纸条。管道的一端连接一个进程的输出，这个进程会向管道放入信息。管道的另一端连接一个进程的输入，这个进程取出被放入管道的信息。一个缓冲区不需要很大，它被设计成环形的数据结构，以便管道可以被循环利用。当管道中没有信息时，从管道中读取的进程会等待，直到另一端的进程放入信息。当管道被放满信息时，尝试放入信息的进程会被阻塞，直到另一端的进程取出信息。当两个进程都终止的时候，管道也会自动消失。管道是一种最基本的 IPC 机制，作用于有“亲缘关系”的进程之间，完成数据传递。调用 pipe 系统函数即可创建一个管道。管道有如下特质。

（1）其本质是一个文件（实为内核缓冲区）。

（2）由两个文件描述符引用，一个表示读出端，一个表示写入端。

（3）规定数据从管道的写入端流入管道，从读出端流出。

管道的原理：管道实为内核使用环形队列机制，借助内核缓冲区实现。

管道的局限性如下。

（1）数据能读不能写。

（2）数据一旦被读取，便不在管道中存在，也不可反复读取。

（3）由于管道采用半双工通信方式，因此数据只能在一个方向上流动。

（4）只能在有公共“祖先”的进程间使用管道。

常见的通信方式有单工通信、半双工通信、全双工通信。

常说的管道多指无名管道。无名管道只能用于具有亲缘关系的进程之间，这是它与有名管道的最大区别。有名管道可以用函数 mkfifo 创建。

在 Linux 中，管道是一种使用非常频繁的通信机制。从本质上说，管道也是一种文件，但它又和一般的文件有所不同。管道可以克服使用文件进行通信的两个问题，具体表现如下。

（1）限制管道的大小。实际上，管道是一个固定大小的缓冲区。在 Linux 中，该缓冲区的大小为 1 页，即 4000 字节，这使得它的大小不像文件那样不加检验地增长。使用单个固定的缓冲区也会带来问题，比如在写管道时可能写满。当这种情况发生时，随后对管道的 write 调用将默认被阻塞，等待某些数据被读取，以便腾出足够的空间供 write 调用。

（2）读取进程也可能工作得比写入进程快。当所有当前进程数据已被读取时，管道变空。当这种情况发生时，一个随后的 read 调用将默认被阻塞，等待某些数据被写入，这解决了 read 调用返回文件结束的问题。

从管道读取数据是一次性操作，数据一旦被读取，它就从管道中被抛弃，释放空间以便写入更多的数据。

10.1.2 使用管道

1. Linux 管道的使用

当 Shell 命令对 ls / more 语句进行解释时，实际上要执行以下操作。

（1）调用 pipe 系统调用。让我们假设 pipe 返回文件描述符 3（管道的读通道）和 4（管道的写通道）。

（2）两次调用 fork 系统调用。

（3）两次调用 close 系统调用来释放文件描述符 3 和 4。

第一个子进程必须执行 ls 命令，它执行以下操作。

（1）调用 dup2(4,1)把文件描述符 4 复制到文件描述符 1。从现在开始，文件描述符 1 就代表该管道的写通道。

（2）两次调用 close 系统调用来释放文件描述符 3 和 4。

（3）调用 execve 系统调用来执行 ls 命令。默认情况下，这个程序要把自己的输出写入文件描述符为 1 的那个文件（标准输出），也就是说，写入管道。

第二个子进程必须执行 more 命令，它执行以下操作。

（1）调用 dup2(3,0)把文件描述符 3 复制到文件描述符 0。从现在开始，文件描述符 0 就代表管道的读通道。

（2）两次调用 close 系统调用来释放文件描述符 3 和 4。

（3）调用 execve 系统调用来执行 more 命令。默认情况下，这个程序要从文件描述符为 0 的那个文件（标准输入）中读取输入，也就是说，从管道中读取输入。

2. 管道使用中的常见命令

（1）新建一个文件。

```
touch a.txt
> b.txt
```

（2）错误重定向。

```
find /etc -name user.txt 2> error.txt
```

（3）将正确或错误的信息都输入 log.txt。

```
find /etc -name passwd > /tmp/log.txt 2>&1
find /etc -name passwd &> /tmp/log.txt
```

（4）将小写字母转换为大写字母（输入重定向）。

```
tr "a-z" "A-Z" < /etc/passwd
```

（5）自动创建文件。

```
cat > log.txt << EXIT
> ccc
> ddd
> EXI
```

（6）查看/etc 下的文件有多少个。

```
ls -l /etc/ | grep '^d' | wc -l
```

（7）查看/etc 下的文件有多少个，并将文件详情输入 result.txt。

```
ls -l /etc/ | grep '^d' | tee result.txt | wc -l
```

3. 管道命令详情

标准的管道命令如下所示。

```
command1 | command2 | command3
```

注：管道命令必须能够接收来自前一个命令的数据成为标准的输入继续处理。

（1）cut 将一段信息的某一段切出来，处理的信息以行为单位。

```
cut -d '分隔符' -f fields
cut -c 字符范围
```

选项说明如下。

-d ：后面接分隔符，与-f 一起使用。

-f ：依据-d 的分隔符将一段信息切割为数段，用-f 取出其中某段的意思。

-c ：以字符为单位取出固定字符区间。

```
echo $PATH | cut -d ':' -f 3-5
```

将 PATH 的值按照“:”进行分隔后取出第 3～5 个值。

```
export | cut -c 12-
```

对 export 的输出进行切分，每行输出从第 12 个字符往后的内容。

（2）grep 分析一行信息，如果有匹配的，就将该行取出。

```
grep [-acinv] [--color=auto] '查找字符串' filename
```

选项说明如下。

-a ：将二进制文件以文本文件的方式查找数据。

-c ：计算找到“查找字符串”的次数。

-i ：忽略大小写的不同。

-n ：带行号。

-v ：反向选择，显示没有“查找字符串”的行。

--color=auto ：可以将找到的关键字部分加上颜色显示。

```
export | grep -in --color=auto 'bin'
```

列出 export 输出中带有 bin 的行，并给 bin 加上颜色，不区分大小写，带有行号。

（3）sort 可以依据不同的数据类型进行排序。

```
sort [-fbMnrtuk] [file or stdin]
```

选项说明如下。

-f ：忽略大小写。

-b ：忽略最前面的空格符。

-M ：以月份的名字来排序，如 JAN、DEC 等。

-n ：使用"数字"进行排序（默认是以文字类型来排序）。

-r ：反向排序。

-t ：分隔符，默认是用 Tab 字符来分隔。

-u ：相同的数据，仅出现一行代表。

-k ：用哪个字段来进行排序，与-t 相关。

```
cat /etc/passwd | sort -t ':' -k 3 -n
```

根据 passwd 中每行，按":"分隔符进行分隔后，按照第 3 个字段使用纯数字的方式进行排序。

（4）uniq 不重复显示内容一样的行。

```
uniq [-ic]
```

选项说明如下。

-i ：忽略大小写。

-c ：进行计数。

```
last | cut -d ' ' -f1 | sort | uniq -c
```

列出登录用户名字，并进行排序、统一处理、计数。

（5）wc 输出信息的整体数据。

```
wc [-lwm]
```

选项说明如下。

-l ：仅列出行。

-w ：仅列出多少字（英文单字）。

-m ：仅列出多少字符。

```
cat /etc/man.config | wc
```

输出 3 个数字，分表代表行数、字数、字符数。

（6）tee 双重定向，存到文件/设备的同时，输出到屏幕以便继续处理。

```
tee [-a] file
```

选项说明如下。

-a ：以累加（append）的方式输出到 file 中。

```
ls -l / | tee -a file.list | more
```

把文件目录输出到 file.list 中，同时用 more 将其输出到屏幕。

（7）tr 删除一段信息中的文字，或者进行文字信息的转换。

```
tr [-ds] XXX
```

选项说明如下。

-d ：删除信息中 XXX 这个字符串。

-s ：替换重复的字符。

```
last | tr '[a-z]' '[A-Z]'
```

将 last 输出的信息中所有的小写字母转换成大写字母。

（8）col 对特殊字符进行处理。

```
col [-xb]
```

选项说明如下。

-x ：将 Tab 字符转换成对等的空格符。

-b ：在文字内有反斜线/时，仅保留反斜线最后接的那个字符。

```
cat /etc/man.config | col -x | cat -A | more
```

将/etc/man.config 中的 Tab 字符转换成空格符，并输出。

（9）join 将两个文件中有相同数据的那一行连在一起。

```
join [-ti12] file1 file2
```

选项说明如下。

-t ：join 默认以空格符分隔数据，并且对比“第一个字段”的数据；如果两个文件相同，则将两条数据连成一行，且第一个字段放在第一个。

-i ：忽略大小写。

-1 ：数字 1，代表第一个文件要用哪个字段进行比较。

-2 ：代表第二个文件要用哪个字段进行比较。

```
join -t ':' -1 4 /etc/passwd -2 3 /etc/group
```

用分隔符“:”进行分隔，第一个文件用第 4 个字段、第二个文件用第 3 个字段进行分析。

（10）paste 将两个文件贴在一起，中间以 Tab 字符隔开。

```
paste [-d] file1 file2
```

选项说明如下。

-d ：后面可以接分隔符，默认以 Tab 字符进行分隔。

- ：如果 file 部分写成 - ，表示来自标准输入的数据。

```
cat /etc/group|paste /etc/passwd /etc/shadow - |head -n 3
```

先将/etc/group 读出，然后与/etc/passwd 和/etc/shadow 合并的内容粘贴在一起，且仅取出前 3 行。

（11）expand 将 Tab 字符转换成空格符。

```
expand [-t] file
```

选项说明如下。

-t ：后面可以接数字，代表一个 Tab 字符用几个空格符表示。

（12）xargs 读入标准输入的数据，并且以空格符或换行符进行分隔，将标准输入的数据分隔为参数。

```
xargs [-0epn] command
```

选项说明如下。

-0 ：如果输入的数据含有特殊字符，如“`”“\”、空格符等，这个选项可以将它还原成一般字符。

-e ：这是 EOF 的意思，后面可以接一个字符串。当 xargs 分析到这个字符串时，就停止工作。

-p ：在执行每个命令的参数时，都会询问用户的意见。

-n ：后面接次数。

```
cut -d ':' -f1 /etc/passwd | xargs -p -e'lp' finger
```

分析到 lp 这个字符串时，后面的其他标准输入的数据就被 xargs 舍弃了。

举个例子，如果你想统计一个文件夹下 Java 代码的文件数量，可以这样写：

```
find [folderPath] -name "*.java" | wc -l
```

如果你想查询所有 Java 代码的行数，则可以用 xargs，因为 wc -l filename 可以查询单个文件的行数。

```
find [folerPath] -name "*.java" | xargs wc -l
```

如果你想要去掉空行，可以按如下示例的方式操作。

```
find [folderPath] -name "*.java" |xargs cat| grep -v ^$|wc -l
```

10.1.3 创建和关闭管道

（1）管道的创建

```
#include
int pipe(int fd[2])
```

fd 为 filedescriptors 的缩写，其为一个二元数组，用于存放 pipe 函数所创建管道的两个文件描述符，其中 fd[0]用于存放管道读出端的文件描述符，fd[1]用于存放管道写入端的文件描述符。函数创建的管道的两端处于一个进程中间，在实际应用中没有太大意义。因此，一个进程在由 pipe 创建管道后，一般再由 fork 创建一个子进程，需要时调用 exec 函数簇使子进程执行所需的程序，然后通过管道实现父、子进程间的通信（因此也不难推出，只要两个进程中存在亲缘关系，就可以采用管道方式来进行通信，这里的亲缘关系指的是具有共同的祖先）。

（2）有名管道的创建

```
#include
int mkfifo(const char * pathname, mode_t mode)
```

该函数的第一个参数是一个普通的路径名，也就是创建后管道的名字；第二个参数与打开普通文件的 open 函数中的 mode 参数相同。如果 mkfifo 的第一个参数是一个已经存在的路径名，则会返回 EEXIST 错误。所以一般典型的调用代码首先会检查是否返回该错误。如果确实返回该错误，那么只要调用打开管道的函数就可以了。一般文件的 I/O 函数都可以用于管道，如 close、read、write 等。

（3）管道和有名管道的读写规则

管道的读写规则如下：如果管道的写入端不存在，则认为已经读到了数据的末尾，读函数返回的读出字节数为 0。当管道的写入端存在时，如果请求的字节数大于 PIPE_BUF，则返回管道中现有的数据字节数；如果请求的字节数不大于 PIPE_BUF，则返回管道中现有的数据字节数和请求的字节数中较小的数。向管道中写入数据时，Linux 将不保证写入的原子性，即管道缓冲区一有空闲区域，写进程就会试图向管道写入数据。如果读进程不读取管道缓冲区中的数据，那么写操作将一直阻塞。

有名管道的读写比管道多了一个打开操作：open。有名管道的打开规则如下：当前打开操作是为读取而打开有名管道时，若已经有相应进程为写入而打开该管道，则当前打开操作将成功返回；否则可能阻塞，直到有相应进程为写入而打开该管道（当前打开操作设置了阻塞标志位）；或者成功返回（当前打开操作没有设置阻塞标志位）。当前打开操作是为写入而打开有名管道时，若已经有相应进程为读取而打开该管道，则当前打开操作将成功返回；否则可能阻塞，直到有相应进程为读取而打开该管道（当前打开操作设置了阻塞标志位）；或者返回 ENXIO 错误（当前打开操作没有设置阻塞标志位）。

从有名管道中读取数据的方法如下：如果有进程打开有名管道，且当前管道内没有数据，则对设置了阻塞标志位的读操作来说，将一直阻塞。

（4）管道的关闭

在使用完管道之后需要将其关闭，这对于合理使用管道来说至关重要，因为只有管道被关闭后，管道所占用的资源才会被释放以供其他进程使用。只创建管道而不关闭管道就会导致系统的资源被浪费，严重时会影响整个系统的性能。关闭管道的操作也比较简单，调用 close()函数即可。

（5）管道的创建与关闭示例

```
#include<stdio.h>
#include<unistd.h>
#include<stdlib.h>
int main()
{
    int fd[2];
    char str[256];
    if(pipe(fd) < 0) {
    puts("create the pipe failed!\n");
    exit(1);
    }
    write(fd[1], "create the pipe successfully!\n", 31);
    read(fd[0], str, sizeof(str));
    printf("%s\n", str);
    printf("pipe file descriptors are %d, %d \n", fd[0], fd[1]);
    close(fd[0]);
    close(fd[1]);
    return 0;
}
```

运行结果如下。

```
create the pipe successfully!
pipe file descriptors are 3, 4
```

10.1.4　从管道中读取数据和向管道中写入数据

1. 从管道中读取数据

希望从管道中读取数据的进程发出一个 read 系统调用，为管道的读出端指定一个文件描述符。内核最终调用与这个文件描述符相关的文件操作表中的 read 函数。在从管道中读取数据的情况下，read 函数在 read_pipe_fops 表中的项指向 pipe_read 函数。

read 系统调用可能以两种方式阻塞当前进程。

（1）当系统调用开始时管道缓冲区为空。

（2）管道缓冲区没有包含所有请求的字节，写进程在等待缓冲区时曾被设置为睡眠。

注意，读操作可以是非阻塞的。在这种情况下，只要所有可用的字节（即使是 0 个）被复制到用户地址空间中，读操作就完成。

还要注意的是，只有在管道为空而且当前没有进程正在使用与管道的写通道相关的文件对象时，read 系统调用才会返回 0。

2. 向管道中写入数据

希望向管道中写入数据的进程发出一个 write 系统调用，为管道的写入端指定一个文件描述符。内核通过调用适当文件对象的 write 函数来满足这个请求，write_pipe_fops 表中相应的项指向 pipe_write 函数。

此外，如果管道没有读进程（也就是说，如果管道的索引节点对象的 readers 字段的值是 0），那么任何对管道执行的写操作都会失败。在这种情况下，内核会向写进程发送一个 SIGPIPE 信号，并停止 write 系统调用，使其返回一个-EPIPE 错误码，这个错误码就是我们熟悉的“Broken pipe”（损坏的管道）消息。

管道实现的源代码在 fs/pipe.c 中，pipe.c 中有很多函数，其中有两个函数比较重要，即管道读函数 pipe_read 和管道写函数 pipe_wrtie。管道写函数通过将字节复制到 VFS 索引节点指向的物理内存而写入数据，而管道读函数则通过复制物理内存中的字节而读取数据。当然，内核必须利用一定的机制同步对管道的访问。为此，内核使用了锁、等待队列和信号。

当写进程向管道中写入数入时，它利用标准的库函数 write，系统根据库函数传递的文件描述符，可找到该文件的 file 结构体。file 结构体中指定了用来进行写操作的函数（写函数）地址，于是，内核调用该函数完成写操作。写函数在向内存中写入数据之前，必须首先检查 VFS 索引节点中的信息，同时满足如下条件时，才能进行实际的内存复制工作：

（1）内存中有足够的空间可容纳所有要写入的数据；

（2）内存没有被读程序锁定。

如果同时满足上述条件，写函数首先锁定内存，然后从写进程的地址空间中复制数据到内存。否则，写进程就休眠在 VFS 索引节点的等待队列中。接下来，内核将调用调度程序，而调度程序会选择其他进程运行。写进程实际处于可中断的等待状态，当内存中有足够的空间可以容纳写入数据，或内存被解锁时，读进程会唤醒写进程，这时，写进程将接收到信号。当数据写入内存之后，内存被解锁，而所有休眠在索引节点的读进程会被唤醒。

管道的读取过程和写入过程类似。但是，进程可以在没有数据或内存被锁定时立即返回错误信息，而不是阻塞该进程，这依赖于文件或管道的打开模式。反之，进程可以休眠在 VFS 索引节点的等待队列中等待写进程写入数据。当所有的进程完成了管道操作之后，管道的索引节点被丢弃，而共享数据页也被释放。

由于管道的实现涉及很多文件的操作，因此当读者学完有关文件系统的内容后来看 pipe.c 中的代码，会觉得并不难理解。

Linux 管道的创建和使用都比较简单，原因是它需要更少的参数。若要实现与 Windows 相同的管道创建目标，在 Linux 中使用下面的代码段即可。

创建 Linux 管道示例如下。

```
int fd1[2];
     if(pipe(fd1)){
       printf("pipe() FAILED: errno=%d", errno);
        return 1;
     }
```

Linux 管道对阻塞之前一次写操作的大小有限制。专门为每个管道所使用的内核缓冲区确切为 4096 字节。除非阅读器清空管道，否则一次超过 4000 字节的写操作将被阻塞。实际上这算不上什么限制，因为读和写操作是在不同的线程中实现的。

Linux 管道比 Windows 2000 管道快得多，而 Windows 2000 管道比 Windows XP 管道快得多。

简单的管道读写操作示例如下。

```
#include<stdio.h>
```

```
    #include<unistd.h>
    int main()
    {
        int n, fd[2];           /* 这里的 fd 是文件描述符的数组，是为创建管道准备的*/
        pid_t pid;
        char line[100];
        if(pipe(fd)<0)       /* 创建管道 */
        printf("pipe create error/n");
        if((pid=fork())<0)        /*利用 fork 创建新进程*/
        printf("fork error/n");

        else if(pid>0   /*这里是父进程，先关闭管道的读出端，然后在管道的写入端写入"hello
world"*/
        {
        close(fd[0]);
        write(fd[1], "hello world", 11);
    }
    else{
        close(fd[1]);       /*这里是子进程，先关闭管道的写入端，然后在管道的读出端读取数据*/
        n= read(fd[0], line, 100);
        write(STDOUT_FILENO, line, n);
    }
    exit(0);
    }
```

虽然管道是一种十分简单、灵活、有效的通信机制，但它们有一个主要的缺点，那就是无法打开已经存在的管道。这就使得任意的两个进程不可能共享同一个管道，除非管道由一个共同的祖先进程创建。

UNIX 操作系统引入了一种称为命名管道(named pipe)或者 FIFO 的特殊文件类型。FIFO 在这几个方面都非常类似于管道：在文件系统中不拥有磁盘块，打开的 FIFO 总是与一个内核缓冲区相关联，这个内核缓冲区中临时存放两个或多个进程之间交换的数据。

在 Linux 2.6 中，FIFO 和管道几乎是相同的，并使用相同的 pipe_inode_info 结构体。事实上，FIFO 的读和写操作就是由前面“从管道中读取数据”和“向管道中写入数据”中描述的 pipe_read 和 pipe_write 函数实现的。事实上，只有以下两点主要的差别。

（1）FIFO 索引节点出现在系统目录树上而不是 pipefs 特殊文件系统中。

（2）FIFO 是一种双向通信管道，也就是说，可能以读/写模式打开一个 FIFO。

FIFO 一旦被创建，就可以使用普通的 open、read、write 和 close 系统调用访问 FIFO。但是 VFS 对 FIFO 的处理方法比较特殊，因为 FIFO 的索引节点及文件操作都是专用的，并且不依赖于 FIFO 所在的文件系统。

FIFO 的 3 个专用文件操作表的主要区别是 read 和 write 函数的实现不同。如果访问类型允许读操作，那么 read 函数是使用 pipe_read 函数实现的；否则，read 函数是使用 bad_pipe_r 函数实现的，该函数只是返回一个错误码。类似地，如果访问类型允许写操作，那么 write 函数是使用 pipe_write 函数实现的；否则，write 函数是使用 bad_pipe_w 函数实现的，该函数也只是返回一个错误码。

基于缓冲区的管道读写操作示例如下。

```
    #include<unistd.h>
    #include<stdio.h>
    #include<sys/types.h>
    #include<limits.h>
    #include<stdlib.h>
```

```
#include<string.h>
#define BUFSIZE PIPE_BUF              /*管道默认一次性读、写的数据长度 */

void err_quit(char *msg)
{
   printf("%s", msg);
   exit(1);
}

int main(){
    int pid;
    int fd[2];
    /*写入管道的缓冲区*/
    char buf[BUFSIZE] = "hello my child, I am XXX that is your parent" ;
    int len;
    /*创建管道*/
    if(pipe(fd) < 0)
    {
            err_quit("pipe failed\n");
     }
    /*创建子进程*/
    if((pid = fork()) < 0)
    {
            err_quit("fork failed\n");
     }
    /*父进程中关闭管道的读出端，父进程向管道写入数据*/
    else if(pid > 0)
    {
    close(fd[0]);
    write (fd[1], buf, strlen(buf));
    exit(0);
    }
    /*子进程中关闭管道的写入端，父进程向管道读取数据*/
    else
    {
    close(fd[1]);
    len = read(fd[0], buf, BUFSIZE);
    if(len < 0)
    {
          err_quit("process failed when read a pipe\n");
    }
    else
    {
    write(STDOUT_FILENO, buf, len);          /*输入到标准输出文件*/
    }
    exit(0);
    }
    return 0;
 }
```

运行结果如下。

```
Hello my child, I am XXX that is your parent
```

10.2 信号灯

10.2.1 信号灯概述

信号机制是类 UNIX 操作系统中的一种重要的进程间通信方式之一。我们经常使用信号来向一个进程发送一个简短的消息。例如，我们启动一个进程并通过 socket 读取远程主机发送的网络数据包，此时由于网络因素当前主机还没有收到相应的数据，当前进程被设置为可中断等待状态（TASK_INTERRUPTIBLE）。若此时我们已经失去耐心，想提前结束这个进程。于是可以通过 kill 命令向这个进程发送 KILL 信号，内核会唤醒该进程，执行它的信号处理函数，KILL 信号的默认处理是退出该进程。当然，并不是一定要进程处于 TASK_INTERRUPTIBLE 状态时才能够处理信号。

信号灯与其他进程间通信方式不大相同，它主要提供对进程间共享资源的访问控制机制。这相当于内存中的标志位，进程可以根据信号灯判定是否能够访问某些共享资源，同时，进程也可以修改该信号灯。除了用于访问控制外，信号灯还可用于进程同步。信号灯有以下两种类型。

（1）二值信号灯：最简单的信号灯形式，信号灯的值只能取 0 或 1，类似于互斥锁。

注：二值信号灯能够实现互斥锁的功能，但两者的关注内容不同。信号灯强调共享资源，只要共享资源可用，其他进程同样可以修改信号灯的值；互斥锁更强调进程，占用资源的进程使用完资源后，必须由进程本身来解锁。

（2）计算信号灯：信号灯的值可以取任意非负值（当然受内核本身的约束）。

10.2.2 信号灯与内核

系统信号灯是随内核持续存在的，只有在内核重启或显式删除一个信号灯集时，该信号灯集才会真正被删除。因为系统中记录信号灯的数据结构体（struct ipc_ids sem_ids）位于内核中，所以系统中的所有信号灯都可以在结构体 sem_ids 中找到访问入口。

图 10.1 展示了内核与信号灯是怎样建立联系的，其中 struct ipc_ids sem_ids 是内核中记录信号灯的全局数据结构体，描述了一个具体的信号灯及其相关信息。

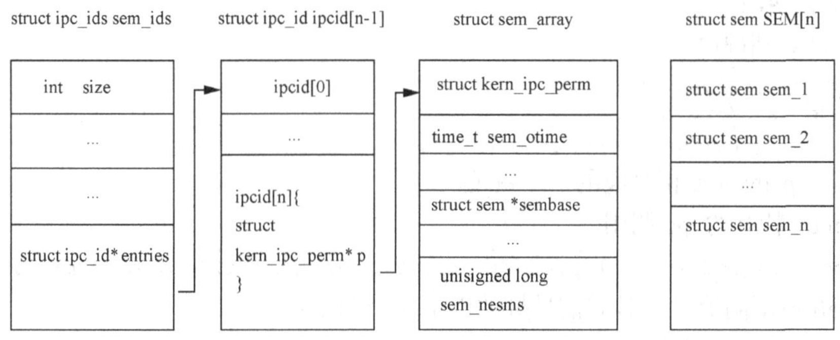

图 10.1 内核与信号灯

其中，struct sem 结构如下。

```
struct sem{
```

```
    int semval;                              /* 当前值 */
    int sempid;                              /* 上个操作的 pid 值 */
}
```

从图 10.1 可以看出，全局数据结构体 struct ipc_ids sem_ids 可以访问到 struct ipc_id ipcid 的第一个成员 struct kern_ipc_perm；而每个 struct kern_ipc_perm 能够与具体的信号灯对应是因为在该结构体中有一个 key_t 类型成员 key，而 key 则唯一确定一个信号灯集 sem_array；同时，struct sem_array 的最后一个成员 sem_nsems 确定了该信号灯在信号灯集中的顺序，这样内核就能够记录每个信号灯的信息了。

10.2.3 操作信号灯

1. 信号灯的操作类型

对信号灯的操作有下面 3 种类型。

（1）打开或创建信号灯

与消息队列的创建及打开基本相同，详见后续的介绍。

（2）信号灯值操作

Linux 可以增加或减小信号灯的值，相当于对共享资源的释放和占有。具体参见后面的 semop 系统调用。

（3）设置或获得信号灯属性

系统中的每一个信号灯集都对应一个 struct sem_array 结构体，该结构体记录了信号灯集的各种信息，存在于系统空间。为了设置、获得该信号灯集的各种信息及属性，在用户空间有一个重要的联合结构体与之对应，即 union semun，如图 10.2 所示。

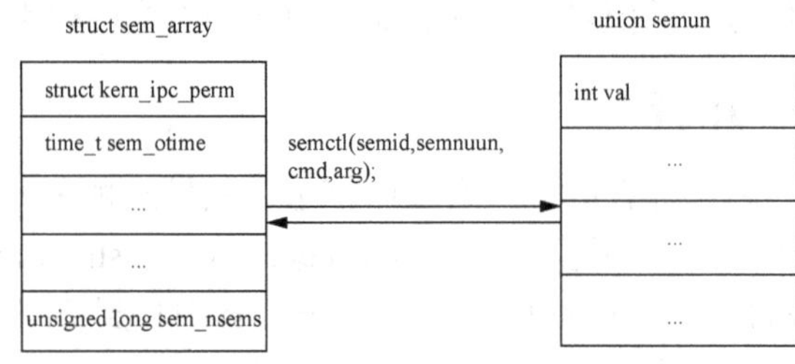

图 10.2 属性设置

2. 信号灯 API

（1）文件名到键值

```
#include <sys/types.h>
#include <sys/ipc.h>
key_t ftok (char*pathname, char proj);
```

它返回与 pathname 相对应的一个键值。

（2）Linux 特有的 ipc 调用

```
int ipc(unsigned int call,int first,int second,int third,void *ptr,long fifth);
```

参数 call 取不同值时，对应信号灯的以下 3 个调用：

① 当 call 为 SEMOP 时，对应 int semop(int semid,struct sembuf *sops,unsigned nsops)调用；

② 当 call 为 SEMGET 时，对应 int semget(key_t key,int nsems,int semflg)调用；

③ 当 call 为 SEMCTL 时，对应 int semctl(int semid,int semnum,int cmd,union semun arg)

调用。

3. 系统 V 信号灯 API

系统 V 信号灯 API 只有 3 个，使用时需要包括几个头文件，示例如下。

```
#include <sys/types.h>
#include <sys/ipc.h>
#include <sys/sem.h>
```

（1）int semget(key_t key,int nsems,int semflg)

参数 key 是一个键值，由 ftok 获得，唯一标识一个信号灯集；参数 nsems 指定打开或者新创建的信号灯集中将包含信号灯的数目；semflg 参数是一些标志位。参数 key 和 semflg 的取值，以及何时打开已有信号灯集或者创建一个新的信号灯集与 msgget 中的对应部分相同，不再详述。

该系统调用返回与键值 key 相对应的信号灯集描述符。

调用返回：成功则返回信号灯集描述符，否则返回-1。

注：如果 key 所代表的信号灯集已经存在，且 semget 指定了 IPC_CREAT/IPC_EXCL 标志位，那么即使参数 nsems 与原来信号灯的数目不等，返回的也是 EEXIST 错误；如果 semget 只指定了 IPC_CREAT 标志位，那么参数 nsems 必须与原来的值一致，在后面程序实例中还要进一步说明。

（2）int semop(int semid,struct sembuf *sops,unsigned nsops)

参数 semid 是信号灯集 ID，参数 sops 指向数组的每一个 sembuf 结构体都刻画的一个在特定信号灯上的操作，参数 nsops 为 sops 指向数组的大小。

sembuf 结构体如下。

```
struct sembuf {
    unsigned short  sem_num;        /* 信号灯在数组中的索引 */
    short           sem_op;         /* 信号灯操作 */
    short           sem_flg;        /* 操作标志位 */
};
```

sem_num 对应信号灯集中的信号灯，0 对应第一个信号灯。sem_flg 可取 IPC_NOWAIT 以及 SEM_UNDO 两个标志位。如果设置了 SEM_UNDO 标志位，那么在进程结束时，相应的操作将被取消，这是比较重要的一个标志位。如果设置了 SEM_UNDO 标志位，操作系统将会跟踪当前进程对信号灯的修改情况。如果这个进程在没有释放信号灯的情况下终止，操作系统将自动释放该进程持有的信号灯，从而使另外一个进程可以继续工作，防止其他进程因为得不到信号灯而发生死锁。事实上，如果进程退出了，那么它所占用的资源就释放了，但信号灯值却没有改变，此时，信号灯值反映的已经不是资源占有的实际情况。在这种情况下，问题的解决就靠内核来完成。这有点像僵尸进程，进程虽然退出了，资源也都释放了，但内核进程表中仍然有它的记录，此时就需要父进程调用 waitpid 来解决问题。

sem_op 的值大于 0、等于 0 以及小于 0 确定了对 sem_num 指定的信号灯进行的 3 种操作。具体请参考 Linux 手册。

这里需要强调的是 sem_op 同时操作多个信号灯，在实际应用中，对应多种资源的申请或释放。sem_op 保证操作的原子性，这一点尤为重要。尤其对多种资源的申请来说，要么一次性获得所有资源，要么放弃申请，要么在不占有任何资源情况下继续等待。这样，一方面避免了资源的浪费，另一方面避免了进程之间由于申请共享资源而造成死锁。

也许从实际含义上更好理解这些操作：信号灯的当前值记录相应资源目前可用数目；sem_op>0 对应相应进程要释放 sem_op 数目的共享资源；sem_op=0 可以用于对共享资源是否已用完的测试；sem_op<0 相当于进程要申请-sem_op 个共享资源。再联想操作的原子性，更不难理解该系统调用何时正常返回、何时睡眠等待。

调用返回：成功则返回 0，否则返回-1。

（3）int semctl(int semid,int semnum,int cmd,union semun arg)

该系统调用实现对信号灯的各种控制操作，参数 semid 指定信号灯集；参数 semnum 指定对哪个信号灯操作，只对几个特殊的 cmd 操作有意义；参数 cmd 指定具体的操作类型；参数 arg 用于设置或返回信号灯信息。

该系统调用的详细信息请参见 Linux 手册，这里只给出参数 cmd 所能指定的操作类型，如表 10.1 所示。

表 10.1　参数 cmd 所能指定的操作类型

操作	含义
IPC_STAT	获取信号灯信息，信息由 arg.buf 返回
IPC_SET	设置信号灯信息，待设置信息保存在 arg.buf 中（在 manpage 中给出了可以设置哪些信息）
GETALL	返回所有信号灯的值，结果保存在 arg.array 中，参数 semnum 被忽略
GETNCNT	返回等待 semnum 所代表信号灯的值增加的进程数，相当于目前有多少进程在等待 semnum 代表的信号灯所代表的共享资源
GETPID	返回最后一个对 semnum 所代表信号灯执行 semop 操作的进程号
GETVAL	返回 semnum 所代表信号灯的值
GETZCNT	返回等待 semnum 所代表信号灯的值变成 0 的进程数
SETALL	通过 arg.array 更新所有信号灯的值，同时更新与本信号灯集相关的 semid_ds 结构体的 sem_ctime 成员
SETVAL	设置 semnum 所代表信号灯的值为 arg.val

操作返回值如表 10.2 所示。

表 10.2　操作返回值

命令	返回值
GETNCNT	senmncnt
GETPID	sempid
GETVAL	semval
GETZCNT	semzcnt

10.2.4　信号灯限制

（1）一次系统调用 semop 可同时操作的信号灯数目 SEMOPM。semop 中的参数 nsops 的值如果超过了这个限制，将返回 E2BIG 错误。

（2）信号灯的最大数目 SEMVMX。当设置信号灯值超过这个限制时，会返回 ERANGE 错误。

（3）系统范围内信号灯集的最大数目 SEMMNI 以及系统范围内信号灯的最大数目 SEMMNS。超过这两个限制将返回 ENOSPC 错误。

（4）每个信号灯集中的最大信号灯数目 SEMMSL。

SEMOPM 以及 SEMVMX 是使用 semop 调用时应该注意的，SEMMNI 以及 SEMMNS 是使用 semget 调用时应该注意的，SEMVMX 同时也是使用 semctl 调用时应该注意的。

10.2.5　竞争问题

第一个创建信号灯的进程同时也初始化信号灯，这样，系统调用 semget 包含两个步骤：创建信号灯，初始化信号灯。由此可能导致一种竞争状态：第一个创建信号灯的进程在初始化信号灯时，第二个进程又调用 semget，并且发现信号灯已经存在，此时第二个进程必须具有判断是否有进程正在对信号灯进行初始化的能力。绕过这种竞争状态的方法：当 semget 创建一个新的信号灯时，信号灯结构体 semid_ds 的 sem_otime 成员初始化后的值为 0。因此，第二个进程在成功调用 semget 后，可再次以 IPC_STAT 命令调用 semctl，等待 sem_otime 变为非零值，此时可判断该信号灯已经初始化完毕。图 10.3 描述了竞争状态的产生及解决方法。

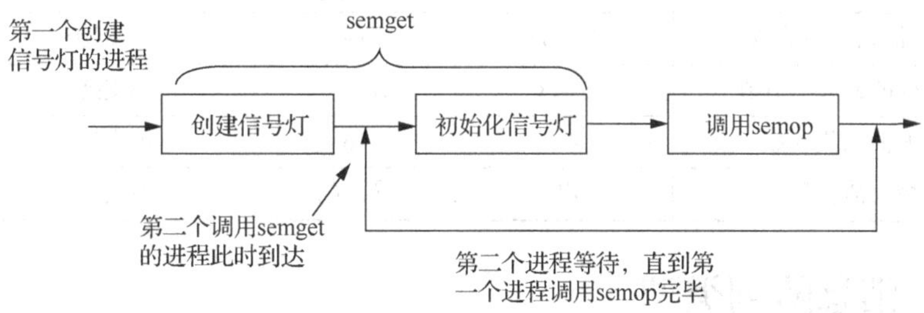

图 10.3　竞争状态的产生及解决方法

实际上，这种解决方法基于这样一个假定：第一个创建信号灯的进程必须调用 semop，这样 sem_otime 才能变为非零值。另外，因为第一个进程可能不调用 semop，或者 semop 操作需要很长时间，第二个进程可能无限期等待，或者等待很长时间。

10.3　消息队列

10.3.1　什么是消息队列

消息队列是消息的链接表，存储在内核中，由消息队列标识符标识。在本节中，我们把消息队列简称为队列，其标识符简称为队列 ID。msgget 用于创建一个新队列或打开一个现有队列。msgsnd 将新消息添加到队列尾端。每个消息包含一个正的长整型字段、一个非负的长度以及实际数据字节数（对应于长度），所有这些都在将消息添加到队列时，传送给 msgsnd。msgrcv 用于从队列中读取消息。我们并不一定要以先进先出的次序读取消息，也可以按消息的类型字段读取消息。

每个队列都有一个 msqid_ds 结构体与其相关联，示例如下。

```
struct msqid_ds {
struct ipc__perm     msg__perm;
msgqnum_t            msg_qnum;              /* 队列中的消息 */
msglen_t             msg_qbytes;            /* 队列上的最大字节数 */
pid_t                msg_lspid;             /* 上一个 msgsnd 的 pid */
```

```
    pid_t              msg_lrpid;          /* 上一个 msgrcv 的 pid */
    time_t             msg_stime;          /* 上一个 msgsnd 的时间 */
    time_t             msg_rtime;          /* 上一个 msgrcv 的时间*/
    time_t             msg_ctime;
```

此结构体定义了队列的当前状态。结构体中的各成员是由 Single UNIX Specification 定义的。具体实现时可能包括标准中没有定义的另一些字段。

表 10.3 列出了影响消息队列的系统限制。“导出的”表示这种限制来源于其他限制。例如，在 Linux 操作系统中，最大消息数是根据最大消息队列数和队列中所允许的最大字节数来决定的。其中最大消息队列数还要根据系统上安装的 RAM 的数量来决定。注意，队列的最大字节数进一步限制了队列中将要存储的消息的最大长度。

表 10.3　　影响消息队列的系统限制

说明	典型值			
	FreeBSD 8.0	Linux 3.2.0	Mac OS X 10.6.8	Solaris 10
可发送最长消息的字节数	16 348	8192	不支持	2048
一个特定队列的最大字节数	2048	16 384	不支持	4096
系统中最大消息队列数	40	16	不支持	50
系统中最大消息数	40	导出的	不支持	40

10.3.2　消息队列类型

1. RabbitMQ

RabbitMQ 是基于 Erlang 语言编写的开源消息队列，通过 Erlang 的 Actor 模型实现了数据的稳定、可靠传输。RabbitMQ 遵循高级消息队列协议（Advanced Message Queuing Protocol，AMQP）。RabbitMQ 的 broker 由 exchange、binding、queue 组成，其中 exchange 和 binding 组成了消息的路由；客户端 producer 通过连接 channel 和 server 进行通信，consumer 从 queue 获取消息进行消费（长连接，queue 有消息会推送到 consumer，consumer 循环从输入流读取数据）。RabbitMQ 以 broker 为中心，有消息确认机制。因为其可扩展性，可以通过插件使用 STOMP、XMPP、AMQP 1.0，还可以通过插件使用 HTTP 这种非消息的传输协议。所以，RabbitMQ 可以说是适应性非常强的一个消息队列中间件。当然，不仅是因为它支持的协议多，还因为它实现了代理（broker）架构，意味着消息在发送到客户端之前可以在中央节点上排队。此特性使得 RabbitMQ 易于使用和部署，适用于很多场景，如路由、负载均衡或消息持久化等，用消息队列几行代码即可搞定。但是，这使得它的可扩展性差，速度较慢，因为中央节点增加了延迟，消息封装后也比较大。如果需要配置 RabbitMQ，则需要在目标机器上安装 Erlang 环境。

RabbitMQ 支持 miror queue，主 queue 失效，miror queue 接管。RabbitMQ 的负载均衡需要单独实现。RabbitMQ 在吞吐量方面稍逊于 Kafka，它们的出发点不一样。RabbitMQ 支持对消息的可靠的传递，支持事务，不支持批量的操作；存储可靠性要求存储可以采用内存或者硬盘。总的来说，RabbitMQ 在数据一致性、稳定性和可靠性方面比较优秀，而且直接或间接支持多种协议，对多种语言支持良好。但是其性能和吞吐量差强人意，由于 Erlang 语言本身的限制，二次开发成本较高。

2. Kafka

Kafka 是 LinkedIn 公司于 2010 年 12 月开发并开源的一个分布式流平台，现在是 Apache 的顶级项目，是一个高性能跨语言分布式 Publish/Subscribe 消息队列系统，以 Pull 的形式消费消息。Kafka 具有以下特性：快速持久化，可以在 $O(1)$的系统开销下进行消息持久化；高吞吐量，在一台普通的服务器上即可以达到每秒处理 10 万个并发请求的吞吐速率；完全的分布式系统，broker、producer、consumer 原生自动支持分布式，自动实现复杂均衡。因为 Kafka 设计之初是作为日志流平台和运营消息管道平台，所以其实现了消息顺序和海量堆积。

Kafka 遵从一般的 MQ 结构体，包括 producer、broker、consumer，以 consumer 为中心，消息的消费信息保存在客户端 consumer 上，consumer 根据消费的点，从 broker 上批量拉取数据。Kafka 具有高吞吐量，内部采用 zero-copy 机制，其数据的存储和获取由本地磁盘顺序批量操作，具有 $O(1)$的复杂度，消息处理的效率很高。Kafka 的 broker 支持主备模式。Kafka 采用 ZooKeeper 对集群中的 broker、consumer 进行管理，可以注册 topic 到 ZooKeeper 上；通过 ZooKeeper 的协调机制，producer 保存对应 topic 的 broker 信息，可以随机或者轮询发送到 broker 上；并且 producer 可以基于语义指定分片，消息发送到 broker 的某分片上。Kafka 支持 Hadoop 数据并行加载，对于像 Hadoop 这样的日志数据和离线分析系统，但又要求实时处理的限制，这是一个可行的解决方案。Kafka 通过 Hadoop 的并行加载机制来统一在线和离线的消息处理。Kafka 相对于 ActiveMQ 是一个非常轻量级的消息系统，除了性能非常好之外，还是一个工作良好的分布式系统。Kafka 自身服务与消息的生产和消费都依赖于 ZooKeeper，使用 Scala 语言开发。因为其消息的消费使用客户端 Pull 方式，消息可以被多个客户端消费，理论上消息会重复，但是不会丢失（除非消息过期）。因此 Kafka 比较常用的场景是作为日志传输的消息平台。

3. ZeroMQ

ZeroMQ 号称“史上最快的消息队列”，尤其针对高吞吐量的需求场景，其基于 C 语言开发，可以在任何平台通过任何代码连接，通过 inproc、IPC、TCP、TIPC、多播传送消息，支持发布-订阅、推-拉、共享队列等模式，高速异步 I/O 引擎。

ZeroMQ 能够实现 RabbitMQ 不擅长的高级/复杂的队列，但是开发人员需要自己组合多种技术框架。ZeroMQ 具有一个独特的非中间件的模式，你不需要安装和运行一个消息服务器或中间件，因为你的应用程序将扮演这个服务角色。你只需要简单地引用 ZeroMQ 程序库，使用 NuGet 安装，然后你就可以愉快地在应用程序之间发送消息了。但是 ZeroMQ 仅提供非持久性的队列，也就是说，如果宕机，数据将会丢失。根据官方的说法，ZeroMQ 是一个简单好用的传输层，像框架一样的可嵌入的 socket 类库，使 Socket 编程更加简单，性能更高，是专门为高吞吐量/低延迟的场景开发的。ZeroMQ 与其他 MQ 有着本质的区别。ZeroMQ 根本不是消息队列服务器，它更类似于一个底层网络通信库，对原有 Socket API 进行封装，在使用时引入对应的 jar 包即可，相当灵活。同时，因为它简单、灵活，如果我们想作为消息队列使用，则需要开发大量代码。而且，ZeroMQ 不支持消息持久化，其定位并不是安全、可靠的消息传输，所以还需要自己编码来保证可靠性。简而言之，ZeroMQ 很强大，但是想用好它需要自己实现。

4. ActiveMQ

ActiveMQ 是 Apache 下的一个子项目，介于 ZeroMQ 和 RabbitMQ 之间。类似于 ZeroMQ，

它能够以代理人和点对点的技术实现队列，可以部署于代理模式和 P2P 模式。同时类似于 RabbitMQ，它以少量代码就可以高效地实现高级应用场景，而且只需付出低消耗，被誉为消息中间件的“瑞士军刀”。它支持 OpenWire、Stomp、AMQP v1.0、MQTT v3.1 等多种协议；完全支持 JMS 1.1 和 J2EE 1.4 规范（事务、持久化、XA 消息）；支持持久化到数据库。但是 ActiveMQ 不够轻巧，而且对队列较多的情况支持不好，甚至还有丢消息的情况。

5. RocketMQ

RocketMQ 是阿里巴巴开源的消息中间件，目前在 Apache 孵化，使用纯 Java 开发，具有高吞吐量、高可用性、适合大规模分布式系统应用等特点。RocketMQ 起源于 Kafka，但并不是简单的复制，它对消息的传输可靠性及事务性做了优化，目前在阿里巴巴被广泛应用于交易、充值、流计算、消息推送、日志流式处理、binglog 分发等场景，支撑了阿里巴巴多次“双十一”活动。由于 RocketMQ 是阿里巴巴内部从实践到产品的产物，因此里面很多接口、API 并不是很普遍和适用。RocketMQ 的可靠性毋庸置疑，而且与 Kafka 一脉相承（甚至更优），性能好，支持海量堆积。从目前来看，RocketMQ 没有在 MQ 核心上实现 Java 消息服务（Java Message Service，JMS）。

6. 总结

RabbitMQ 稳定、可靠、数据一致，支持多协议，有消息确认，性能一般，基于 Erlang 语言，二次开发困难。

Kafka 具有高吞吐量、高性能，能够快速持久化，无消息确认，无消息遗漏，可能会有重复消息，依赖于 ZooKeeper，成本高。

ZeroMQ 灵活、快速，不支持持久化，需要大量编码来保证可靠性。

ActiveMQ 不够灵活、轻巧，对队列较多的情况支持不好。

RocketMQ 性能好，具有高吞吐量、高可用性，支持大规模分布式。

10.3.3 消息队列相关函数

本小节介绍 4 个常用的消息队列相关函数。

1. msgget 函数

其函数原型如下：

```
#include <sys/ipc.h>
#include <sys/msg.h>
int msgget(key_t key, int msgflg);
```

返回值：若成功，则返回消息队列 ID；若出错，则返回-1。

该函数的主要功能是用来打开一个现有消息队列或者创建一个新消息队列。

函数的第一个参数是消息队列对象的关键字（key），函数将它与已有的消息队列对象的关键字进行比较来判断消息队列对象是否已经创建。

函数的第二个参数 msgflg 控制函数的具体操作，它可以取下面的几个值：

IPC_CREAT ：如果消息队列对象不存在，则创建它，否则进行打开操作。

IPC_EXCL：和 IPC_CREAT 一起使用（用“|”连接），如果消息对象不存在则创建它，否则产生一个错误并返回。

2. msgctl 函数

其函数原型如下：

```
#include <sys/types.h>
#include <sys/ipc.h>
#include <sys/msg.h>
int msgctl ( int msqid, int cmd, struct msqid_ds *buf );
```

返回值：若成功，则返回 0；若失败，则返回-1。

该函数的主要功能是对队列执行多种不同的操作。

参数 msqid 是消息队列的识别码。

其中 cmd 指定对 msqid 指定的队列要执行的命令，cmd 参数的详情如下。

（1）IPC_STAT 读取此队列的 rnsqid_ds 结构体，将它存放在 buf 指向的结构体中。

（2）IPC_SET 将字段 rnsg-perrn.uid、rnsg-perrn.gid、rnsg-perrn.rnode 和 rnsg_qbytes 从 f 指向的结构体复制到与这个队列相关的结构体中。此命令只能由下列两种进程执行：一种是其有效用户 ID 等于 msg_perm.cuid 或 msg_perm.uid 的进程，另一种是具有超级用户特权的进程。只有超级用户才能增加 msg_qbytes 的值。

（3）IPC_RMID 从系统中删除该队列以及仍在该队列中的所有数据。这种删除立即生效，仍在使用这一队列的其他进程在它们下一次试图对此队列进行操作时，将得到 EIDRM 错误。

参数 buf 表示临时的 msqid_ds 结构体类型的变量。

3. msgsnd 函数

其函数原型如下：

```
#include <sys/types.h>
#include <sys/ipc.h>
#include <sys/msg.h>
int msgsnd (int msqid, const void *ptr, size_t nbytes, int flag);
```

返回值：若成功，则返回 0；若出错，则返回-1。

该函数的主要功能是将数据放到消息队列中。

参数 msqid 是消息队列的识别码。

参数 ptr 指向一个长整型数，它包含正的整型消息类型，其后紧接着的是消息数据（若 nbytes 是 0，则无消息数据）。

参数 nbytes 为结构体的成员大小。

参数 flag 的值可以指定为 IPC_NOWAIT。这类似于文件 I/O 的非阻塞标志位。若消息队列已满（或队列中的消息总数等于系统限制值，或队列中的字节总数等于系统限制值），则指定 IPC_NOWAIT 使得 msgsnd 立即出错并返回 EAGAIN 错误。如果没有指定 IPC_NOWAIT，进程会一直阻塞到有空间可以容纳要发送的消息，或者从系统中删除了此队列，或者捕捉到一个信号并从信号处理程序返回。在第二种情况下，会返回 EIDRM 错误（标识符被删除）。在最后一种情况下，会返回 EINTR 错误。

4. msgrcv 函数

其函数原型如下：

```
#include <sys/types.h>
#include <sys/ipc.h>
#include <sys/msg.h>
ssize_t msgrcv(int msqid, void *ptr, size_t nbytes, long type,int flag);
```

返回值：若成功，则返回消息数据部分的长度；若出错，则返回-1。

该函数的主要功能是从队列中取消息。

其参数与之前所讲的几个函数相关参数含义相同，不同的在于 type 参数，type 指定从消息队列中取出哪一种类型的消息，详细如下：

type 为 0 表示取出返回队列中的第一个消息。

type 大于 0 表示取出返回队列中消息类型为 type 的第一个消息。

type 小于 0 表示取出回队列中消息类型值小于等于 type 绝对值的消息。如果这种消息有若干个，则取类型值最小的消息。

10.3.4 如何利用消息队列进行客户端和服务器的通信

类型区分：服务器用 1 标识类型，客户端用自己的进程标识类型。对服务器来说，如果接收到一个消息结构体的类型为 1，则表示是客户请求，而 mtext 字段的前 4 个字节存放着不同进程的 PID，后续字节才是真正的数据。服务器将消息返回客户端时，将 PID 作为类型，mtext 为实际数据，客户端只接收对应类型的数据。

客户端与服务器之间是双向通信，客户端既可以给服务器发送消息，服务器也可以给客户端发送消息。而管道只能单向通信。服务器如何区分消息是发送给不同的客户端的呢？那就是用类型进行区分。给不同的客户端发送的消息是不同类型的消息，客户端接收对应类型的消息。类型用什么来标识不同的客户端呢？那就是用进程的 PID。客户 1 的 PID 为 1234，客户 2 的 PID 为 9876，服务器发给客户端的消息就可以用这两者进行区分。服务器首先要知道客户端的 PID，当客户端给服务器发送消息的时候，就需要指定 PID。客户端发送给服务器的消息类型总是等于 1，并且发送的数据总是包含两部分，一部分是 PID，另一部分是一行数据。服务器收到一个类型为 1 的用户请求之后，要对请求进行响应，这时候就可以往消息队列发送消息，类型就是不同的 PID，即 1234 或者 9876。相应的客户端在接收消息的时候只接收类型为自己 PID 的消息，从而达到了一个消息队列复用的目的。客户端与服务器通信如图 10.4 所示。

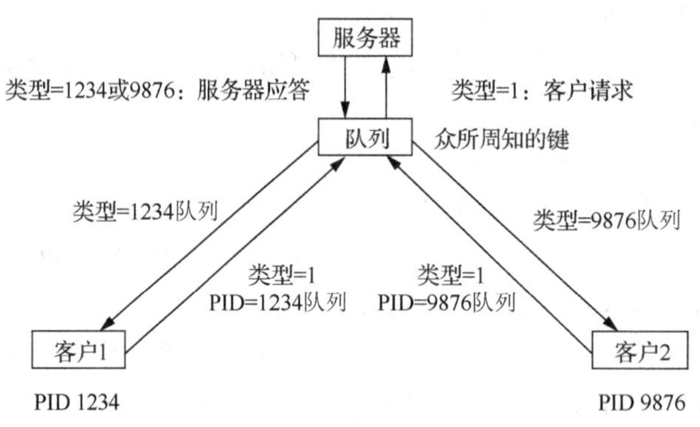

图 10.4 客户端与服务器通信

服务器代码示例如下。

```
#include <unistd.h>
#include <sys/types.h>
#include <sys/ipc.h>
#include <sys/msg.h>

#include <stdlib.h>
#include <stdio.h>
#include <errno.h>
#include <string.h>
```

```
#define ERR_EXIT(m)
        do
        {
                perror(m);
                exit(EXIT_FAILURE);
        }while(0)

#define MSGMAX 8192
/* 消息结构参考格式 */
struct msgbuf
{
        long mtype;
        char mtext[MSGMAX];
};

/* 不停地从各个客户端接收类型为 1 的消息 */
void echo_srv(int msgid)
{
        int n;
        /* 定义一条消息 */
        struct msgbuf msg;
        memset(&msg, 0, sizeof(msg));
        while(1)
        {
                /* 接收的消息类型是 1，并且以阻塞的方式接收 */
                if((n=msgrcv(msgid, &msg, MSGMAX, 1, 0))<0)
                        ERR_EXIT("msgsnd");
                /* 一旦接收到消息，需要将数据部分解析出来 */
                int pid;
/* 把一个 char 数组前 4 个字节作为 int 输出，前 4 个字节保存客户端的 PID */
                pid=*((int*)msg.mtext);
                fputs(msg.mtext+4, stdout);
                msg.mtype=pid;
                msgsnd(msgid, &msg, n, 0);
        }
}
int main(int argc, char *argv[]){
        int msgid;
                                        /* 由服务器创建一个众所周知的消息队列 */
        msgid=msgget(1234, IPC_CREAT | 0666);
        if(msgid==-1)
                ERR_EXIT("msgget");

        /* 调用返回服务的程序 */
        echo_srv(msgid);
        return 0;
}
```

客户端代码示例如下。

```
#include <unistd.h>
#include <sys/types.h>
#include <sys/ipc.h>
#include <sys/msg.h>
```

```
#include <stdlib.h>
#include <stdio.h>
#include <errno.h>
#include <string.h>

#define ERR_EXIT(m)
        do
{
        perror(m);
        exit(EXIT_FAILURE);
}while(0)

#define MSGMAX 8192
/* 消息结构体参考格式 */
struct msgbuf
{
        long mtype;
        char mtext[MSGMAX];
};

void echo_cli(int msgid)
{
        int n;
        int pid;
        pid=getpid();
        struct msgbuf msg;
        memset(msg, 0, sizeof(msg));
        /* 把一个 char 数组前 4 个字节作为 int 输出 */
        *((int *)msg.mtext)=pid;
        /* 消息的类型 */
        msg.mtype=1;
        /* 不停地从键盘上获取一行数据 */
        while(fgets(msg.mtext+4, MSGMAX, stdin)!=NULL)
        {
                if(msgsnd(msgid, &msg, 4+strlen(msg.mtext+4), 0)<0)
                        ERR_ EXIT("msgsnd");

                memset(msg.mtext+4, 0, MSGMAX-4);
                if((n=msgrcv(msgid, &msg, MSGMAX, pid, 0))<0)
                        ERR_EXIT("msgsnd");
                fputs(msg.mtext+4, stdout);
                memset(msg.mtext+4, 0, MSGMAX-4);
        }
}
int main(int argc, char *argv[])
{
        int msgid;

        /* 先打开消息队列，要往消息队列发送数据 */
        msgid=msgget(1234, 0);
        if(msgid==-1)
                ERR_EXIT("msgget");
        echo_cli(msgid);
        return 0;
}
```

此段服务器代码有缺陷：可能存在死锁现象。当服务器收到客户端的请求之后，要给客户端返回数据，此时服务器处于往消息队列发送消息的状态。如果这时候客户端发起了很多的请求，将消息队列堵满，服务器往消息队列发送消息的状态就阻塞了，而客户端还在等待消息的返回，这样就产生了死锁。

改进的方法是服务器在返回的时候利用私有队列，当创建一个客户端的时候同时创建一个私有队列，并且客户端给服务器发送消息的时候，将私有队列的标识符传给服务器，以便服务器能向私有队列填充数据。服务器通过创建子进程为客户端服务。改进思路如图 10.5 所示。

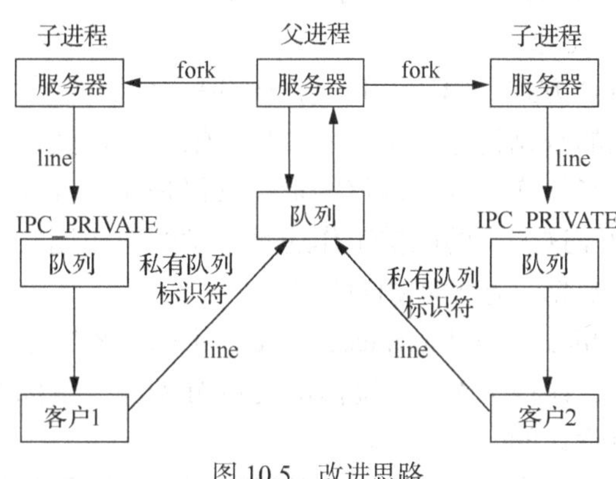

图 10.5　改进思路

10.4　共享存储

10.4.1　什么是共享存储

共享存储允许两个或多个进程共享一个给定的存储区。因为数据不需要在客户进程和服务器进程之间复制，所以这是最快的一种 IPC 方式。使用共享存储时要掌握的唯一窍门是，在多个进程之间同步访问一个给定的存储区，若服务器进程正在将数据放入共享存储区，则在它做完这一操作之前，客户进程不应该读取这些数据。通常，信号量用于同步共享存储访问（不过正如前文所述，也可以用记录锁或互斥量）。Single UNIX Specification 在其共享存储对象选项中包括访问共享存储的替代接口，这些接口源于实时扩展。本书不讨论这些接口。我们已经看到了共享存储的多种形式，就是在多个进程将同一个文件映射到它们的地址空间。XSI 共享存储和内存映射的文件的不同之处在于，前者没有相关的文件。XSI 共享存储段是内存的匿名段。

内核为每个共享存储段设置了一个 shmid_ds 结构体，共享存储中所有标识符的属性都被记录在该结构中。表 10.4 列出了影响共享存储的系统限制。

表 10.4　影响共享存储的系统限制

说明	典型值			
	FreeBSD 8.0	Linux 3.2.0	Mac OS X 10.6.8	Solaris 10
共享存储段的最大字节长度	33 554 432	32 768	4 194 304	导出的

续表

说明	典型值			
	FreeBSD 8.0	Linux 3.2.0	Mac OS X 10.6.8	Solaris 10
共享存储段的最小字节长度	1	1	1	1
系统中共享存储段最大段数	192	4096	32	128
每个线程共享存储段最大段数	128	4096	8	128

每一个进程都有自己的地址空间，一个进程如果访问另一个进程的地址空间，就很容易引起错误，但共享存储则可以由多个进程同时进行读/写操作。如果需要读/写操作同步，则可以使用信号量/互斥量来处理。

共享存储是最快的 IPC 方式，因为一旦这样的共享存储段映射到各个进程的地址空间，这些进程间通过共享存储的数据传递就不需要内核帮忙了。也就是说，各进程不是通过执行任何进入内核的系统调用来传递数据，内核的责任仅仅是建立各进程地址空间与共享存储的映射，当然像处理页面故障这一类的底层工作还是要做的。相比之下，管道和消息队列交换数据时都需要内核来中转数据，速度就相对较慢。

在 LGUI（Linux Graphical User Interface，Linux 用户图形界面）中，桌面进程启动以后，首先会创建一个共享内存，并将字库、系统预定义 GDI 对象、鼠标的当前状态存放到共享内存中，以方便其他客户进程访问。

LGUI 这样处理的好处就是节省系统内存开销，且对只需要读操作的系统静态资源来说，没有同步的问题，所以使用共享内存是比较好的方案。当然也可以由桌面进程统一管理系统资源，客户进程通过向桌面进程申请以得到可以使用的资源。但这样对一个嵌入式系统来说，其实现代价就会比较大，权衡结果还是使用共享内存来解决问题更好一些。

出于开发的历史原因，LGUI 中实现共享内存使用的函数是 SYSTEMV 中支持的函数，而不是 POSIX 函数，一般建议还是使用 POSIX 函数，这会增强应用程序的可移植性。在这里顺便说一下，如果在某些平台上链接不通过，可能与在内核中的设定有关。如果在内核的设定中没有打开 SYSTEMV IPC 开关，则使用 SYSTEMV IPC 的应用程序就会遇到链接问题。

SYSTEM V 共享内存使用 shmget、shmat、sem_remove、shmctl 系列的库函数；而 POSIX 共享内存使用 shm_open、ftruncate、mmap、shm_unlink 等函数。

10.4.2 获得共享存储函数

桌面进程在创建完共享内存后，通过调用 CreateStockObject 将字库、系统预定义的 GDI 对象复制到共享内存中，客户端进程通过连接这块内存，就可以读取其中的字库与系统预定义的 GDI 对象。这样，只由桌面进程一次创建就可以多个用户进程共享使用，不必在进程之间传递这些消息，降低了进程间资源的消耗，有利于提高系统效率。具体实现方式示例如下。

```
BOOL InitShareMemClient()
{
    struct shmid_ds shm_desc;
    shm_id = shmget(SHMEM_ID, SHMEM_SIZE, SHMEM_FLAG);
    if(shm_id == -1){
    sem_remove(sem_set_id);
    return false;
```

```
        }
        _lGUI_pShm = shmat(shm_id, NULL, 0);
        if (! _lGUI_pShm){
        sem_remove(sem_id, IPC_RMID, &shm_desc);
        return false;
        }
        return ture;
    }

    void UnInitShareMem()
    {
        Struct shmid_ds shm_desc;
        if(IsServerProcess()){
        sem_remove(sem_set_id);
        shmdt(_lGUI_pShm);
        shmctl(shm_id, IPC_RMID, &shm_desc);
        }
        else{
        shmdt(_lGUI_pShm);
        }
    }
```

应用示例：进程 M（比如 M.exe）创建了两个线程，主线程 A 和子线程 B。在函数 ThreadA::CaptureImage 中创建共享内存，向共享内存写入数据；在函数 ThreadB::CaptureImage 中打开共享内存，从共享内存读取数据。

```
    HRESULT ThreadA::CaptureImage(para1, para2)
    {
        …
        /* 内存大小 */
        int MemorySize = ImageWidth * ImageHeight;
        /* 共享内存名 */
        _bstr_t csShareMemoryName = _T("CaptureImage");
        /* 创建共享内存 */
        HANDLE hShareMemoryHandle = NULL;
        hShareMemoryHandle = OpenFileMapping(FILE_MAP_ALL_ACCESS, FALSE, csShare
MemoryName);
        if (NULL == hShareMemoryHandle)
        {
            hShareMemoryHandle = ::CreateFileMapping(
                INVALID_HANDLE_VALUE,
                NULL,
                PAGE_READWRITE,
                nInit,
                MemorySize,
                csShareMemoryName);
            DWORD dwCurrentThreadID = GetCurrentThreadId();
            CString test_CaptureImage;
            test_CaptureImage.Format(_T("###  [TID]:  %d,  memorysize=%d"),  long
(dwCurrentThreadID), MemorySize);
            OutputDebugString(test_CaptureImage);
            /* 检查是否成功创建共享内存 */
            if (NULL == hShareMemoryHandle)
            {
                if (pImageData != NULL)
                {
```

```
                delete[] pImageData;
                pImageData = NULL;
            }
            return E_FAIL;
        }
    }

    LPVOID pShareMemoryAddress = MapViewOfFile(
        hShareMemoryHandle,
        FILE_MAP_ALL_ACCESS,
        nInit,
        nInit,
        nInit);
    BYTE* pBuffer = reinterpret_cast<BYTE*>(pShareMemoryAddress);

    /* 填充共享内存 */
    memcpy(pBuffer, pImageData, MemorySize);
    // Unmaps a mapped view of a file from the address space of the calling process.
    UnmapViewOfFile(pShareMemoryAddress);

    if (pImageData != NULL)
    {
        delete[] pImageData;
        pImageData = NULL;
    }
    …
    return S_OK;
}

HRESULT ThreadB::CaptureImage( para1, ... )
{
    int MemorySize=GetMemorySize();
    _bstr_t csShareMemoryName = _T("CaptureImage");
    HANDLE hShareMemoryHandle = OpenFileMapping(
        FILE_MAP_ALL_ACCESS,
        FALSE,
        csShareMemoryName);
    if (NULL == hShareMemoryHandle)
    {
        return E_FAIL;
    }

    LPVOID pShareMemoryAddress = MapViewOfFile(
        hShareMemoryHandle,
        FILE_MAP_READ,
        nZero,
        nZero,
        nZero);
    if (NULL == pShareMemoryAddress)
    {
        return E_FAIL;
    }

    BYTE* pBuffer = new BYTE[MemorySize];
    memcpy(pBuffer, pShareMemoryAddress, MemorySize);
```

```
    UnmapViewOfFile(pShareMemoryAddress);
    CloseHandle(hShareMemoryHandle);
    ...
   return S_OK;
}
```

10.4.3 删除共享存储段

IPC_RMID 从系统中删除该共享存储段。因为每个共享存储段维护着一个连接计数器（shmid_ds 结构体中的 shin_nattch 字段），所以除非使用该共享存储段的最后一个进程终止或与该共享存储段分离，否则不会实际上删除该共享存储段。不管该共享存储段是否仍在使用，该共享存储段标识符都会被立即删除，所以不能再用 shinat 与该共享存储段连接。此命令只能由下列两种进程执行：一种是其有效用户 ID 等于 shin_perm.cuid 或 shin_perm.uid 的进程，另一种是具有超级用户特权的进程。

例如，我们创建了一个信号量，在创建的时候参数配置错了，这时想修改属性，但是不想修改 ID，所以想到了删除。那么怎么删除呢？使用 ipcrm。其使用方法如下：

```
ipcrm [-q msqid] [-s semid] [-m shmid]
```

这里的-q、-s、-m 和后文会具体介绍到的 ipcs 命令中的相关选项的意思相同，首先利用 ipcs 获得信号量 ID，然后利用 ipcrm 删除信号量。

10.4.4 如何将进程挂接到共享存储上

内核为每个共享存储段维护着一个结构体，该结构体至少要为每个共享存储段包含以下成员。

```
struct shmid_ds {
    struct ipc-perm         shm_perm;
    size_t                  shm_segsz;              /* 数据段的大小 * /
    pid_t                   shm_lpid;               /* 上次 shmop()的 pid* /
    pid_t                   shm_cpid;               /* 创建者的 pid* /
    shmatt_t                shm_nattch;             /* 当前关联数量 * /
    time_t                  shm_atime;              /* 上一个关联时间 * /
    time_t                  shm_dtime;              /* 上一次关闭时间 * /
    time_t                  shm_ctime;              /* 上一次改变时间* /
}
```

按照支持共享存储段的需要，每种实现会增加其他结构成员。

在 Linux 中 shmget 函数用于获得一个共享存储标识符或创建一个共享内存对象并返回共享内存标识符。其函数原型如下：

```
#include <sys/shm.h>
int shmget (key_t size, size_t size, int flag);
```

返回值：若成功，则返回共享存储 ID；若出错，则返回-1。

以下说明将 key 变换成一个标识符的规则，以及如何创建一个新共享存储段、引用一个现有的共享存储段。

1. 创建共享存储段

当创建一个新共享存储段时，初始化 shmid_ds 结构体的下列成员。

（1）ipc-perm 结构体中的 mode 按 flag 中的相应权限位设置。

（2）IPC_SET 按 buf 指向的结构体中的值设置与此共享存储段相关的 shmid_ds 结构中的下列 3 个字段：shm_perm.uid、shm_pern.gid 和 shm_perm.mode。此命令只能由下列两种进程执行：一种是其有效用户 ID 等于 shm_perm.cuid 或 shm_perm.uid 的进程，另一种是具有超级用户特权的进程。

Linux 和 Solaris 提供了另外两个命令，但它们并非 Single UNIX Specification 的组成部分。SHM_LOCK 在内存中对共享存储段加锁，此命令只能由超级用户执行。SHM_UNLOCK 解锁共享存储段，此命令只能由超级用户执行。

2. 进程引用共享存储段

一旦创建了一个共享存储段，进程就可调用 shmat 并将其连接到它的地址空间中。

共享存储段连接到调用进程的哪个地址上与 addr 参数以及 flag 中是否指定 SHM_RND 位有关。shmat 函数原型如下。

```
#include <sys/shm.h>
void *shmat (int shmid, const void *addr, int flag);
```

返回值：若成功，则返回指向共享存储段的指针；若出错，则返回-1。

如果 addr 为 0，则此共享存储段连接到由内核选择的第一个可用地址上。这是推荐的使用方式。

如果 addr 非 0，并且没有指定 SHM_RND，则此共享存储段连接到 addr 所指定的地址上。

如果 addr 非 0，并且指定了 SHM_RND，则此共享存储段连接到（addr-(addr mod SHMLBA)）所表示的地址上。SHM_RND 的意思是“取整”。SHMLBA 的意思是“低边界地址倍数”，它总是 2 的乘方。该算式是将地址向下取最近 1 个 SHMLBA 的倍数。

除非只计划在一种硬件上运行应用程序（这在当今是不大可能的），否则不应指定共享存储段所连接到的地址，而是应当指定 addr 为 0，以便由系统选择地址。

如果在 flag 中指定了 SHM_RDONLY，则以只读方式连接此共享存储段，否则以读写方式连接此共享存储段。shmat 的返回值是该共享存储段所连接的实际地址，如果出错则返回-1。如果 shmat 成功执行，那么内核将使与该共享存储段相关的 shinid_ds 结构体中的 shm_nattch 计数器值加 1。

3. 进程与共享存储段分离

当对共享存储段的操作已经结束时，则调用 shmdt 与该共享存储段分离。注意，这并不从系统中删除其标识符以及其相关的数据结构。该标识符仍然存在，直至某个进程（一般是服务器进程）特地删除它为止。shmdt 函数原型如下。

```
#include <sys/shm.h>
int shmdt(const void *addr);
```

返回值：若成功，则返回指向共享存储段的指针；若出错，则返回-1。

addr 参数是之前调用 shmat 时的返回值。如果成功，shmdt 将使相关 shinid_ds 结构体中的 shm_nattch 计数器值减 1。

10.4.5 如何查看系统的共享存储资源

查看 IPC 资源（消息队列、共享存储、信号量）使用 ipcs 命令，其使用的方法如下。

```
ipcs [-asqm] -i id
```

默认的情况直接使用-a，会输出所有的信息，需要查看信号量使用-s，查看消息队列使用-q，查看共享存储使用-m。

10.4.6　信号量

1. 为什么要使用信号量

为了防止出现因多个程序同时访问一个共享资源而引发的一系列问题，我们需要一种方法，它可以通过生成并使用令牌来授权，在任意时刻只能有一个执行线程访问代码的临界区域。临界区域是一个访问共用资源的程序片段，而这些共用资源又无法同时被多个线程访问。而信号量就可以提供这样的一种访问机制，让一个临界区域同一时间只有一个线程访问它。也就是说，信号量是用来协调进程对共享资源的访问的。其中共享存储的使用就要用到信号量。

2. 信号量的工作原理

信号量只能进行两种操作——等待和发送信号，即 P(sv)和 V(sv)（其中 sv 代表信号量），它们的行为如下。

P(sv)：如果 sv 的值大于 0，就给它减 1；如果 sv 的值为 0，就挂起该进程的执行。

V(sv)：如果有其他进程因等待 sv 而被挂起，就让它恢复运行；如果没有进程因等待 sv 而挂起，就给它加 1。

举个例子，两个进程共享信号量 sv，一旦其中一个进程执行了 P(sv)操作，它将得到信号量，并可以进入临界区域，使 sv 减 1。而第二个进程将被阻止进入临界区域，因为当它试图执行 P(sv)时，sv 为 0，它会被挂起以等待第一个进程离开临界区域并执行 V(sv)释放信号量，这时第二个进程就可以恢复执行。

3. Linux 的信号量机制

Linux 提供了一组精心设计的信号量接口来对信号量进行操作，它们不只是针对二进制信号量。下面将会对这些函数进行介绍。但请注意，这些函数都是用来对成组的信号量值进行操作的，它们声明在头文件 sys/sem.h 中。

4. 信号量相关的两个结构体

内核为每个信号量集设置了一个 semid_ds 结构体，示例如下。

```
struct semid_ds {
    struct ipc_permsem_perm ;
    structsem* sem_base ;                  /* 信号量数组指针 */
    ushort sem_nsem ;                      /* 此集中信号量个数 */
    time_t sem_otime ;                     /* 最后一次 semop 时间 */
    time_t sem_ctime ;                     /* 最后一次创建时间 */
} ;
```

每个信号量由一个无名结构表示，它至少包含下列成员。

```
struct {
    ushort_t semval ;           /* 信号量的值 */
    short sempid ;              /* 最后一个调用 semop 的 PID */
    ushort semncnt ;            /* 等待该信号量值大于当前值的进程数（一有进程释放资源，该信号
量就被唤醒）*/
    ushort semzcnt ;            /* 等待该信号量值等于 0 的进程数 */
};
```

5. 信号量的使用

（1）创建或访问信号量集

semget 函数创建一个信号量集或访问一个已存在的信号量集。

```
#include <sys/sem.h>
```

```
int semget (key_t key, int nsem, int oflag) ;
```

返回值是一个称为信号量标识符的整数，semop 和 semctl 函数将使用它。

参数 nsem 指定集合中的信号量数（若用于访问一个已存在的信号量集，就可以把该参数指定为 0）。

参数 oflag 可以是 SEM_R(read)和 SEM_A(alter)常值的组合（访问时用到），也可以是 IPC_CREAT 或 IPC_EXCL。

（2）打开信号量操作

使用 semget 创建或访问一个信号量集后，对其中一个或多个信号量的操作就使用 semop 函数来执行。

```
#include <sys/sem.h>
int semop (int semid, struct sembuf * opsptr, size_t nops) ;
```

参数 opsptr 是一个指针，它指向一个信号量操作数组。信号量操作由 sembuf 结构体表示，示例如下。

```
struct sembuf{
    short sem_num;          /*除非使用一组信号量，否则它为 0*/
    short sem_op;           /*信号量在一次操作中需要改变的数据，通常是两个数，一个是-1，即 P（等待）操作；一个是 1，即 V（发送信号）操作*/
    short sem_flg;          /*通常为 SEM_UNDO，使操作系统跟踪信号，并在进程没有释放该信号量而终止时，操作系统释放信号量*/
}
```

sem_op 的值所对应的意义如下。①若 sem_op 大于 0，这对应于进程释放占用的资源数。sem_op 值加到信号量的值上（V 操作）。②若 sem_op 小于 0，这表示要获取该信号量控制的资源数。信号量值减去 sem_op 的绝对值（P 操作）。③若 sem_op 为 0，这表示调用进程希望等待到该信号量值变成 0。

如果信号量值小于 sem_op 的绝对值（资源不能满足要求），还有两种情况。①若指定了 IPC_NOWAIT，则 semop 返回 EAGAIN 错误。②若未指定 IPC_NOWAIT，则信号量的 semncnt 值加 1（因为调用进程将进入休眠状态），然后调用进程被挂起直至：a. 此信号量值变成大于或等于 sem_op 的绝对值；b. 从系统中删除了此信号量，返回 EIDRM 错误；c. 进程捕捉到一个信号，并从信号处理程序返回，返回 EINTR 错误，这与消息队列的阻塞处理方式很相似。

（3）信号量的控制操作

semctl 函数对一个信号量执行各种控制操作。

```
#include <sys/sem.h>
int semctl (int semid, int semnum, int cmd, /*可选参数*/ ) ;
```

第 4 个参数是可选的，取决于第 3 个参数 cmd。

参数 semnum 指定信号量集中的哪个信号量（操作对象）。

参数 cmd 指定以下 10 个命令中的一个，在 semid 指定的信号量集上执行此命令。

IPC_STAT：读取一个信号量集的结构体 semid_ds，并将其存储在 semun 中的 buf 参数中。

IPC_SET：设置信号量集的结构体 semid_ds 中的元素 ipc_perm，其值取自 semun 中的 buf 参数。

IPC_RMID：将信号量集从内存中删除。

GETALL：用于读取信号量集中的所有信号量的值。

GETNCNT：返回正在等待资源的进程数。

GETPID：返回最后一个执行 semop 操作的进程的 PID。

GETVAL：返回信号量集中的一个单独的信号量的值。

GETZCNT：返回正在等待完全空闲的资源的进程数。

SETALL：设置信号量集中的所有信号量的值。

SETVAL：设置信号量集中的一个单独的信号量的值。

（4）信号量值的初始化

semget 并不初始化各个信号量的值，这个初始化必须通过 SETVAL 命令（设置信号量集中的一个值）或 SETALL 命令（设置信号量集中的所有值）调用 semctl 来完成。

在 SystemV 信号量的设计中，创建一个信号量集并将它初始化需两次函数调用是一个“致命”的缺陷。一个不完备的解决方案是：在调用 semget 时指定 IPC_CREAT/IPC_EXCL 标志位，这样只有一个进程（首先调用 semget 的那个进程）创建所需的信号量，该进程随后初始化该信号量。

应用示例如下。

```
#include <unistd.h>
#include <sys/types.h>
#include <sys/stat.h>
#include <fcntl.h>
#include <stdlib.h>
#include <stdio.h>
#include <string.h>
#include <sys/sem.h>

union semun
{
    int val;
    struct semid_ds *buf;
    unsigned short *arry;
};

static int sem_id = 0;

static int set_semvalue();
static void del_semvalue();
static int semaphore_p();
static int semaphore_v();

int main(int argc, char *argv[])
{
     char message = 'X';
     int i = 0;

    /* 创建信号量 */
    sem_id = semget((key_t)1234, 1, 0666 | IPC_CREAT);

    if(argc > 1)
    {
        /* 程序第一次被调用，初始化信号量 */
        if(!set_semvalue())
        {
            fprintf(stderr, "Failed to initialize semaphore\n");
            exit(EXIT_FAILURE);
```

```
        }
        /* 设置要输出到屏幕的信息，即其参数的第一个字符 */
        message = argv[1][0];
        sleep(2);
    }

    for(i = 0; i < 10; ++i)
    {
        /* 进入临界区域 */
        if(!semaphore_p())
        {
            exit(EXIT_FAILURE);
        }
        /* 向屏幕输出数据 */
        printf("%c", message);
        /* 清理缓冲区，然后休眠随机时间 */
        fflush(stdout);
        sleep(rand() % 3);
        /* 离开临界区域前再一次向屏幕输出数据 */
        printf("%c", message);
        fflush(stdout);
        /* 离开临界区域，休眠随机时间后继续循环 */
        if(!semaphore_v())
        {
            exit(EXIT_FAILURE);
        }
        sleep(rand() % 2);
    }
    sleep(10);
    printf("\n%d - finished\n", getpid());

    if(argc > 1)
    {
        /* 如果程序是第一次被调用，则在退出前删除信号量 */
        sleep(3);
        del_semvalue();
    }
    exit(EXIT_SUCCESS);
}

static int set_semvalue()
{
    /* 用于初始化信号量，在使用信号量前必须这样做 */
    union semun sem_union;

    sem_union.val = 1;
    if(semctl(sem_id, 0, SETVAL, sem_union) == -1)
    {
        return 0;
    }
    return 1;
}

static void del_semvalue()
{
```

```
    /* 删除信号量 */
    union semun sem_union;

    if(semctl(sem_id, 0, IPC_RMID, sem_union) == -1)
    {
        fprintf(stderr, "Failed to delete semaphore\n");
    }
}

static int semaphore_p()
{
    /* 对信号量做减 1 操作，即等待 P（sv）*/
    struct sembuf sem_b;
    sem_b.sem_num = 0;
    sem_b.sem_op = -1;
    sem_b.sem_flg = SEM_UNDO;
    if(semop(sem_id, &sem_b, 1) == -1)
    {
        fprintf(stderr, "semaphore_p failed\n");
        return 0;
    }
    return 1;
}

static int semaphore_v()
{
    /* 这是一个释放操作，它使信号量变为可用，即发送信号 V（sv）*/
    struct sembuf sem_b;
    sem_b.sem_num = 0;
    sem_b.sem_op = 1;
    sem_b.sem_flg = SEM_UNDO;
    if(semop(sem_id, &sem_b, 1) == -1)
    {
        fprintf(stderr, "semaphore_v failed\n");
        return 0;
    }
    return 1;
}
```

10.5　练习

1. 现在 Linux 使用的进程间通信方式主要有哪些？
2. Linux 中使用信号灯的步骤是怎样的？
3. 消息队列是消息的链表，存放在内存中，那么它具有什么样的特点呢？
4. 设计一个程序实现进程间互斥地使用同一个资源。
5. 编写程序实现如下功能：在主函数中创建一个进程，在子进程中向管道中写入数据，在父进程中从管道中读取数据。
6. 简述管道的局限性。
7. Linux 管道是如何实现的？
8. Linux 管道的结构体是什么样的？
9. 信号灯在 Linux 中有什么作用？

10. 简述信号灯是如何分类的。

11. 不同的消息队列类型有什么特点？

12. 最快的进程间通信方式是什么？为什么？

13. 编写相应的程序实现生成共享内存的功能。

14. Linux 中为什么要使用信号量？

15. FIFO 的打开规则是什么？

16. Linux 主要有哪几种内核锁？

17. Linux 怎么保证操作的原子性？

18. 建立从父进程到子进程的管道的方法是什么？

19. 管道可用于在不同主机的进程间通信吗？为什么？

20. 共享内存的物理空间对访问它的进程而言是一种临界资源，必须要做同步控制，相应的同步控制是怎么实现的？

第 11 章 线程及线程控制

在前面的章节中我们已经学习了进程的相关内容，在本章中我们将接触另一个与进程有密切关系的内容——线程。本章主要介绍线程的概念、线程与进程的区别与联系、线程的创建和终止，线程的同步与互斥，以及线程间的同步机制（互斥量、读写锁等）等相关内容，了解如何使用它们来保护及合理利用系统资源。

11.1 什么是线程

线程，有时被称为轻量进程（Lightweight Process，LWP），是程序执行流的最小单元。一个标准的线程由线程 ID、当前指令指针（PC）、寄存器集合和堆栈组成。另外，线程是进程中的一个实体，是被系统独立调度和分派的基本单位。线程不拥有系统资源，只拥有一些在运行中必不可少的资源，但它可与同属一个进程的其他线程共享进程所拥有的全部资源。一个线程可以创建和撤销另一个线程，同一进程中的多个线程之间可以并发执行。线程有就绪态、阻塞态和运行态 3 种基本状态，就绪态是指线程具备运行的所有条件，逻辑上可以运行，在等待处理机；运行态是指线程占有处理机正在运行；阻塞态是指线程在等待一个事件（如某个信号量），逻辑上不可运行。

每个程序都至少有一个线程，若程序只有一个线程，那就是程序本身。所谓"多线程"，是指一个独立的程序看起来像是同一时间执行多个任务。这里，"任务"是指一个计算单元，对应一个线程。例如，一个程序在加载数据文件的同时读入用户输入就是进行两个计算单元，可以用多线程的程序来实现。

一个进程中执行的所有线程称为线程组。它们共享同一块内存区域，所以可以访问同样一些全局变量、堆内存及文件描述符等。

使用线程组与使用一个顺序执行的程序相比，优势在于：很多操作可以并行执行，所以事件在它们到达后立即得到处理。在单处理机上，线程的并行执行就是在不同的时间片执行不同的线程；而在多处理机上，同一进程的不同线程可以分配到不同的处理机上，真正实现并行执行，所以多线程程序可以充分利用机器上的所有处理机，其执行速度比单线程程序要快。

使用线程组与使用进程组相比，优势在于：线程间的运行环境切换比进程间的运行环境切换要快得多。同样，线程间的通信比进程间的通信更快、更容易。但另外，由于线程组中的所有线程使用同一块内存空间，如果一个线程破坏了内存空间中的内容，其他线程也会面对同样的后果；而对于进程，操作系统通常会保护每个进程使用的内存空间，一个进程破坏了它的内存空间中的内容，并不会影响其他进程。

11.2　线程的创建和终止

11.2.1　线程的创建

在一个进程启动时会有一个主线程，这个主线程即运行 main 函数的线程。主线程通过调用 pthread_create 创建其他线程。

```
int pthread_create(
    pthread_t * thread,
    pthread_attr_t * attr,
    void* (* start_routine)(void *),
    void * arg);
```

下面以 LGUI 中键盘监视线程来说明线程的创建。

LGUI 启动后，桌面进程需要创建包括键盘监视线程在内的几个线程，用于获取键盘或其他外部设备（包括鼠标、触摸屏）等的外部事件。这些线程得到这些外部事件后，经过过滤处理，打包成 LGUI 中定义的系统消息，发送到桌面进程主线程的消息队列中。主线程根据当前系统状态确定怎样处理消息，是由桌面进程处理，还是发送到客户进程，由客户进程处理。

```
BOOL GUIAPI InitGUIServer()
{
    RegisterServerControls();
    InitMsgQueueHeap();
    InitClipRegionHeap();
    InitinvalidRegionHeap();
    if(! InitFrameBuffer()){
    printerror(" init framehuffer error!");
    return false;
    }
    InitShareMemServer();
    CreateStockObject();
    if(! InitipcSocketServer())
    return false;
    RegisterTimerRoutine();
    InitMouseServer();
    InitKeyboard();                                         /* 创建键盘监视线程 */
    return true;
}

void InitKeyboard()
{
    InstallKBDevice();
    InitLGUIKBDefine();
    OpenKB();
    /* 创建键盘监视线程 */
    pthread_create(&thread_kb, NULL,
    (void*)KeyhoardMainLoop, NULL);
```

```
    }

    void* KeyboardMainLoop(void * para)
    {
        int old_cancel_type;
        BYTE btScanCode;
        BYTE btPressed;
        /* 注册线程清理函数 */
        pthread_cleanup_push(cleanup_closekb, NULL);
        while(1) {
        pthread_testcancel () ;
        if(ReadKB(&btScanCode, &btPressed)){
        if(btPressed = = 1)
        SendKBMessage((int)btScanCode);
        //printf(" % d\n", btScanCode);
        }
        }

        /* 清理函数 */
        pthread_setcanceltype(PTHREAD_CANCEL_DEFERRED, &old_cancel_type);
        pthread _ cleanup _pop(1) ;
        pthread_setcanceltype(old_cancel_type, NULL);
    }
```

关于线程函数的说明：线程被创建以后，需要运行一个确定的程序，这就是线程函数，例如在上面的例子中运行的程序就是函数 KeyboardMainLoop。

在这个例子中可以看到，这个函数是一个死循环，如果没有外部线程要求结束这个线程，这个线程就会一直处于运行状态。

这样一个死循环会不会大量消耗系统资源（主要是 CPU 资源）呢？相信这是很多读者关心的问题。答案是这样的，在这个死循环里，有一个 Read 操作，这个 Read 操作会调用系统的 Read 函数，最终会从外设的驱动程序中读取数据，而一般驱动程序的 I/O 接口都会有非忙等待的处理，所以在没有数据的时候，这个函数是不会返回的。也就是说，如果用户没有按键盘，ReadKB 函数会被阻塞，从而这个线程就会处于阻塞状态，则对于系统资源的消耗就是有限的。

11.2.2 线程的终止

调用 pthread_exit 函数，可使当前线程退出并释放线程占用的所有资源。如果线程函数执行完毕，同样也会释放线程资源，所以没有必要调用 pthread_exit 函数，只是在线程运行中需要退出线程时才调用该函数。

在 LGUI 中，桌面进程对应的每一个客户进程都有一个 socket 连接，并用一个单独的线程读取这个 socket 以实现与客户端的通信。因为这个读操作是在一个死循环里，所以这个线程不会因为执行完毕而自动终止。但当在循环中读 socket 操作返回 SOCKERR_CLOSE 或 SOCKERR_I 时，表示 socket 连接有错误或 socket 连接已关闭，这时线程通过调用 pthread_exit 来终止。

pthread_cancel 函数的参数为调用 pthread_create 返回的线程 ID，调用这个函数，可向 ID 对应的线程发送一个取消线程的请求。

pthread_join 函数的作用是把调用它的线程挂起，直到参数中指定的线程退出为止。

11.3 线程的同步与互斥

11.3.1 基本概念

通常情况下，程序中的多个线程是互相协调和互相联系的。当线程并发执行时，由于资源共享和线程协作，线程之间会存在以下两种制约关系。

（1）间接相互制约。一个系统中的多个线程必然要共享某种系统资源，如共享 CPU、共享 I/O 设备等。间接相互制约即源于这种资源共享，打印机就是最好的例子。当线程 A 在使用打印机时，其他线程都要等待。

（2）直接相互制约。这种制约主要是因为线程之间的合作。如果线程 A 将计算结果提供给线程 B 进行进一步处理，那么线程 B 在线程 A 将数据送达之前都将处于阻塞状态。

间接相互制约可以称为互斥，直接相互制约可以称为同步。对于互斥可以这样理解，线程 A 和线程 B 互斥访问某个资源，则它们之间就会产生顺序问题——要么线程 A 等待线程 B 操作完毕，要么线程 B 等待线程 A 操作完毕，这其实就是线程的同步。因此同步包括互斥，互斥其实是一种特殊的同步。由于线程共享进程的资源和地址空间，因此在访问到它们的公共资源的时候，一定会出现线程的同步和互斥现象。多线程访问一个数据的次序一定是杂乱无章的，所以这也是我们一个非常头疼的一个问题。

11.3.2 死锁

在多道程序系统中，若一组进程中的每个进程都无限期等待被该组进程中的另一个进程所占有且永远不会被释放的资源，则此时系统处于死锁状态，简称死锁。处于死锁状态的进程称为死锁进程。

系统产生死锁会大量浪费系统资源甚至会导致整个系统崩溃。

1. 产生死锁的原因

产生死锁的原因主要有两个：一是系统提供的资源有限，不能满足每个进程的需求；二是多道程序运行时，进程的推进顺序不合理。

在计算机系统中资源一般分为两大类：永久性资源（可重生资源），是指那些可供进程重复利用、长期存在的资源，如内存、CPU 等硬件资源，以及数据文件、共享程序代码等软件资源；临时性资源（消耗性资源），是指由某个进程产生、只为另一个进程使用一次或经过短暂时间后便不可再使用的资源，如 I/O 和时钟中断、消息等。这两类资源都有可能导致死锁现象。

对于永久性资源，产生死锁有 4 个必要条件。

（1）互斥条件。进程独占所分配到的资源且排他使用。进程互斥使用资源，即任意时刻一个资源只能被一个进程使用，当其他进程申请一个正在被占有的资源时，申请者要等待直至该资源被使用者释放。

（2）不可剥夺条件。进程所获得的资源在未使用完毕之前，不能被其他进程强行剥夺，只能由使用者自愿释放。

（3）请求和保持条件。进程已经得到至少一个资源，但又提出了新的资源请求，而该资源又被其他进程所占有，此时进程会等待直至得到所需资源，在等待期间继续占用已得到的资源。

（4）循环等待条件。在发生死锁时，必然存在一个进程等待队列 $p_1,p_2,p_3,\cdots,p_n$，其中 p_1 等待 p_2 占有的资源，p_2 等待 p_3 占有的资源……p_n 等待 p_1 占有的资源，形成一个进程等待环路。环路中每个进程占有的资源同时被另一个进程所申请，即后一个进程占有前一个进程所申请的资源。

2. 如何预防死锁

既然我们了解了死锁产生的必要条件，那我们就可以从这些条件入手来预防死锁。

（1）破坏“不可剥夺”条件

实现这一操作的方法是，在允许进程动态申请资源的前提下做出如下规定：一个进程申请新资源的要求不能立即得到满足，该进程进入等待状态。而处于等待状态下的进程的全部资源可以被他人剥夺，被剥夺的资源重新放到资源表中。

该方法适合那些状态容易保存和恢复的资源，例如 CPU、内存等。但此方法实现较为复杂，且代价很大。因为一个资源在使用一段时间后被强制剥夺会造成前阶段工作失效，甚至可能出现某个进程反复申请和释放资源的情况，使得进程执行无限期推迟，还增加了系统开销，延长了进程的周转时间，降低了系统的吞吐量和性能。

（2）破坏“请求和保持”条件

实现这一操作可以用以下两种方法。

方法一：每个进程在执行前必须申请它所需的全部资源，仅当系统能满足进程的资源申请并把资源一次性分配给进程后，进程才能执行。这是静态资源分配策略。这种方法的缺点是会严重浪费系统资源，降低资源利用率。

方法二：仅当进程没有占有资源时才允许它申请资源，如果进程已占有某些资源而又要申请新的资源，那么它必须先释放所占有的资源再申请新的资源。

（3）破坏“循环等待”条件

实现这一操作的方法是，采用资源有序分配策略，基本思想是将系统中所有的资源顺序编号，一般原则是紧缺、稀有的资源编号较大。当进程申请资源时，必须严格按照编号顺序进行，否则不予分配。即一个进程只有得到编号较小的资源后，才能申请编号较大的资源。释放资源时应先释放编号较大的资源。此方法硬性规定申请资源，会给用户编程带来限制，增加了资源使用者的不便；此外，如何合理的编号也是一件让人头疼的事。如果有进程违反了规定也会造成死锁。

3. 如何解决死锁

解决死锁的方法可分为两种：一是不让死锁发生；二是等死锁发生后再解决。具体有以下 4 种方法。

（1）预防死锁。通过破坏产生死锁的必要条件（除第一个互斥条件外的其他条件）来预防死锁。此方法会导致系统资源利用率过低。

（2）避免死锁。在资源的动态分配过程中，采取某种方法防止系统进入不安全状态，从而避免死锁。此方法只需以较弱的限制条件，即可获得较高的资源利用率。

（3）检测死锁。允许系统运行过程中发生死锁，事先不用采取预防、避免措施。但通过在系统中设置检测机构，可以及时检测出死锁是否真的发生，并精准地确定与死锁有关的进程和资源，然后采取措施解除死锁。

（4）解除死锁。使用与死锁检测相配套的措施，用于将进程从死锁状态下解脱出来。

11.3.3 互斥量

可以使用 pthread 的互斥接口来保护共享资源，确保同一时间只有一个线程访问共享资源。互斥量（mutex）从本质上说是一把加在共享资源上的锁，在访问共享资源前对互斥量进行设置（加锁），在访问完成后释放（解锁）互斥量即释放共享资源。对互斥量进行加锁以后，任何其他试图再次对互斥量加锁的线程都会被阻塞，直到当前线程释放该互斥量。如果释放互斥量时有一个以上的线程被阻塞，那么所有该锁上的阻塞线程都会变成可运行状态。第一个变为运行状态的线程可以对互斥量加锁，而其他线程会看到互斥量依然是锁着的，只能再次等待它重新变为可用。在这种方式下，每次只有一个线程可以向前执行。

只有将所有线程都设计成遵守相同数据访问规则，互斥机制才能正常工作。操作系统并不会为我们做数据访问的串行化。如果允许其中的某个线程在没有得到锁的情况下也可以访问共享资源，那么即使其他的线程在使用共享资源前都申请锁，也还是会出现数据不一致的问题。

互斥量最早是用 pthread_rnutex_t 数据类型表示的。在使用互斥量以前，必须对它进行初始化，可以把它设置为常量 PTHREAD_MUTEX_INITIALIZER（只适用于静态分配的互斥量），也可以通过调用 pthread_mutex_init 函数进行初始化。如果动态分配互斥量（例如通过调用 malloc 函数），在释放前需要调整 pthread_mutex_destory。

```
#include <pthread.h>
int pthread_mutex_init (pthread_mutex_t *restrict mutex,
const pthread_mutexattr_t *restrict attr);
int pthread_mutex_destroy (pthread_mutex_t *mutex) ;
```

两个函数的返回值：若成功则返回 0，否则返回错误码。

要用默认的属性初始化互斥量，只需把 attr 设为 NULL。对互斥量进行加锁，需要调用 pthread_mutex_lock。如果互斥量已经上锁，调用线程将被阻塞直到互斥量被解锁。对互斥量解锁，需要调用 pthread_mutex_unlock。

```
#include <pthread.h>
int pthread_mutex_lock (pthread_mutex_t *mutex);
int pthread_mutex_trylock (pthread_mutex_t *mutex);
int pthread_mutex_unlock (pthread_mutex_t *mutex);
```

所有函数的返回值：若成功则返回 0，否则返回错误码。

如果线程不希望被阻塞，它可以使用 pthread_mutex_trylock 尝试对互斥量进行加锁。如果调用 pthread_mutex_trylock 时互斥量处于未加锁状态，则 pthread_mutex_trylock 将锁住互斥量，不会出现阻塞直接返回 0；否则 pthread_mutex_trylock 就会失败，不能锁住互斥量，返回 EBUSY。

当线程试图获取一个已加锁的互斥量时，pthread_mutex_timedlock 互斥量原语允许绑定线程阻塞时间。pthread_mutex_timedlock 函数与 pthread_mutex_lock 函数是基本等价的，但是在达到超时时间值时，pthread_mutex_timedlock 不会对互斥量进行加锁，而是返回错误码 ETIMEDOUT。

```
#include <pthread.h>
#include <time.h>
int pthread_mutex_timedlock (pthread_mutex_t *restrict mutex,
const struct timespec *restrict tsptr);
```

该函数的返回值：若成功则返回 0，否则返回错误码。

超时值指定愿意等待的绝对时间（与相对时间相比而言，指定在时间 X 之前可以阻塞等待，而不是说愿意阻塞 Y 秒）。这个超时时间是用 timespec 结构来表示的，它以秒和纳秒为单位。

读写锁（reader-writer lock）与互斥量类似，不过读写锁允许更高的并行性。互斥量要么处于加锁状态，要么处于不加锁状态，而且一次只有一个线程可以对其加锁。读写锁可以有 3 种状态：读模式下加锁状态、写模式下加锁状态、不加锁状态。一次只有一个线程可以占有写模式的读写锁，但是多个线程可以同时占有读模式的读写锁。

当读写锁处于写模式下加锁状态时，在这个锁被解锁之前，所有试图对这个锁加锁的线程都会被阻塞。当读写锁处于读模式下加锁状态时，所有试图以读模式对它进行加锁的线程都可以得到访问权，但是任何希望以写模式对此锁进行加锁的线程都会被阻塞，直到所有的线程释放它们的读写锁。虽然各操作系统对读写锁的实现各不相同，但当读写锁处于读模式下加锁状态，而这时有一个线程试图以写模式获取锁时，读写锁通常会阻塞随后的读模式锁请求。这样可以避免读模式锁长期占用，而等待的写模式锁一直得不到满足。

读写锁非常适合对数据结构体读的次数远大于写的情况。当读写锁在写模式下时，它所保护的数据结构体可以被安全地修改，因为一次只有一个线程可以在写模式下拥有这个锁。当读写锁在读模式下时，只要线程先获取了读模式下的读写锁，该锁所保护的数据结构体就可以被多个获得读模式锁的线程读取。

读写锁也叫作共享互斥锁（shared-exclusive lock）。当读写锁以读模式锁住时，就可以说成是以共享模式锁住的。当它以写模式锁住时，就可以说成是以互斥模式锁住的。

与互斥量相比，读写锁在使用之前必须初始化，在释放它们底层的内存之前必须销毁。

```
#include <pthread.h>
int pthread_rwlock_init (pthread_rwlock_t *restrict rwlock,
const pthread_rwlockattr_t *restrict attr);
int pthread_rwlock_destroy (pthread_rwlock_t *rwlock);
```

两个函数的返回值：若成功则返回 0，否则返回错误码。

在释放读写锁占用的内存之前，需要调用 pthread_rwlock_destroy 做清理工作。如果 pthread_rwlock_init 为读写锁分配了资源，则 pthread_rwlock_destroy 将释放这些资源。如果在调用 pthread_rwlock_destroy 之前就释放了读写锁占用的内存，那么分配给这个锁的资源就会丢失。

要在读模式下锁住读写锁，需要调用 pthread_rwlock_rdlock。要在写模式下锁住读写锁，需要调用 pthread_rwlock_wrlock。不管以何种方式锁住读写锁，都可以调用 pthread_rwlock_unlock 进行解锁。

```
#include <pthread, h>
int pthread_rwlock_rdlock (pthread_rwlock_t *rwlock);
int pthread_rwlock_wrlock (pthread_rwlock_t *rwlock);
int pthread_rwlock_unlock (pthread_rwlock_t *rwlock);
```

所有函数的返回值：若成功则返回 0，否则返回错误码。

各种实现可能会对共享模式下可获取的读写锁的次数进行限制，所以需要检查 pthread_rwlock_rdlock 的返回值，即使 pthread_rwlock_wrlock 和 pthread_rwlock_unlock 有错误返回。从技术上来讲，在调用函数时应该总是检查错误返回，但是如果锁设计合理，就不需要检查它们。错误返回码的定义只是针对不正确使用读写锁的情况（如使用未经初始化的锁），或者试图获取已拥有的锁从而可能产生死锁的情况。但是需要注意，有些特定的实现可能会定义另外的错误返回值。

条件变量是线程可用的另一种同步机制。条件变量给多个线程提供了一个会合的场所。条件变量与互斥量一起使用时，允许线程以无竞争的方式等待特定的条件发生。

条件本身是由互斥量保护的。线程在改变条件状态之前必须先锁住互斥量。其他线程在获得互斥量之前不会察觉到这种改变，因为互斥量必须在锁住以后才能计算条件。

在使用条件变量之前，必须先对它进行初始化。由 pthread_cond_t 数据类型表示的条件变量可以用两种方式进行初始化，可以把常量 PTHREAD_COND_INITIALIZER 赋给静态分配的条件变量，但是如果条件变量是动态分配的，则需要使用 pthread_cond_init 函数对它进行初始化。

在释放条件变量底层的内存空间之前，可以使用 pthread_cond_destroy 函数对条件变量进行反初始化（deinitialize）。

```
#include <pthread.h>
int pthread_cond_init (pthread_cond_t *restrict cond,
const pthread_condattr_t *restrict attr);
int pthread_cond_destroy (pthread_cond_t *cond);
```

两个函数的返回值：若成功则返回 0，否则返回错误码。

除非需要创建一个具有非默认属性的条件变量，否则 pthread_cond_init 函数的 attr 参数可以设置为 NULL。

我们使用 pthread_cond_wait 等待条件变量变为真。如果在给定的时间内条件不能满足，那么会生成一个返回错误码的变量。

```
#include <pthread.h>
int pthread_cond_wait (pthread_cond_t *restrict cond,
pthread_mutex_t *restrict mutex);
int pthread_cond_timedwait (pthread_cond_t *restrict cond,
pthread_mutex_t *restrict mutex, const struct timespec *restrict tsptr);
```

两个函数的返回值：若成功则返回 0，否则返回错误码。

传递给 pthread_cond_wait 的互斥量对条件进行保护。调用者把锁住的互斥量传给函数，然后函数自动把调用线程放到等待条件的线程列表上，对互斥量解锁。这就关闭了条件检查和线程进入休眠状态等待条件改变这两个操作之间的时间通道，这样线程就不会错过条件的任何变化。pthread_cond_wait 返回时，互斥量再次被锁住。

pthread_cond_timedwait 函数的功能与 pthread_cond_wait 函数的功能相似，只是多了一个超时值（tsptr）。超时值指定了我们愿意等待多长时间，它是通过 timespec 结构体指定的。

11.4 线程的属性与限制

11.4.1 线程的属性

pthread 接口允许我们通过设置每个对象关联的不同属性来细调线程和同步对象的行为。通常，管理这些属性的函数都遵循相同的模式。

（1）每个对象与它自己类型的属性对象进行关联（线程与线程属性关联、互斥量与互斥量属性关联等）。一个属性对象可以代表多个属性，属性对象对应用程序来说是不透明的。这意味着应用程序并不需要了解有关属性对象内部结构体的细节，这样可以增强应用程序的可移植性。取而代之的是，需要提供相应的函数来管理这些属性对象。

（2）有一个初始化函数，把属性设置为默认值。

（3）还有一个销毁属性对象的函数。如果初始化函数分配了与属性对象关联的资源，则销毁属性对象的函数负责释放这些资源。

（4）每个属性都有一个从属性对象中获取属性值的函数。由于函数成功时会返回 0，失败时会返回错误码，因此可以通过把属性值存储在函数的某一个参数指定的内存单元中，把属性值返回给调用者。

（5）每个属性都有一个设置属性值的函数。在这种情况下，属性值作为参数按值传递。

可以使用 pthread_attr_t 结构体修改线程默认属性，并把这些属性与创建的线程联系起来。可以使用 pthread_attr_init 函数初始化 pthread_attr_t 结构体。在调用 pthread_attr_init 以后，pthread_attr_t 结构体所包含的就是操作系统实现支持的所有线程属性的默认值。

如果要反初始化 pthread_attr_t 结构体，可以调用 pthread_attr_destroy 函数。如果 pthread_attr_init 的实现对属性对象的内存空间是动态分配的，pthread_attr_destroy 就会释放该内存空间。除此之外，pthread_attr_destroy 还会用无效的值初始化属性对象。因此，如果该属性对象被误用，将会导致 pthread_create 函数返回错误码。

如果在创建线程时就知道不需要了解线程的终止状态，则可以修改 pthread_attr_t 结构体中的 detachstate 线程属性，让线程一开始就处于分离状态。可以使用 pthread_attr_setdetachstate 函数把线程属性 detachstate 设置成以下两个合法值之一：PTHREAD_CREATE_DETACHED，以分离状态启动线程；PTHREAD_CREATE_JOINABLE，正常启动线程，应用程序可以获取线程的终止状态。

```
#include <pthread.h>
intpthread_attr_getdetachstate(constpthread_attr_t*restrictattr,int*detachstat
e);
int pthread_attr_setdetachstate(pthread_attr_t *attr, int *detachstate);
```

可调用 pthread_attr_getdetachstate 函数获取当前的 detachstate 线程属性。第二个参数 detachstate 所指向的整数要么设置成 PTHREAD_CREATE_DETACHED，要么设置成 PTHREAD_CREATE_ JOINABLE，具体取决于给定 pthread_attr_t 结构体中的属性值。

11.4.2　线程的限制

sysconf 函数返回选项（变量）的当前值，这个值是可配置的，但也是受系统限制的。在成功完成的情况下，sysconf 函数返回变量的当前值；如果出错，那么 sysconf 返回-1，并适当地设置 errno；当没有错误发生时，-1 也是一个合法的返回值。因此，程序要检查错误，应该在调用 sysconf 函数之前将 errno 设置为 0，然后，如果返回-1，则检验到错误。

Linux 定义了与线程操作有关的一些限制，与其他系统限制一样，这些限制可以通过 sysconf 函数进行查询。表 11.1 列出了这些限制。

表 11.1　相关限制

限制名称	描述	name 参数
PTHREAD_DESTRUCTOR_ITERATIONS	线程退出时操作系统实现试图销毁线程特定数据的最大次数	_SC_THREAD_DESTRUCTOR_ITERATIONS
PTHREAD_KEYS_MAX	进程可以创建的键的最大数目	_SC_THREAD_KEYS_MAX
PTHREAD_STACK_MIN	一个线程的栈可用的最小字节数	_SC_THREAD_STACK_MIN
PTHREAD_THREADS_MAX	进程可以创建的最大线程数	_SC_THREAD_THREADS_MAX

与 sysconf 报告的其他限制一样，使用这些限制是为了增强应用程序在不同的操作系统实现之间的可移植性。例如，如果应用程序需要为它管理的每个文件创建 4 个线程，但是系统却并不允许创建所有这些线程，这时可能就必须限制当前可并发管理的文件数。

11.5 Linux 操作系统下的多线程编程

11.5.1 概念介绍

多线程是指从软件或者硬件上实现多个线程并发执行的技术。具有多线程能力的计算机因有硬件支持而能够在同一时间执行多于一个线程，进而提升整体处理性能。具有这种能力的系统包括对称多处理机、多核处理器以及芯片级多处理（chip-level multithreading）或同时多线程（Simultaneous multithreading）处理器。在一个程序中，这些独立运行的程序片段叫作线程，利用它编程的概念就叫作多线程处理。

为什么使用多线程?

使用多线程的理由之一是，和进程相比，它是一种非常“节俭”的多任务操作方式。我们知道，在 Linux 操作系统下，启动一个新的进程必须给它分配独立的地址空间，建立众多的数据表来维护它的代码段、堆栈段和数据段，这是一种“昂贵”的多任务操作方式。而运行于一个进程中的多个线程，它们彼此之间使用相同的地址空间，共享大部分数据，启动一个线程所花费的地址空间远远小于启动一个进程所花费的地址空间。而且，线程间彼此切换所需的时间也远远小于进程间彼此切换所需的时间。据统计，一个进程的开销大约是一个线程开销的 30 倍。当然，在具体的系统上，这个数据可能会有较大的区别。

使用多线程的另一个理由是线程间方便的通信机制。对不同进程来说，它们具有独立的数据空间，要进行数据的传递只能通过通信的方式。这种方式不仅费时，而且很不方便。线程则不同。由于同一进程下的线程之间共享数据空间，因此一个线程的数据可以直接被其他线程所用，这不仅快捷，而且方便。当然，数据的共享也带来其他一些问题，有的变量不能同时被两个线程所修改，有的子进程中声明为 static 的数据更有可能给多线程程序带来灾难性的打击，这些正是编写多线程程序时最需要注意的地方。

除了以上的优点外，多线程作为一种多任务、并发的工作方式，还具有以下优点。

（1）提高应用程序响应。这对图形界面的程序尤其有意义。当一个操作耗时很长时，整个系统都会等待这个操作，此时程序不会响应键盘、鼠标、菜单的操作。而使用多线程，将耗时长的操作置于一个新的线程，可以避免这种情况。

（2）使多 CPU 系统更加有效。操作系统会保证当线程数不大于 CPU 数时，不同的线程运行于不同的 CPU 上。

（3）改善程序结构体。一个既长又复杂的进程可以考虑分为多个线程，成为几个独立或半独立的运行部分，这样的程序会利于理解和修改。

11.5.2 多线程的实现

Linux 操作系统下的多线程遵循 POSIX 线程接口，称为 pthread。编写 Linux 操作系统下的多线程程序，需要使用头文件 pthread.h，连接时需要使用库 libpthread.a。在编译链接时使用以下命令：

```
gcc -D -lpthread xxx. C
```

通常，Linux 操作系统下 pthread 是通过系统调用 clone 来实现的。下面我们展示一个简单的多线程程序 example1.c。

```
#include <stdio.h>
#include <pthread.h>
void thread(void)
{
    int i;
    for(i=0;i<3;i++)
        printf("This is a pthread.\n");
}
int main(void)
{
    pthread_t id;
    int i, ret;
    ret=pthread_create(&id, NULL, (void *) thread, NULL);
    /* 成功则返回 0，错误则返回错误码 */
    if(ret!=0) {
        printf ("Create pthread error!\n");
        exit (1);
    }
    for(i=0;i<3;i++)
        printf("This is the main process.\n");
    pthread_join(id, NULL);
    return (0);
}
```

我们按如下命令编译此程序。

```
gcc example1.c -lpthread -o test1
```

运行 test1，我们得到如下结果。

```
This is a pthread.
This is the main process.
This is a pthread.
This is the main process.
This is a pthread.
This is the main process.
```

再次运行，我们可能得到如下结果。

```
This is the main process.
This is a pthread.
This is the main process.
This is the main process.
This is a pthread.
This is a pthread.
```

两次运行结果不一样，这是两个线程争夺 CPU 资源的结果。上面的示例中，我们使用了两个函数 pthread_create 和 pthread_join，并声明了一个 pthread_t 变量。pthread_t 在头文件 /usr/include/bits/pthreadtypes.h 中按如下定义。

```
typedef unsigned long int pthread_t;
```

它是一个线程的标识符。函数 pthread_create 用来创建一个线程，它的原型如下。

```
extern int pthread_create __P ((pthread_t *__thread, __const pthread_attr_t
*__attr, void *(*__start_routine) (void *), void *__arg));
```

第一个参数为指向线程标识符的指针，第二个参数用来设置线程属性，第三个参数是线程运行函数的起始地址，最后一个参数是运行函数的参数。这里，我们的函数 thread 不需要参数，所以最后一个参数设为空指针。第二个参数我们也设为空指针，这样将生成默认属性的线程。对线程属性的设定和修改我们将在后文阐述。当创建线程成功时，函数返回 0；若不为 0 则说明创建线程失败。常见的错误码为 EAGAIN 和 EINVAL。前者表示系统限制创建新的线程，例如线程数目过多；后者表示第二个参数代表的线程属性值非法。创建线程成功后，新创建的线程则运行第三个参数和第四个参数确定的函数，原来的线程则继续运行下一行代码。

函数 pthread_join 用来等待一个线程的结束。函数原型如下。

```
extern int pthread_join __P ((pthread_t __th, void **__thread_return));
```

第一个参数为被等待的线程标识符；第二个参数为一个用户定义的指针，它可以用来存储被等待线程的返回值。这个函数是一个线程阻塞的函数，调用它的函数将一直等待直到被等待的线程结束。当函数返回时，被等待线程的资源被收回。一个线程的结束有两种途径，一种是像上面的例子一样，函数结束了，调用它的线程也就结束了；另一种是通过函数 pthread_exit 来实现。pthread_exit 函数原型如下。

```
extern void pthread_exit __P ((void *__retval)) __attribute__ ((__noreturn__));
```

唯一的参数是函数的返回值，只要 pthread_join 中的第二个参数__thread_return 不是 NULL，这个值将被传递给__thread_return。最后要说明的是，一个线程不能被多个线程等待，否则第一个接收到信号的线程成功返回，其余调用 pthread_join 的线程返回错误码 ESRCH。

11.5.3 线程之间的数据处理

和进程相比，线程的优点之一是数据的共享性高，可以方便地获得、修改数据。但这也给多线程编程带来了许多问题。我们必须当心有多个不同的进程访问相同的变量。许多函数是不可重入的，即同时不能运行一个函数的多个副本（除非使用不同的数据段）。在函数中声明的静态变量常常带来问题，函数的返回值也会有问题。因为如果返回的是函数内部静态声明的空间的地址，则在一个线程调用该函数得到地址后使用该地址指向的数据时，其他的线程可能调用此函数并修改这一段数据。在进程中共享的变量必须用关键字 volatile 来定义，这是为了防止编译器在优化时（如 gcc 中使用-OX）改变它们的使用方式。为了保护变量，我们必须使用信号量、互斥锁等来保证我们对变量的正确使用。下面，我们就逐步介绍处理不同线程数据时的有关知识。

1．线程数据

在单线程程序里，有两种基本的数据：全局变量和局部变量。但在多线程程序里，还有第 3 种数据：线程数据（Thread-Specific Data，TSD）。它和全局变量很像，在线程内部，各个函数可像使用全局变量一样调用它，但它对线程外部的其他线程是不可见的。这种数据的必要性是显而易见的。例如我们常见的变量 errno，它返回标准错误信息。它显然不能是一个局部变量，几乎每个函数都可以调用它；但它又不能是一个全局变量，否则在 A 线程里输出的很可能是 B 线程的出错信息。要实现诸如此类的变量，我们就必须使用线程数据。我们为每个线程数据创建一个键，它和这个键相关联，在各个线程里，都使用这个键来指代线程数据。但在不同的线程里，这个键代表的数据是不同的；在同一个线程里，它代表同样的数据。

和线程数据相关的函数主要有 4 个：创建一个键，为一个键指定线程数据，从一个键读取线程数据，删除键。

创建键的函数原型示例如下。

```
extern int pthread_key_create __P ((pthread_key_t *__key, void (*__destr_function)
(void *)));
```

第一个参数为指向一个键值的指针；第二个参数指明了一个 destructor 函数，如果这个参数不为 NULL，那么当每个线程结束时，系统将调用这个函数来释放绑定在这个键上的内存块。这个函数常和函数 pthread_once((pthread_once_t*once_control，void (*initroutine) (void))) 一起使用，目的是让这个键只被创建一次。函数 pthread_once 声明一个初始化函数，第一次调用 pthread_once 时它执行这个初始化函数，以后的调用将被它忽略。

在下面的例子中，我们创建一个键，并将它和某个数据相关联。我们要定义一个函数 createWindow，这个函数定义一个图形窗口（数据类型为 Fl_Window *，这是图形界面开发工具 FLTK 中的数据类型）。由于各个线程都会调用这个函数，因此我们使用线程数据。

```
/* 声明一个键*/
pthread_key_t myWinKey;
/* 函数 createWindow */
void createWindow ( void )
{
    Fl_Window * win;
    static pthread_once_t once=PTHREAD_ONCE_INIT;
    /* 调用函数 createMyKey，创建键*/
    pthread_once ( & once, createMyKey) ;
    /*win 指向一个新建立的窗口*/
    win=new Fl_Window( 0, 0, 100, 100, "MyWindow");
    /* 对此窗口做一些可能的设置工作，如设置大小、位置、名称等 */
    setWindow(win);
    /* 将窗口指针值绑定在键 myWinKey 上*/
    pthread_setspecific ( myWinKey, win);
}
/* 函数 createMyKey，创建一个键，并指定了 destructor */
void createMyKey ( void )
{
    pthread_keycreate(&myWinKey, freeWinKey);
}
/* 函数 freeWinKey，释放空间*/
void freeWinKey ( Fl_Window * win)
{
    delete win;
}
```

这样，在不同的线程中调用函数 createMyKey，都可以得到在线程内部均可见的窗口变量，这个变量通过函数 pthread_getspecific 得到。在上面的例子中，我们已经使用了函数 pthread_setspecific 来将线程数据和一个键绑定在一起。这两个函数的原型如下。

```
externintpthread_setspecific__P((pthread_key_t__key,__constvoid *__pointer));
extern void *pthread_getspecific __P ((pthread_key_t __key));
```

这两个函数的参数意义和使用方法是显而易见的。要注意的是，pthread_setspecific 为一个键指定新的线程数据时，必须自己释放原有的线程数据以回收空间。这个过程函数 pthread_key_delete 用来删除一个键，这个键占用的内存将被释放。但同样要注意的是，它只释放键占用的内存，并不释放该键关联的线程数据所占用的内存，而且它不会触发函数 pthread_key_create 中定义的 destructor 函数。线程数据的释放必须在释放键之前完成。

2. 不同线程之间的互斥锁

在 Linux 操作系统下的多线程编程中，互斥锁用来保证一段时间内只有一个线程在执行一段代码。其必要性显而易见：假设各个线程向同一个文件顺序写入数据，最后可能得到内容混乱的文件。我们先看下面一段代码。这是一个读/写程序，它们共用一个缓冲区，并且我们假定一个缓冲区只能保存一条信息，即缓冲区只有两个状态：有信息或没有信息。

```
    void reader_function ( void );
    void writer_function ( void );
    char buffer;
    int buffer_has_item=0;
    pthread_mutex_t mutex;
    struct timespec delay;
    void main ( void )
    {
        pthread_t reader;
        /* 定义延迟时间*/
        delay./* */tv_sec = 2;
        delay../* */tv_nec = 0;
        /* 用默认属性初始化一个互斥锁对象*/
        pthread_mutex_init (&mutex, NULL);
        pthread_create(&reader,  pthread_attr_default,  (void  *)&reader_function),
NULL);
        writer_function( );
    }
    void writer_function (void)
    {
        while(1){
        /* 锁定互斥锁*/
        pthread_mutex_lock (&mutex);
        if (buffer_has_item==0){
        buffer=make_new_item( );
        buffer_has_item=1;
        }
        /* 打开互斥锁*/
        pthread_mutex_unlock(&mutex);
        pthread_delay_np(&delay);
        }
        }
    void reader_function(void)
    {
        while(1){
        pthread_mutex_lock(&mutex);
        if(buffer_has_item==1){
        consume_item(buffer);
        buffer_has_item=0;
        }
        pthread_mutex_unlock(&mutex);
        pthread_delay_np(&delay);
        }
    }
```

这里声明了互斥量 mutex，结构体 pthread_mutex_t 为不公开的数据类型，其中包含一个系统分配的属性对象。函数 pthread_mutex_init 用来生成一个互斥锁。其中 NULL 参数表明使用默认属性。如果需要声明特定属性的互斥锁，需调用函数 pthread_mutexattr_init。函数

pthread_mutexattr_setpshared 和函数 pthread_mutexattr_settype 用来设置互斥锁属性。pthread_mutexattr_setpshared 函数用来设置属性 pshared，它有两个取值，即 PTHREAD_PROCESS_PRIVATE 和 PTHREAD_ PROCESS_SHARED。前者用于同步不同进程中的线程，后者用于同步本进程的不同线程。在上面的例子中，我们使用的是默认属性 PTHREAD_PROCESS_PRIVATE。pthread_mutexattr_settype 函数用来设置互斥锁类型，可选的类型有 PTHREAD_MUTEX_NORMAL、PTHREAD_MUTEX_ ERRORCHECK、PTHREAD_MUTEX_RECURSIVE 和 PTHREAD_MUTEX_DEFAULT。它们分别定义了不同的上锁、解锁机制，一般情况下，选用最后一个默认属性。

pthread_mutex_lock 声明开始用互斥锁上锁，此后的代码直至调用 pthread_mutex_unlock 为止，均被上锁，即同一时间只能被一个线程调用执行。当一个线程执行到 pthread_mutex_lock 处时，如果该锁此时被另一个线程使用，那么此线程将被阻塞，即程序将等待直到另一个线程释放此互斥锁。在上面的例子中，我们使用了 pthread_delay_np 函数，让线程睡眠一段时间，就是为了防止一个线程始终占据此函数。

需要提出的是，在使用互斥锁的过程中很有可能会出现死锁：两个线程试图同时占用两个资源，并按不同的次序锁定相应的互斥锁。例如两个线程都需要锁定互斥锁 1 和互斥锁 2，a 线程先锁定互斥锁 1，b 线程先锁定互斥锁 2，这时就出现了死锁。此时我们可以使用函数 pthread_mutex_trylock，它是函数 pthread_mutex_lock 的非阻塞版本，当它发现死锁不可避免时，它会返回相应的信息，程序员可以针对死锁做出相应的处理。另外，不同的互斥锁类型对死锁的处理不一样，但最主要的还是程序员在设计程序时要注意这一点。

3. 条件变量

前文中我们讲述了如何使用互斥锁来实现不同线程间数据的共享和通信。互斥锁一个明显的缺点是它只有两种状态：锁定和非锁定。而条件变量通过允许线程阻塞和等待另一个线程发送信号的方法弥补了互斥锁的不足，它常和互斥锁一起使用。使用时，条件变量被用来阻塞一个线程，当条件不满足时，线程往往解开相应的互斥锁并等待条件发生变化。一旦某个线程改变了条件变量，它将通知相应的条件变量唤醒一个或多个正被此条件变量阻塞的线程。这些线程将重新锁定互斥锁并重新测试条件是否满足。一般来说，条件变量被用来实现线程间的同步。

条件变量的结构体为 pthread_cond_t，函数 pthread_cond_init 用来初始化一个条件变量。pthread_cond_init 函数的原型如下。

```
    extern  int  pthread_cond_init  __P  ((pthread_cond_t  *__cond,  __const  pthread_
condattr_t *__cond_attr));
```

其中__cond 是一个指向结构体 pthread_cond_t 的指针，__cond_attr 是一个指向结构体 pthread_condattr_t 的指针。结构体 pthread_condattr_t 是条件变量的属性结构体，和互斥锁一样，我们可以用它来设置条件变量是进程内可用还是进程间可用，默认值是 PTHREAD_PROCESS_ PRIVATE，即此条件变量被同一进程内的各个线程使用。注意初始化条件变量只有未被使用时才能重新初始化或被释放。释放一个条件变量的函数为 pthread_cond_destroy。

函数 pthread_cond_wait 使线程阻塞在一个条件变量上，它的原型如下。

```
    extern  int  pthread_cond_wait  __P  ((pthread_cond_t  *__cond,  pthread_mutex_t
*__mutex));
```

线程解开 mutex 指向的锁并被条件变量__cond 阻塞。线程可以被函数 pthread_cond_signal 和函数 pthread_cond_broadcast 唤醒。但要注意的是，条件变量只是起阻塞和唤醒线程的作用，具体的判断条件还需用户给出，例如一个变量是否为 0 等，这一点我们从后文中可以看到。线程被唤醒后，它将重新检查判断条件是否满足。如果还不满足，一般来说线程应该仍阻塞在这里，等待下一次被唤醒。这个过程一般用 while 语句实现。

另一个用来阻塞线程的函数是 pthread_cond_timedwait，它的原型如下。

```
    extern int pthread_cond_timedwait __P ((pthread_cond_t *__cond, pthread_mutex_t
*__mutex, __const struct timespec *__abstime));
```

它比函数 pthread_cond_wait 多了一个时间参数，经历__abstime 段时间后，即使条件变量不满足，阻塞也会被解除。

函数 pthread_cond_signal 的原型如下。

```
    extern int pthread_cond_signal __P ((pthread_cond_t *__cond));
```

它用来释放被阻塞在条件变量__cond 上的一个线程。多个线程阻塞在此条件变量上时，哪一个线程被唤醒是由线程的调度策略所决定的。要注意的是，必须用保护条件变量的互斥锁来保护这个函数，否则条件满足信号又可能在测试条件和调用 pthread_cond_wait 函数之间被发出，从而造成无限制的等待。下面是使用函数 pthread_cond_wait 和函数 pthread_cond_signal 的一个简单例子。

```
    pthread_mutex_t count_lock;
    pthread_cond_t count_nonzero;
    unsigned count;
    decrement_count ()
    {
        pthread_mutex_lock (&count_lock);
        while(count==0)
        pthread_cond_wait( &count_nonzero, &count_lock);
        count=count -1;
        pthread_mutex_unlock (&count_lock);
    }
    increment_count()
    {
        pthread_mutex_lock(&count_lock);
        if(count==0)
        pthread_cond_signal(&count_nonzero);
        count=count+1;
        pthread_mutex_unlock(&count_lock);
    }
```

count 值为 0 时，decrement_count 函数在 pthread_cond_wait 处被阻塞，并打开互斥锁 count_lock。当调用函数 increment_count 时，pthread_cond_signal 函数改变条件变量，告知 decrement_count 停止阻塞。读者可以试着让两个线程分别运行这两个函数，看看会出现什么样的结果。

函数 pthread_cond_broadcast（pthread_cond_t *cond）用来唤醒所有被阻塞在条件变量 cond 上的线程。这些线程被唤醒后将再次竞争相应的互斥锁，所以必须小心使用这个函数。

4. 线程的信号量

信号量既可以作为二值计数器（0、1），也可以作为资源计数器。

信号量本质上是一个非负的整数计数器，它被用来控制对公共资源的访问。当公共资源增加时，调用函数 sem_post 增加信号量值。只有当信号量值大于 0 时，才能使用公共资源，使用后，调用函数 sem_wait 减少信号量值。函数 sem_trywait 和函数 pthread_mutex_trylock 起同样的作用，它是函数 sem_wait 的非阻塞版本。下面我们逐个介绍和信号量有关的一些函数，它们都在头文件/usr/include/semaphore.h 中定义。

信号量的数据类型为结构体 sem_t，它本质上是一个长整型的数。函数 sem_init 用来初始化一个信号量，它的原型如下。

```
extern int sem_init __P ((sem_t *__sem, int __pshared, unsigned int __value));
```

__sem 为指向信号量结构体的一个指针；__pshared 不为 0 时，此信号量在进程间共享，否则只能为当前进程的所有线程共享；__value 给出了信号量的初始值。

函数 sem_post(sem_t *sem)用来增加信号量的值。当有线程阻塞在这个信号量上时，调用这个函数会使其中的一个线程不再阻塞，选择机制同样是由线程的调度策略决定的。

函数 sem_wait(sem_t *sem)用来阻塞当前线程直到信号量 sem 的值大于 0，解除阻塞后将 sem 的值减 1，表明公共资源经使用后减少。函数 sem_trywait(sem_t *sem)是函数 sem_wait 的非阻塞版本，它直接将信号量 sem 的值减 1。

函数 sem_destroy(sem_t *sem)用来释放信号量 sem。

下面我们来看一个使用信号量的例子。在这个例子中，一共有 4 个线程，其中两个线程负责从文件读取数据到公共的缓冲区，另外两个线程负责从缓冲区读取数据做不同的处理（加法和乘法运算）。

```
#include <stdio.h>
#include <pthread.h>
#include <semaphore.h>
#define MAXSTACK 100
int stack[MAXSTACK];
int size=0;
sem_t sem;
/* 从文件 1.dat 读取数据，每读一次，信号量加 1*/
void ReadData1(void)
{
    FILE *fp=fopen("1.dat","r");
    while(!feof(fp)){
    fscanf(fp,"%d %d",&stack[0],&stack[1]);
    sem_post(&sem);
    ++size;
    }
    fclose(fp);
}
/*从文件 2.dat 读取数据*/
void ReadData2(void)
{
    FILE *fp=fopen("2.dat","r");
    while(!feof(fp)){
    fscanf(fp,"%d %d",&stack[0],&stack[1]);
    sem_post(&sem);
    ++size;
    }
    fclose(fp);
}
/*阻塞等待缓冲区有数据，读取数据后，释放空间，继续等待*/
void HandleData1(void)
{
```

```
        while(1){
        sem_wait(&sem);
        printf("Plus: %d+%d=%d\n", stack[0], stack[1],
        stack[0]+stack[1]);
        --size;
        }
    }
    void HandleData2(void)
    {
        while(1){
        sem_wait(&sem);
        printf("Multiply: %d*%d=%d\n", stack[0], stack[1],
        stack[0]*stack[1]);
        --size;
        }
    }
    int main(void)
    {
        pthread_t t1, t2, t3, t4;
        sem_init(&sem, 0, 0);
        pthread_create(&t1, NULL, (void *)HandleData1, NULL);
        pthread_create(&t2, NULL, (void *)HandleData2, NULL);
        pthread_create(&t3, NULL, (void *)ReadData1, NULL);
        pthread_create(&t4, NULL, (void *)ReadData2, NULL);
        /* 为了防止程序过早退出，让它在此无限期等待*/
        pthread_join(t1, NULL);
    }
```

在 Linux 下，我们用命令 gcc -lpthread sem.c -o sem 生成可执行文件 sem。我们事先编辑好数据文件 1.dat 和 2.dat，假设它们的内容分别为“1 2 3 4 5 6 7 8 9 10”和“-1 -2 -3 -4 -5 -6 -7 -8 -9 -10”。我们运行 sem，得到如下结果。

```
Multiply: -1*-2=2
Plus: -1+-2=-3
Multiply: 9*10=90
Plus: -9+-10=-19
Multiply: -7*-8=56
Plus: -5+-6=-11
Multiply: -3*-4=12
Plus: 9+10=19
Plus: 7+8=15
Plus: 5+6=11
```

从运行结果我们可以看出多个线程间的竞争关系。数值并未按我们原先的顺序显示，这是因为 size 这个数值被各个线程任意修改。这也往往是多线程编程要注意的问题。不过，信号量除了可以作为二值计数器用于模拟互斥锁和条件变量之外，还有比它们更加强大的功能——信号量可以用作资源计数器。也就是说，初始化信号量的值为某个资源当前可用的数量，使用了一个之后递减，归还了一个之后递增。

信号量与互斥锁、条件变量相比还有以下两点不同。

（1）互斥锁必须是同一个线程获取以及释放，否则会产生死锁，而条件变量和信号量则不必。

（2）信号量值的递增与减少会被系统自动记住，系统内部有一个计数器实现信号量，不必担心会丢失。而唤醒一个条件变量时，如果没有相应的线程在等待该条件变量，此次唤醒将被丢失。

11.6 练习

1. 线程是什么？进程是什么？它们之间有哪些区别与联系？

2. 什么叫线程的同步与互斥？为什么需要同步与互斥？

3. Linux 下线程同步有哪几种方法？

4. 简述什么是线程安全？

5. 多线程有哪些优越性？

6. 设计程序实现：在主进程中创建一个线程，在线程中再创建两个子线程，分别执行子线程函数。

7. 设计程序实现：有线程 1 和线程 2，线程 1 执行函数 A，线程 2 执行函数 B，现只使用一个互斥锁，分别对函数 A、B 的执行过程加锁和解锁。

8. 设计程序实现：启动两个线程，一个线程对全局变量 num 执行加 1 操作，执行 500 次；一个线程对全局变量 num 执行减 1 操作，同样执行 500 次。

9. 编写一个程序，开启 3 个线程，这 3 个线程的 ID 分别为 A、B、C，每个线程将自己的 ID 在屏幕上输出 10 遍，要求输出结果必须按 A、B、C 的顺序显示。

10. 产生死锁的主要原因有哪些？

11. 线程 A 发送消息给线程 B，线程 B 处理该消息时又发送消息给线程 A，这时会出现什么情况？

12. 如何解决死锁？

13. 编写代码解决下述问题：有一个生产者在生产产品，这些产品将提供给若干个消费者消费。为了使生产者和消费者能并发执行，在两者之间设置一个有多个缓冲区的缓冲池。生产者将它生产的产品放入一个缓冲区中，消费者可以从缓冲区中取走产品进行消费。所有生产者和消费者都是异步方式运行的，但它们必须保持同步，即不允许消费者到一个空的缓冲区中取产品，也不允许生产者向一个已经装满产品且尚未被取走的缓冲区中投放产品。

14. 设计程序实现：使用互斥量进行数据同步。

15. 设计程序实现：创建 10 个线程，如果线程的参数和随机数相同，那么线程就采用 exit 方式退出。

16. 设计程序实现：当一个线程被连接成功后，另一个线程就不能再连接该线程了。

17. 设计程序实现：一个新线程可以自己取消自己。

18. 设计程序实现：使用多线程对一个队列进行增加和减少，增加操作是一个线程，删除操作是另一个线程。

19. 在一个程序中创建多个线程执行不同的任务，为什么还是会有可能调用 fork？

20. Linux 线程可以使用所属进程的哪些资源？

21. 两个线程运行在双核机器上，每个线程主程序如下。线程 1：x=1；r1=y。线程 2：y=1；r2=x。x 和 y 是两个全局变量，初始值为 0。r1 和 r2 的可能值会有哪些？

第 12 章 综合实验

本章针对 Linux 操作系统开发设计了多个综合实验，通过这些实验，读者能够进一步理解 Linux 操作系统的功能特征，并掌握在 Linux 操作系统下开发相关应用程序的方法，提高实践动手能力。

12.1 设备驱动程序与设备文件

在 Linux 操作系统中，管理硬件设备（包括外围设备和存储设备）的代码没有放置在每个应用程序中，而是由内核统一管理。这些在内核中处理和管理硬件设备的软件就是设备驱动程序。

设备驱动程序在 Linux 操作系统内核里扮演着特殊的角色。设备驱动程序对内核来说是一个“黑盒子”，它们使用一套定义好的内部编程接口来实现不同的硬件功能，完全隐藏了硬件如何工作的细节。在 Linux 操作系统中，几乎所有的系统操作最后都会映射到除 CPU 和内存以外的某个具体硬件的某个具体操作上。应用程序通过调用一系列与具体硬件设备无关的标准系统调用来访问硬件设备，而设备驱动程序负责把这些系统调用映射到那些实际操作硬件的函数中。

Linux 操作系统设备驱动程序能独立于内核其他部分编译，编译为独立的模块，并且在需要时被运行的内核动态加载这些模块。这种模块化设计使得 Linux 操作系统设备驱动程序更易于编写。

Linux 操作系统设备驱动程序的一个基本特征是对设备访问的抽象。所有硬件设备都被看成普通文件，可以通过与普通文件相同的标准系统调用来打开、关闭、读取和写入设备。系统中每个设备都用一种特殊的设备相关文件来表示。例如，系统中第一个硬盘被表示成 /dev/hda。块设备和字符设备的设备相关文件可以通过 mknod 来创建，并且使用主、从设备号来描述此设备。网络设备也用设备相关文件来表示，但只有当 Linux 寻找和初始化网络设备时才建立这种文件。

在 Linux 操作系统中，由同一个设备驱动程序控制的所有设备具有相同的主设备号。从设备号被用来区分具有相同主设备号，并且由同一个设备驱动程序控制的不同设备（从设备号的作用没有严格的规定，其用途由设备驱动程序本身来决定）。例如，主 IDE 硬盘的每个分区的从设备号都不相同，如/dev/hda2 表示主 IDE 硬盘的第三个分区，其主设备号为 3，而从设备号为 2。Linux 操作系统通过使用主、从设备号，将系统调用中的设备相关文件映射到设备的设备驱动以及大量系统表格中，如字符设备表等。

设备特殊文件的 VFS 索引节点中包含设备号信息。如果通过系统调用访问设备，则内核通过该 VFS 索引节点中的设备号信息调用合适的设备驱动程序。

图 12.1 展示了在 Linux 操作系统中，应用程序如何通过 VFS 访问设备特殊文件。

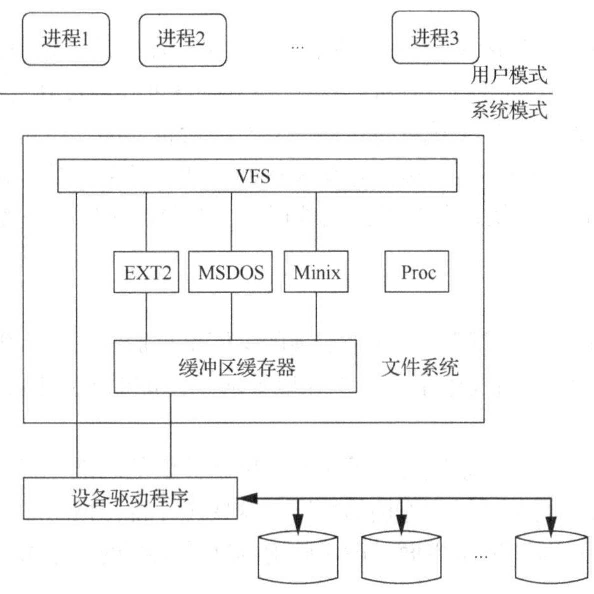

图 12.1　应用程序通过 VFS 访问设备特殊文件

图 12.2 展示了在 Linux 操作系统下，应用程序、设备文件、设备驱动程序、硬件设备之间的访问关系。

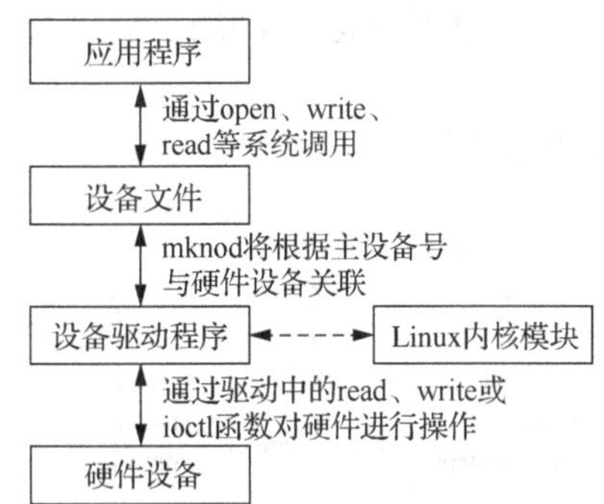

图 12.2　应用程序、设备文件、设备驱动程序、硬件设备之间的访问关系

12.2　Linux 操作系统设备类型

1. 字符设备

字符设备是 Linux 操作系统设备中最简单的一种。字符设备是指那些无须缓冲就可以直接读/写的设备，例如系统的串口设备/dev/cua0 和/dev/cua1。字符设备可以被看作一个类似文件的数据流。

字符设备的设备驱动程序需要实现 open、read、write、close 等系统调用，可以使用访问普通文件的函数来访问字符设备。对用户程序来说，访问一个字符设备和访问普通文件的最大的不同在于，访问普通文件可以随机访问某个特定位置的数据，也可以来回查找，然后访问前面的内容；而大多数的字符设备都只是数据通道，只能顺序访问。

2. 块设备

块设备仅能以块为单位读/写。块设备的存取通过高速缓冲区进行，并且可以随机访问，即无论块位于设备中何处都可以对其进行读/写。块设备可以通过其设备相关文件进行访问，但更为常用的方法是通过文件系统进行访问。只有块设备才能支持可安装文件系统。

像字符设备一样，块设备也可以通过调用访问普通文件的函数来访问存放于/dev 目录下的设备文件。在 Linux 下，块设备只能访问数据块，但允许应用程序像读/写字符设备一样来读/写块设备。

3. 网络界面

任何的网络传输都是通过网络界面来实现的。网络界面是指一个能与主机进行数据交换的设备。网络界面可以是一个硬件设备，例如以太网卡；也可以是纯软件代码，例如 loopback 设备。

网络界面在内核的网络子系统管理下工作。网络界面的功能是发送和接收数据包。对某一次连接来说，网络界面并不了解连接的情况，这些工作都由网络子系统来完成。网络界面不能是一个流接口的设备。网络界面一般不映射为文件系统的一个节点。

4. 其他设备

在 Linux 操作系统中，还有一些其他类型的设备。这些设备需要内核的附加层的支持，例如 USB 设备、串口设备、SCSI 设备等（均需要实现一定的协议）。

任何一个 USB 设备都被 USB 子系统管理下的 USB 模块所驱动，但这个 USB 设备本身可以是一个字符设备（USB 串口），也可以是一个块设备（USB 读卡器），甚至可以是一个网络设备（USB 以太网界面）。

图 12.3 展示了内核对各种设备的管理。

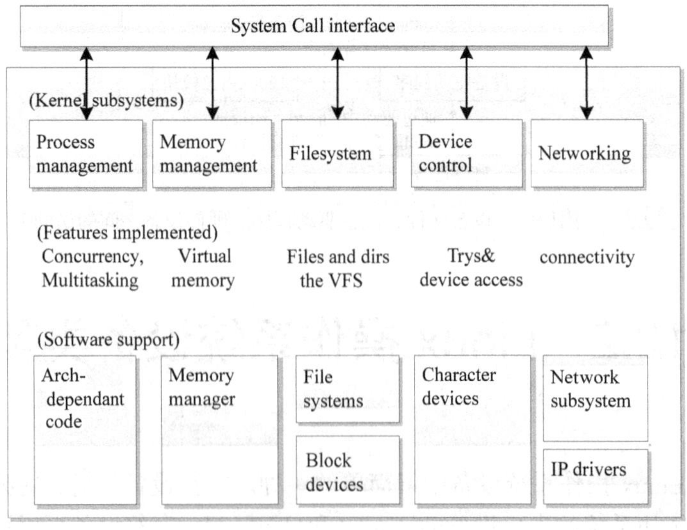

图 12.3 内核对各种设备的管理

12.3 Linux 操作系统设备驱动的特性

Linux 操作系统内核中虽然存在许多不同的设备驱动，但它们都具有如下一些特性。

1. 内核代码

设备驱动是内核的一部分，可以静态链接到 Linux 内核，也可以动态加载。

2. 内核接口

设备驱动必须为 Linux 内核或其从属子系统提供一个标准接口。例如，终端驱动为 Linux 内核提供一个文件 I/O 接口；SCSI 设备驱动为 SCSI 子系统提供一个 SCSI 设备接口，同时，此子系统为内核提供文件 I/O 和高速缓冲区接口。

3. 内核机制与服务

设备驱动可以使用标准的内核服务，如内存分配、中断发送和等待队列等。

4. 动态可加载

Linux 操作系统能在系统运行时扩充内核的功能。任何能在运行时被添加进内核的代码称为内核模块（module）。Linux 操作系统支持多种类型的内核模块，其中一种就是 Linux 操作系统设备驱动程序。每个内核模块均由编译后的目标代码组成，可以使用 insmod 命令链接进运行中的内核，也可以使用 rmmod 命令卸载内核模块。大多数 Linux 操作系统设备驱动程序可在内核发出加载请求时加载，在不再使用时卸载，这样内核就能有效地利用系统资源。

5. 可配置

Linux 操作系统设备驱动程序可以链接到内核中，当内核被编译时，可以配置决定哪些设备驱动程序被链接到内核。

6. 动态性

当系统启动及设备驱动程序初始化时，将查找它所控制的硬件设备。如果该硬件设备不存在，则该设备驱动程序不会工作，它除了占用少量系统内存外不会对系统造成任何危害。

12.4 Linux 操作系统设备驱动程序的组成部分

Linux 操作系统设备驱动程序由以下 3 个主要部分组成。

1. 自动配置和初始化子程序

自动配置和初始化子程序负责检测所要驱动的硬件设备是否存在和是否能正常工作。如果该设备正常，则对这个设备及其相关的设备驱动程序需要的软件状态进行初始化。这部分程序仅在初始化的时候被调用一次。

2. 服务于 I/O 请求的子程序

服务于 I/O 请求的子程序又称为驱动程序的上半部分。这部分是为了对系统调用进行响应而设计的。这部分程序在执行的时候，系统仍认为是和进行调用的进程属于同一个进程，只是由用户态变成了核心态，具有进行此系统调用的用户程序的运行环境。因此，可在其中调用 sleep 等与进程运行环境有关的函数。

3. 中断服务子程序

中断服务子程序又称为驱动程序的下半部分。在 Linux 操作系统中，并不直接从中断向量表中调用设备驱动程序的中断服务子程序，而是由 Linux 操作系统来接收硬件中断，再由系统调用中断服务子程序。中断可以产生在任何一个进程运行的时候。因此，在中断服务子程序被调用的时候，不能依赖于任何进程的状态，也不能调用任何与进程运行环境有关的函数。因为设备驱动程序一般支持同一类型的若干设备，所以一般在系统调用中断服务子程序的时候，都带有一个或多个参数，以唯一标识请求服务的设备。

12.5 Linux 内核模块与设备驱动程序开发实验

12.5.1 实验目的

掌握 Linux 操作系统设备驱动程序及板级支持包的基本概念，掌握 Linux 内核模块的概念，掌握 Linux 内核模块代码结构及管理方法，掌握建立 Linux 操作系统设备驱动程序及板级支持包开发环境的基本方法和流程。

12.5.2 实验原理

Linux 操作系统有在运行时扩展内核功能的能力，这就意味着可以在系统运行时增加内核功能。可以在运行时被添加到内核的代码，被称为模块。Linux 内核支持多种模块类型，其中包括设备驱动程序和其他模块。每个模块由目标代码组成（没有链接成完整可执行文件），可以动态链接到运行的内核中，也可以从内核中去除链接/卸载。每个模块均运行在内核空间中。

内核模块需要实现两个标准的接口，模块初始化函数和模块退出函数，其形式如下。

模块初始化函数如下。

```
static int __init initialization_function(void)
{
 /* Initialization code here */
}
module_init(initialization_function);
```

模块退出函数如下。

```
static void __exit cleanup_function(void)
{
 /* Cleanup code here */
}
module_exit(cleanup_function);
```

模块初始化函数和模块退出函数应该实现的功能并没有严格的规定。通常在模块初始化函数中进行设备注册等操作，例如字符设备注册。模块退出函数则一般被用来注销接口，在模块被卸载之前将所有资源返回给系统。在加载模块时模块初始化函数被内核所调用，卸载模块时内核则调用模块退出函数。

在 Linux 中，大部分应用程序是按照相对确定的流程来处理自己的任务的，而内核模块在加载时只是注册自己的服务函数以便服务于未来的请求。同时模块初始化函数在执行一次后立刻终止，也就是说模块初始化函数的任务是为以后模块功能被访问做准备的，这种编程的思想类似于事件驱动。

对内核模块编程还需要特别注意模块退出函数。应用程序在被终止时可以不释放资源，甚至完全不做清理工作（内核会进行相应处理）。而模块退出函数则必须小心释放所有使用的资源，否则内核会保留相关资源直到系统重启。

应用程序可以调用它没有定义的函数，编译器在链接阶段会使用合适的函数库来解决外部引用的问题。例如，在应用程序中可以直接使用 C 库函数中定义的 printf 函数。而内核模块则只链接到 Linux 内核中，因此内核模块中只能调用内核函数，而不能调用任何外部库中定义的函数。例如，在内核模块中只能调用内核函数 printk 来输出信息，而不能使用 C 库函数中定义的 printf 函数。

内核模块编程还需要注意对并发问题的处理。例如 Linux 操作系统中有多个进程同时运行，在同一时间可能不止一个进程会试图使用模块提供的服务。Linux 已经可以在对称多处理器系统上运行，因此内核模块可能在多个处理器上被并发执行。同时 Linux 2.6 及以上版本，其内核代码已经是可抢占的，这使得即便是在单处理器环境中，也会存在与多处理器环境中类似的并发问题。所以，Linux 模块代码必须是可重入的，必须能够同时在多个上下文环境中运行。数据结构体必须被小心设计以保持多个执行线程分开，代码必须小心存取共享数据以避免数据的破坏，还需要编写代码处理并发和避免竞争的情况。

应用程序存在于虚拟内存中，有一个非常大的堆栈区。堆栈通常被用来保存函数调用历史信息，以及所有由当前活跃的函数创建的自动变量。内核的堆栈空间则非常小，甚至可能小到只有 4096 字节（一个物理页）。同时，内核模块中的函数必须与内核空间调用链共享堆栈。因此声明自动变量时需要小心，如果需要声明较大的变量（例如结构体），则应该采用动态分配的方式来声明。

内核模块中应该指定它采用哪种代码许可证协议，需要在内核模块代码开头用以下语句进行声明：

```
MODULE_LICENSE("Dual BSD/GPL")
```

因为内核模块只能使用内核函数，内核模块代码中引用的头文件只能是内核源代码树中的头文件，所以在编译内核模块时需要有一个配置并编译好的内核源代码树。

可以使用 insmod 命令将内核模块加载到内核中。insmod 首先加载模块的代码段和数据段到内核，接着执行一个类似 ld 的函数，该函数将模块中任何未定义的符号链接到内核的符号表上。上述过程中，内核不修改模块的磁盘文件，而修改内存中的副本。

modprobe 命令和 insmod 命令类似，也可以加载一个模块到内核。其不同之处在于，modprobe 会查看要加载的模块，检查是否引用了当前内核没有定义的符号。如果发现引用了当前内核未定义的符号，modprobe 会在预定义的搜索路径中寻找包含这些符号的其他模块。当 modprobe 找到加载模块所需要的其他模块后，把它们也加载到内核。对于这种情况，如果使用 insmod 命令则会加载模块失败，出现“unresolved symbols”错误。

可以使用 rmmod 命令将内核模块从内核中卸载。需要注意的是，如果内核认为模块仍在使用，例如有程序仍然有打开文件对应于该模块，或者内核被配置为不允许模块卸载，则模块卸载操作会失败。

lsmod 命令列出内核中当前加载的模块的列表，同时还可以提供一些其他信息，例如使用了一个特定模块的其他模块等。lsmod 通过读取/proc/modules 文件来获取当前内核中模块的相关信息，当前加载的模块信息也可在位于/sys/module 的 sysfs 虚拟文件系统中找到。

12.5.3 实验步骤

1. 编译 Linux 操作系统内核模块代码

具体的步骤如下。

（1）在 Linux 中进入 Linux 操作系统代码目录，下载并解压内核源代码到当前目录。

（2）进入内核源代码目录，输入 make menuconfig 命令，通过菜单配置内核。

（3）在配置好内核以后，通过 make 命令编译内核，生成.config 配置文件。

2. 编写内核模块代码和设备驱动程序

在 Linux 中编写一个简单的内核模块和设备驱动程序“Hello Kernel”，将相应的 C 代码文件和 Makefile 文件存储到对应目录下。

hellokernel.c 文件内容示例如下。

```
#如果这个代码是示例*-*的，建议加一行注释
#示例*-*的代码
#include <linux/init.h> #include <linux/module.h>
MODULE_LICENSE("Dual BSD/GPL");
static int __init hello_init(void)
{
       printk(KERN_ALERT "Hello, Kernel!\n");
       return 0;
}
static void __exit hello_exit(void)
{
       printk(KERN_ALERT "Goodbye, Kernel\n");
}
module_init(hello_init);
module_exit(hello_exit);
```

Makefile 文件内容示例如下。

```
# test for kernel module
obj-m := hellokernel.o
KDIR = /xxx
# xxx 为内核源代码目录
PWD  = $(Shell pwd)
default:
    $(MAKE) -C $(KDIR)  SUBDIRS=$(PWD) modules
clean:
    rm -rf module.*
    rm -rf *.mod.*
    rm -rf .*.cmd
    rm -rf *.o *.ko
```

在 Ubuntu Linux 中使用 make 命令编译内核模块，成功后生成 hellokernel.ko 文件。

3. 在 Linux 操作系统中加载内核模块

通过在 Linux 操作系统上执行 insmod hellokernel.ko 命令可以将 hellokernel 模块加载到内核中，此时在命令行上应该能看到该模块的模块初始化函数输出的信息“Hello,Kernel!”。

4. 查询 Linux 操作系统内核加载的模块

在 Linux 操作系统上通过 lsmod 命令可以查询当前加载的模块。

5. 从 Linux 操作系统内核中卸载模块

在 Linux 操作系统上运行以下命令，就能从内核中卸载模块：

```
rmmod hellokernel
```

此时在命令行上应该能看到该模块的模块退出函数输出的信息“Goodbye,Kernel”。

12.6 Linux 操作系统字符设备驱动程序开发实验

12.6.1 实验目的

掌握 Linux 操作系统字符设备概念，掌握 Linux 操作系统中应用程序或用户访问物理设备的方法，掌握 Linux 操作系统中与设备驱动程序关联的内核结构，掌握 Linux 操作系统字符设备驱动程序框架。

12.6.2 实验原理

1. Linux 操作系统字符设备概念

如 12.2 节所述，字符设备是 Linux 操作系统设备中最简单的一种，可以被看作一个类似文件的数据流。

2. Linux 操作系统中应用程序或用户访问物理设备的方法

在 Linux 操作系统中应用程序或用户通过设备驱动程序/模块提供的功能来操作硬件设备。设备文件是连接应用程序或用户与设备驱动程序之间的桥梁。

在 Linux 操作系统中，设备可以通过在文件系统中的名字来访问，这些名字称为文件系统的特殊文件或者设备文件，也可称为文件系统的简单节点。按照惯例，设备文件位于 Linux 操作系统的/dev 目录下。

如果在 Linux 操作系统的/dev 目录下执行 ls -l 命令，可以发现字符设备的设备文件的第一列会有“c”标识，示例如下。

```
crw-rw-rw- 1 root  root  1,  3 Apr 11  2002 null
crw------- 1 root  root  10, 1 Apr 11  2002 psaux
crw------- 1 root  root  4,  1 Oct 28 03: 04 tty1
crw-rw-rw- 1 root  tty   4, 64 Apr 11  2002 ttys0
crw-rw---- 1 root  uucp  4, 65 Apr 11  2002 ttyS1
crw--w---- 1 vcsa  tty   7,  1 Apr 11  2002 vcs1
crw--w---- 1 vcsa  tty   7, 129 Apr 11  2002 vcsa1
crw-rw-rw- 1 root  root  1,  5 Apr 11  2002 zero
```

在 Linux 操作系统的/dev 目录下执行 ls －l 命令时还可以发现，设备文件没有文件长度的指示，在显示文件长度的地方有通过逗号分隔的两个数字。这两个数字是设备文件对应的设备在 Linux 操作系统中的主、从设备号。例如上述设备文件是典型系统上的典型设备，它们的主设备号是 1、4、7 和 10，而从设备号是 1、3、5、64、65 和 129。

在通常情况下，主设备号标识设备相连的驱动。例如/dev/null 和/dev/zero 都由驱动 1 来管理，而虚拟控制台和串口终端都由驱动 4 管理，vcs1 和 vcsa1 设备都由驱动 7 管理。较新版本的 Linux 内核允许多个驱动共享主设备号，但是大部分设备仍然按照一个主设备号一个驱动的原则来组织。

从设备号被内核用来决定引用哪个设备。依据设备驱动程序的实现方式的不同，可以根据从设备号从内核得到设备的直接指针，或者可以使用从设备号作为本地设备数组的索引。

在 Linux 操作系统中，设备文件可以在加载对应的设备驱动程序/模块后，通过 mknod 命令来手动创建，其格式示例如下。

```
mknod  /dev/"设备文件名"  c（创建字符设备文件） 主设备号 从设备号
mknod  /dev/"设备文件名"  b（创建块设备文件） 主设备号 从设备号
```

对字符设备而言，因为字符设备驱动程序/模块在调用 register_chrdev 注册字符设备时也指定了主设备号和从设备号，所以当在 Linux 操作系统上执行 mknod 命令时将根据主设备号将设备文件与加载的字符设备驱动程序关联。这样当 Linux 操作系统中的应用程序或用户对字符设备文件进行操作时，就会转化为对字符设备驱动程序相应接口的调用。如前文所述，字符设备驱动程序的相关接口实现了对物理设备的操作，这样 Linux 操作系统中的应用程序或用户就可以访问物理设备了。

在 Linux 操作系统应用程序中可以使用访问普通文件的函数来访问设备文件，应用程序对物理设备的访问方法已在图 12.2 中展示。

3. Linux 操作系统中与设备驱动程序关联的内核结构体

在 Linux 操作系统中，设备驱动程序一般会涉及 file_operations、file 和 inode 这 3 个重要的内核结构体中的一个或多个。下面对这些结构体进行简单介绍。

（1）file_operations 结构体

在 Linux 操作系统中，字符设备通过 file_operations 结构体把驱动程序的操作和设备号联系在一起，该结构体定义在 linux/fs.h 中，是一个函数指针的集合。

在 Linux 操作系统中，每个被打开的设备文件在 Linux 内部都用一个 file 结构体来代表，而对设备文件的操作如何与设备驱动程序自身的函数集合相关联则是通过 file 结构体中一个称为 f_op 的成员，该成员就指向 file_operations 结构体。

一般情况下，将 file_operations 结构体或者其指针称为 fops。fops 中的每个成员指向设备驱动程序中的函数，这些函数实现一个特别的操作，这些操作大部分负责实现 Linux 操作系统的某种系统调用，因此方法命名为 open、read 等。我们可以认为文件是一个“对象”，将文件上的函数操作称为它的“方法”；对于不支持的操作，则相应成员为 NULL。

file_operations 结构体是一系列指针的集合，每个被打开的文件都对应于一系列操作，其用来执行一系列系统调用。

file_operations 结构体定义如下。

```
struct file_operations {
        struct module *owner;
        loff_t          (*llseek) ();
        ssize_t         (*read) ();
        ssize_t         (*write) ();
        ssize_t         (*aio_read) ();
        ssize_t         (*aio_write) ();
        int             (*readdir) ();
        unsigned int    (*poll) ();
        int             (*ioctl) ();
        long            (*unlocked_ioctl) ();
        long            (*compat_ioctl) ();
        int             (*mmap) ();
```

```
        int             (*open) ();
        int             (*flush) ();
        int             (*release) ();
        int             (*fsync) ();
        int             (*aio_fsync) ();
        int             (*fasync) ();
        int             (*lock) ();
        ssize_t         (*sendfile) ();
        ssize_t         (*sendpage) ();
        unsigned long (*get_unmapped_area) ();
        int             (*check_flags) ();
        int             (*dir_notify) ();
        int             (*flock) ();
        ssize_t         (*splice_write) ();
        ssize_t         (*splice_read) ();
};
```

其部分成员定义如下。

① struct module *owner。

第一个 file_operations 成员不是一个操作而是一个指向拥有这个结构体的模块的指针。这个成员用于防止模块仍在使用的时候被卸载，其可以被简单地初始化为 THIS_MODULE。

② loff_t (*llseek) (struct file *,loff_t,int);。

llseek 方法用于改变文件中的当前读写位置，并且将新位置作为返回值。

③ ssize_t (*read) (struct file *,char __user *,size_t,loff_t *);。

read 方法用于从设备中获取数据。该方法为 read 系统调用的后端。如果将该方法赋值为 NULL，则将导致 read 系统调用出错，错误码为-EINVAL("Invalid argument")。一个非负返回值代表了成功读取的字节数。

④ ssize_t (*aio_read)(struct kiocb *,char __user *,size_t,loff_t);。

异步读方法。如果将该方法赋值为 NULL，则所有的操作会由 read 代替进行。

⑤ ssize_t (*write) (struct file *,const char __user *,size_t,loff_t *);。

write 方法用于发送数据给设备。如果将该方法赋值为 NULL，则将导致 write 系统调用出错。非负返回值代表成功写入的字节数。

⑥ ssize_t (*aio_write)(struct kiocb *,const char __user *,size_t,loff_t *);。

异步写方法。

⑦ int (*readdir) (struct file *,void *,filldir_t);。

对于设备文件，这个方法应当为 NULL，它用来读取目录（仅对文件系统有用）。

⑧ unsigned int (*poll) (struct file *,struct poll_table_struct *);。

poll 方法是 poll、epoll 和 select 这 3 个系统调用的后端，用于查询对一个或多个文件描述符的读或写操作是否会阻塞。poll 方法应当返回一个位掩码指示是否非阻塞的读或写是可能的，并且在阻塞方式下，应该提供给内核信息用来使调用进程睡眠直到 I/O 变为可能。如果 poll 方法为 NULL，则设备被假定为不阻塞地可读/可写。

⑨ int (*ioctl) (struct inode *,struct file *,unsigned int,unsigned long);。

在 Linux 操作系统中，ioctl 系统调用提供了发出设备特定命令的方法（例如格式化软盘的一个磁道，这不是读也不是写）。ioctl 方法是 ioctl 系统调用的后端。如果设备不提供 ioctl

方法，或者在 ioctl 系统调用中使用了任何未事先定义的请求，ioctl 系统调用均会出错。

⑩ int (*mmap) (struct file *,struct vm_area_struct *);。

mmap 方法用于请求将设备内存映射到应用程序进程的地址空间。如果这个方法是 NULL，则 mmap 系统调用返回-ENODEV。

⑪ int (*open) (struct inode *,struct file *);。

这常常是应用程序或用户对设备文件进行的第一个操作（打开设备），以获取后续操作所需要的文件描述符（设备文件的文件描述符）。如果这个方法是 NULL，则设备打开成功，但是驱动程序不会得到通知。

⑫ int (*flush) (struct file *);。

flush 方法在进程关闭它的设备文件描述符时调用，它应当执行并且等待设备的未完成操作。flush 方法在设备驱动程序中很少被使用。

⑬ int (*release) (struct inode *,struct file *);。

在 file 结构体被释放时调用这个方法。

⑭ int (*fsync) (struct file *,struct dentry *,int);。

fsync 方法是 fsync 系统调用的后端，用户通过该系统调用来刷新数据。如果该方法是 NULL，则 fsync 系统调用返回-EINVAL。

⑮ int (*aio_fsync)(struct kiocb *,int);。

这是 fsync 方法的异步版本。

⑯ int (*fasync) (int，struct file *,int);。

fasync 方法用于通知设备，它的 FASYNC 标志位发生了改变。

⑰ int (*lock) (struct file *,int,struct file_lock *);。

lock 方法用于实现文件加锁。加锁对常规文件是必不可少的特性，但是设备驱动程序几乎从不实现。

⑱ ssize_t (*sendfile)(struct file *,loff_t *,size_t,read_actor_t,void *);。

sendfile 方法实现 sendfile 系统调用的读操作，使用最少的复制操作从一个文件描述符搬移数据到另一个。

⑲ ssize_t (*sendpage) (struct file *,struct page *,int，size_t,loff_t *,int);。

sendpage 由内核调用来发送数据到对应的文件。设备驱动程序无须实现 sendpage。

⑳ unsigned long (*get_unmapped_area)(struct file *,unsigned long,unsigned long,unsigned long,unsigned long);。

get_unmapped_area 方法用于在进程的地址空间中找一个合适的位置来映射在底层设备上的内存。

㉑ int (*check_flags)(int);。

check_flags 方法允许模块检查传递给 fnctl(F_SETFL...) 调用的标志位。

㉒ int (*dir_notify)(struct file *,unsigned long);。

dir_notify 方法只在应用程序使用 fcntl 来请求目录改变通知时被调用，且只对普通文件系统有效，设备驱动程序不需要实现 dir_notify。

如果 scull 设备驱动只实现最重要的设备方法，它的 file_operations 结构体将会包含以下成员。

```
struct file_operations scull_fops = {
```

```
        .owner =  THIS_MODULE,
        .llseek =  scull_llseek,
        .read =  scull_read,
        .write =  scull_write,
        .ioctl =  scull_ioctl,
        .open =  scull_open,
        .release =  scull_release,
    };
```

（2）file 结构体

file 结构体在 linux/fs.h 中定义。需要注意的是，file 结构体与用户空间程序的 FILE 指针没有任何关系。FILE 指针定义在 C 库中，从不出现在内核代码中；file 结构体则是一个内核结构体，从不出现在用户程序中。

在 Linux 操作系统中，file 结构体代表一个打开的文件（不特指设备文件，系统中每个打开的文件在内核空间有一个与之关联的 file 结构体）。file 结构体在打开文件时由内核创建，并传递给对文件进行操作的相关函数直到最后关闭。在文件的所有实例都关闭后内核释放这个结构体。

在内核源代码中 file 结构体的指针常常称为 filp("file pointer")以避免和结构体自身混淆。

file 结构体中最重要的成员定义如下。

① mode_t f_mode;。

文件模式，确定文件是可读的还是可写的（或者可读且可写）。

② loff_t f_pos;。

当前读写位置。loff_t 在所有平台都是 64 位，设备驱动程序可以读这个值并且不应该改变它。

③ unsigned int f_flags;。

该成员是文件标志，例如 O_RDONLY、O_NONBLOCK 和 O_SYNC。设备驱动程序应当检查 O_NONBLOCK 标志来看是否是请求非阻塞操作，其他标志很少使用。

④ struct file_operations *f_op;。

指向 file_operations 结构体的指针（和文件关联的操作，参考前文）。

⑤ void *private_data;。

open 系统调用将会设置这个指针为 NULL。在调用设备驱动程序的 open 方法之前可自由使用这个成员。可以使用这个成员来指向分配的数据但是必须在内核销毁 file 结构体之前在 release 方法中释放该内存。通常用 private_data 来在系统调用间保留状态信息。

⑥ struct dentry *f_dentry;。

关联到文件的目录入口的结构体。一般情况下，设备驱动程序不需要关心 dentry 结构体。

（3）inode 结构体

内核在内部使用 inode 结构体来表示文件，它和代表打开文件的 file 结构体是不同的。在 Linux 操作系统中可能会将某个文件打开多次，每打开一次就对应一个 file 结构体，但是 inode 结构体只有一个。

inode 结构体包含大量关于文件的信息，设备驱动程序开发者需要关心其中的以下两个成员。

① dev_t i_rdev;。

对于代表设备文件的节点，这个成员包含实际的设备号。

② struct cdev *i_cdev;。

cdev 是内核的内部结构体，代表字符设备。

需要注意的是，i_rdev 类型在 Linux kernel 2.5 及以上版本中被改变了。为了方便设备驱动程序的移植，内核开发者增加了两个宏，可用来从一个 inode 中获取主设备号：

```
unsigned int iminor(struct inode *inode);
unsigned int imajor(struct inode *inode);
```

4. Linux 操作系统字符设备驱动程序框架

Linux 操作系统字符设备驱动程序主要需要实现以下功能。

（1）实现 file_operations 结构体中的相关方法

如前文所述，file_operations 结构体中的方法通常是对设备文件进行操作的相关系统调用的后端，将对设备文件的操作与设备驱动程序的操作相关联。在字符设备驱动程序中最主要的工作就是实现 file_operations 结构体中的相关方法，通常会实现的方法有 open、release、read、write、ioctl 等（对应于设备驱动程序的相关函数）。

（2）模块初始化函数

通常在模块初始化函数中对硬件设备进行初始化操作，初始化设备驱动程序的数据结构体和缓冲区。除此之外，还会在模块初始化函数中对字符设备进行注册。

如前文所提到的，Linux 操作系统内核在内部使用 cdev 结构体来代表字符设备。首先可以调用 cdev_init 函数来初始化 cdev 结构体，再调用 cdev_add 函数把 cdev 结构体添加到内核，这样内核中就会增加一个字符设备。需要注意的是，cdev_add 一旦成功，字符设备就是“活动的”，并且内核可以调用它的操作。

除了向内核中添加 cdev 结构体以外，注册字符设备还有一个经典的方法，那就是调用 register_chrdev 函数。在这里我们重点介绍该函数，其定义如下。

```
int register_chrdev(unsigned int major, const char *name, struct file_operations
*fops);
```

其中 major 是主设备号，name 是设备的名字（将会出现在/proc/devices 中），fops 是设备驱动程序实现的 file_operations 结构体。在主设备号相同的情况下，每调用一次 register_chrdev 函数就会为给定的主设备号注册一个 0～255 的从设备号，并且每一次调用都会创建一个默认的 cdev 结构体。所以使用这个接口来注册字符设备的驱动程序必须在其 open 方法里有处理 256 个从设备号的能力（不管它们是否对应真实设备）。

（3）模块退出函数

通常在模块退出函数中对硬件设备进行反向初始化操作，对设备驱动程序的数据结构体和缓冲区进行注销和回收。除此之外，还会在模块退出函数中对字符设备解除注册。

如前文所述，如果在注册字符设备时使用的是 cdev_add 函数，那么调用 cdev_del 函数来解除字符设备注册；如果在注册字符设备时使用的是 register_chrdev 函数，那么调用 unregister_chrdev 函数来解除字符设备注册，其定义如下。

```
int unregister_chrdev(unsigned int major, const char *name);
```

需要注意的是，major 参数（主设备号）、name 参数（设备的名字）必须和传递给 register_chrdev 的相同，否则调用会失败。

12.6.3 实验步骤

具体的实验步骤如下。

（1）搭建开发环境。

（2）编写 Linux 操作系统字符设备驱动程序源代码和 Makefile。该设备驱动程序的主要功能是实现 ioctl 方法，在该方法中根据输入参数的不同控制 Linux 操作系统中的相应硬件设备。

（3）编译并调试驱动。假设编写的驱动程序为 led_drv.c，编译 led_drv.c，成功后会出现 led_drv.ko 文件，使用 insmod led_drv.ko 命令装载驱动模块。

（4）使用 cat/proc/devices 命令查看是否会出现主设备号为 97 的字符设备。如果存在，则字符设备注册成功。

（5）使用 mknod /dev/led　c　97　0 命令在/dev 目录下创建一个设备特殊文件。

（6）编译运行 Linux 操作系统应用程序源代码 led_application.c。该应用程序可以访问字符设备的设备文件，然后通过 ioctl 系统调用来访问硬件设备。

12.7　Linux 操作系统块设备驱动程序开发实验

12.7.1　实验目的

掌握 Linux 操作系统块设备和字符设备的区别，掌握 Linux 操作系统块设备的工作原理，掌握 Linux 操作系统中与块设备关联的结构体，掌握 Linux 操作系统块设备驱动程序框架。

12.7.2　实验原理

1. Linux 操作系统块设备和字符设备的区别

在 Linux 操作系统中能够随机（不需要按顺序）访问固定大小数据片的设备被称作块设备，这些数据片就称作块。常见的块设备是硬盘，此外还有闪存等许多其他块设备。需要注意的是，这些设备需要通过安装文件系统来实现访问，这也是块设备的一般访问方式。

如前文所述，在 Linux 操作系统中字符设备按照字符流的方式被有序访问，诸如串口和键盘就都属于字符设备。如果一个硬件设备是以字符流的方式被访问，那么应该将它归于字符设备；如果一个设备是随机（无序的）访问的，那么它就属于块设备。

Linux 操作系统中块设备与字符设备的根本区别在于它们是否可以被随机访问，也就是说能否在访问设备时随意地从一个位置跳转到另一个位置。举个例子，键盘这种设备提供的就是一个数据流，当你输入“fox”这个字符串时，键盘驱动程序会按照和输入完全相同的顺序返回这个由 3 个字符组成的数据流。如果让键盘驱动程序打乱顺序来读字符串，或读取其他字符，都是没有意义的。所以键盘就是一种典型的字符设备，它提供的就是用户从键盘输入的字符流。对键盘进行读操作会得到一个字符流，首先是“f”，然后是“o”，接着是“x”，最后是文件结束符。当没人按键盘时，字符流就是空的。而磁盘或闪存设备的情况就不大一样了。磁盘/闪存设备的驱动可能要求读取磁盘/闪存上任意块/页的内容，然后又转去读取其他的块/页的内容，而被读取的块在磁盘上位置不一定连续。所以磁盘/闪存设备可以被随机访问，而不是以字符流的方式被访问，显然它是一个块设备。

同时 Linux 操作系统内核管理块设备要比管理字符设备细致得多，需要考虑的问题和完成的工作相比字符设备来说要复杂许多。这是因为字符设备仅仅需要控制当前位置，而块设备访问的位置必须能够在介质的不同区间前后移动。所以内核不必有专门的子系统来管理字符设备，但是对块设备的管理必须要有一个专门的提供服务的子系统。这不仅仅是因为块设备的复杂性远高于字符设备，更重要的原因是块设备对执行性能的要求很高，对磁盘/闪存的性能提升会对整个系统的性能带来巨大提升，其效果要优于对键盘吞吐速度的提升。另外，我们将会看到，块设备的复杂性会为这种优化留下很大的施展空间。

块设备只能以块为单位接收输入和返回输出，而字符设备以字节为单位。另一个区别在于，块设备对于 I/O 请求有对应的缓冲区，因此它们可以选择以什么顺序进行响应；而字符设备无须缓冲且被直接读/写。

Linux 操作系统块设备与字符设备的区别如表 12.1 所示。

表 12.1　Linux 操作系统块设备与字符设备的区别

属性/类别	块设备	字符设备
访问单位	有固定大小（以块为单位）	无固定大小（以字节为单位）
随机访问	支持	不支持
是否有缓冲区	有	无
用户直接访问设备	不可以（通过文件系统）	可以
设备驱动程序	复杂	相对简单

2. Linux 操作系统块设备的工作原理

块设备驱动程序提供了面向数据块的设备的访问。块设备接口相对复杂，不如字符设备接口明晰、易用。块设备驱动程序对整个系统的性能影响较大，速度和效率是设计块设备驱动程序要重点考虑的问题。Linux 系统中使用缓冲区与访问请求的优化管理（合并与重新排序）来提高系统性能。

块是一个固定大小的数据块，大小由内核决定。块的大小通常是 4096 字节，但是这个值可根据硬件和使用的文件系统而变化。一个扇区则是一个小块，它的大小常常由底层的硬件决定。

图 12.4 所示为块设备操作的分层实现。当一个 Linux 操作系统进程调用 read 读取一个文件时，内核执行如下过程。

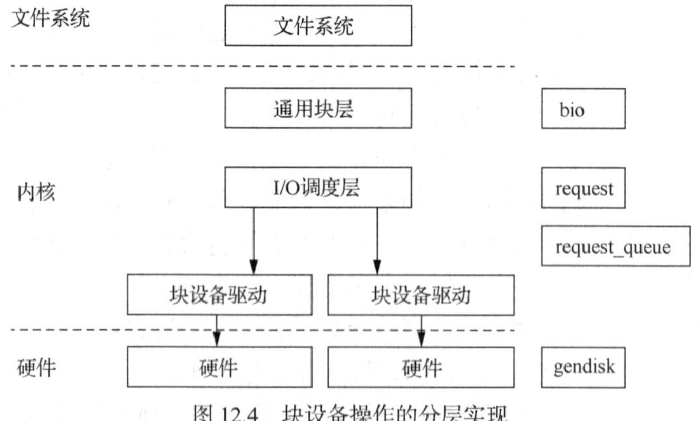

图 12.4　块设备操作的分层实现

（1）通过 VFS 层判断要读取的文件块是否在磁盘缓存中，如果在磁盘缓存中则通过 buffer_head 结构体来读取。

（2）如果要读取的文件块没有在磁盘缓存中，则需要到文件系统映射层（mapping layer）

中读取。在文件系统映射层中，通过 address_space 结构体的 readpage 方法（文件系统读函数）读取一个页面大小的数据（这个读函数对于不同的文件系统是不一样的）。当通过 readpage 从磁盘中读取数据时，它会将数据页放入磁盘缓存中，当下次再读取时，就不需要再从磁盘中读取。readpage 方法并不是直接操作磁盘，而只是将请求初始化成一个 bio 结构体，并通过调用 submit_bio 将 bio 结构体提交给通用块层（generic block layer）。

（3）通用块层在接收到文件系统映射层生成的 bio 结构体后，就会调用相应设备的 I/O 调度器。通过 I/O 调度器的调度算法，将 bio 结构体合并到已存在的 I/O 请求（request）中，或创建一个新的 I/O 请求并将该请求插入块设备的请求队列（request_queue）中。

（4）最后就是块设备驱动程序所做的工作。I/O 调度器传递给块设备驱动程序的是一个请求队列。块设备驱动程序的基本工作就是处理其请求队列中的 I/O 请求，直到请求队列为空。

3. Linux 操作系统中与块设备驱动程序关联的结构体

（1）block_device_operations 结构体

如前文所述，字符设备通过 file_operations 结构体来关联设备文件操作与设备驱动操作。在块设备驱动程序中也有一个类似的结构体，那就是 block_device_operations 结构体。它是对块设备操作的集合，其定义如下。

```
struct block_device_operations
{
    int(*open)(struct inode *, struct file*);
    int(*release)(struct inode *, struct file*);
    int(*ioctl)(struct inode *, struct file *, unsigned, unsigned long);
    int(*media_changed)(struct gendisk*);
    int(*revalidate_disk)(struct gendisk*);
    int(*getgeo)(struct block_device *, struct hd_geometry*);
    struct module *owner;
};
```

其部分成员定义如下。

① int (*open)(struct inode *inode,struct file *filp);。

② int (*release)(struct inode *inode,struct file *filp);。

这两个方法与字符设备驱动程序中的对应方法类似，无论何时设备被打开和关闭都调用它们。

③ int (*ioctl)(struct inode *inode,struct file *filp,unsigned int cmd,unsigned long arg);。

ioctl 方法是对块设备文件执行 ioctl 系统调用的后端。因为在 Linux 操作系统中，块设备包含大量的标准请求，并且这些标准请求由 Linux 块设备层处理，所以大部分块设备驱动程序的 ioctl 方法几乎不实现任何实质性的操作。

④ int (*media_changed) (struct gendisk *gd);。

这是被内核调用来检查用户是否已经改变了驱动器中的介质的方法。显然，这个方法仅适用于支持可移出介质的驱动器，在其他情况下可被忽略。

⑤ int (*revalidate_disk) (struct gendisk *gd);。

revalidate_disk 方法被调用来响应介质改变事件，它给驱动一个机会来进行需要的、相应的准备工作，使新介质就绪。

⑥ struct module *owner;。

一个指向拥有这个结构体的模块的指针，常常被初始化为 THIS_MODULE。

与字符设备的 file_operations 结构体不同的是，在 block_device_operations 中没有实际读或写数据的函数。在块设备驱动程序中，读/写操作在“请求”函数中处理（使用请求队列）或者在“制作请求”函数中处理（不使用请求队列）。

（2）gendisk 结构体

在 Linux 操作系统内核中，使用 gendisk 结构体来表示一个独立的磁盘设备或分区，其定义如下。

```
struct gendisk
{
    int major;              /* 主设备号*/
    int first_minor;        /* 第 1 个从设备号*/
    int minors;             /* 最大的从设备数，如果该磁盘设备不能分区则设置为 1*/
    char disk_name[32];  /* 磁盘驱动器名称，出现在/proc/partitions 和 sysfs 中*/
    struct hd_struct **part; /* 磁盘上的分区信息*/
    struct block_device_operations *fops; /*块设备操作结构体*/
    struct request_queue *queue; /*请求队列，被内核用来管理这个设备的 I/O 请求的结构体*/
    void *private_data;    /*私有数据*/
    sector_t capacity;     /*扇区数，在 Linux 操作系统中 1 个扇区为 512 字节*/
    …
}
```

内核提供了相关函数来使用 gendisk 结构体。gendisk 结构体是一个动态分配的结构体，驱动不能自行分配这个结构体，需要通过特别的内核函数 alloc_disk 来分配。gendisk 结构体被分配之后，系统还不能使用这个磁盘，需要调用 add_disk 函数来注册这个磁盘。特别要注意的是，对 add_disk 的调用必须发生在驱动程序的初始化工作完成并能响应磁盘的请求之后。当不再需要一个磁盘时，应当使用 del_gendisk 来释放 gendisk。

（3）请求队列

请求队列是包含一个磁盘设备 I/O 请求的队列。请求队列跟踪等候磁盘设备 I/O 请求，同时也在这些 I/O 请求的创建中扮演重要角色。请求队列中包含存储参数来描述这个设备能够支持什么类型的请求（最大大小、多少不同的段可进入一个请求、硬件扇区大小、对齐要求等）。如果某个磁盘设备的请求队列被正确配置，那么不会在请求队列中出现该设备不能处理的请求。

需要注意的是，在请求队列中还有一个插入接口，这个接口允许使用多 I/O 调度器。一个 I/O 调度器的工作是以最大化性能的方式提交 I/O 请求给相关块设备驱动。因此大部分 I/O 调度器会累积批量的 I/O 请求，将这些请求重新排列为递增或递减的块索引顺序，并且以这个顺序提交请求给驱动。I/O 调度器还负责合并邻近的请求，当一个新 I/O 请求被提交给 I/O 调度器时，它在请求队列里搜寻包含邻近扇区的请求，如果找到，并且请求长度不会过长，则将这两个请求合并。I/O 调度器的使用对真正的磁盘设备（硬盘、软盘等）的性能优化是非常有用的。示例如下。

```
struct request_queue
{
    spinlock_t *queue_lock;              /*保护队列结构体的自旋锁*/
    /* 队列设置*/
    unsigned long nr_requests;           /* 最大的请求数量*/
```

```
    unsigned short max_sectors;         /* 最大的扇区数*/
    unsigned short hardsect_size;       /* 硬件扇区大小*/
    …
}
```

一个请求队列是一个动态的结构体。创建和初始化一个请求队列的函数如下。

```
request_queue_t *blk_init_queue(request_fn_proc *request, spinlock_t *lock);
```

blk_init_queue 函数的参数是这个队列的请求函数和一个控制对队列存取的自旋锁。通常在模块卸载时，返回一个请求队列给系统，此时调用 blk_cleanup_queue。在这个调用后，块设备驱动不应再次引用该队列。示例如下。

```
void blk_cleanup_queue(request_queue_t *);
```

不能直接对 request_queue_t 结构进行处理，在块设备驱动程序中返回要处理的下一个请求的函数是 elv_next_request，它返回一个指向下一个要处理的请求的指针（由 I/O 调度器所决定）或者 NULL（如果没有请求要处理）。 elv_next_request 会将返回的请求保留在队列上，但是标识它为活动的，这个标识会阻止 I/O 调度器合并其他请求到这个请求。示例如下。

```
struct request *elv_next_request(request_queue_t *queue);
```

如果需要从一个请求队列中去除一个请求，使用 blkdev_dequeue_request。如果块设备驱动程序需要同时从同一个请求队列中操作多个请求，就必须以这样的方式将这些请求清除出队列。示例如下。

```
void blkdev_dequeue_request(struct request *req);
```

如果需要将一个出队列请求放置到请求队列中，可以使用以下示例所示操作。

```
void elv_requeue_request(request_queue_t *queue, struct request *req);
```

在 Linux 操作系统中通用块层定义了一系列函数，可被块设备驱动程序用来控制一个请求队列如何操作。这些函数示例如下。

```
void blk_stop_queue(request_queue_t *queue);
void blk_start_queue(request_queue_t *queue);
```

如果磁盘设备已到达某种状态，不能处理等候的命令，就可以调用 blk_stop_queue 来告知通用块层，在这个调用之后，队列的“请求”函数将不被调用直到调用 blk_start_queue 为止。示例如下。

```
void blk_queue_bounce_limit(request_queue_t *queue, u64 dma_addr);
void blk_queue_max_sectors(request_queue_t *queue, unsigned short max);
void blk_queue_max_phys_segments(request_queue_t *queue, unsigned short max);
void blk_queue_max_hw_segments(request_queue_t *queue, unsigned short max);
void blk_queue_max_segment_size(request_queue_t *queue, unsigned int max);
blk_queue_segment_boundary(request_queue_t *queue, unsigned long mask);
void blk_queue_dma_alignment(request_queue_t *queue, int mask);
void blk_queue_hardsect_size(request_queue_t *queue, unsigned short max);
# 设置请求相关参数的函数，描述这个设备能够支持什么类型的请求
```

（4）bio 结构体

当 Linux 操作系统在某种文件系统（或者虚拟文件子系统）层面上，或者在某种系统调用的层面上要与磁盘设备之间进行 I/O 操作时，内核通过 bio 结构体来描述该操作。与磁盘设备之间的 I/O 操作在内核中的体现就是某个缓冲区与磁盘设备之间的数据传输。

bio 结构体在 linux/bio.h 中定义，其关键成员定义如下。

① sector_t bi_sector;。

bi_sector 表示本次 I/O 操作中磁盘的起始地址（磁盘设备的扇区号）。

② unsigned int bi_size;。

bi_size 表示本次 I/O 操作中需传送的数据大小（以字节为单位）。

③ unsigned long bi_flags;。

bi_flags 表示一组描述本次 I/O 操作的标志位。

④ unsigned short bio_phys_segments;。

⑤ unsigned short bio_hw_segments;。

bio_phys_segments、bio_hw_segments 是包含在本次 I/O 操作中的物理段数目。代码示例如下。

```
struct bio_vec {
      struct page   *bv_page;
      unsigned int  bv_len;
      unsigned int  bv_offset;
};
```

bio 结构体的核心是 bi_io_vec 结构体的数组，该数组被用于描述与磁盘设备进行数据传输的缓冲区地址。图 12.5 显示了缓冲区的组成。可见该缓冲区不一定是一块连续的内存空间，可能由一个或多个子缓冲区组成。一个 bi_io_vec 结构体代表了一个子缓冲区。子缓冲区可能是一个或多个单独的物理内存页（甚至是页内的某段地址空间）。bv_page 指示子缓冲区起始地址所在内存页号，bv_len 指示这个子缓冲区的长度，bv_offset 指示子缓冲区起始地址与某个内存页起始地址之间的偏移量。

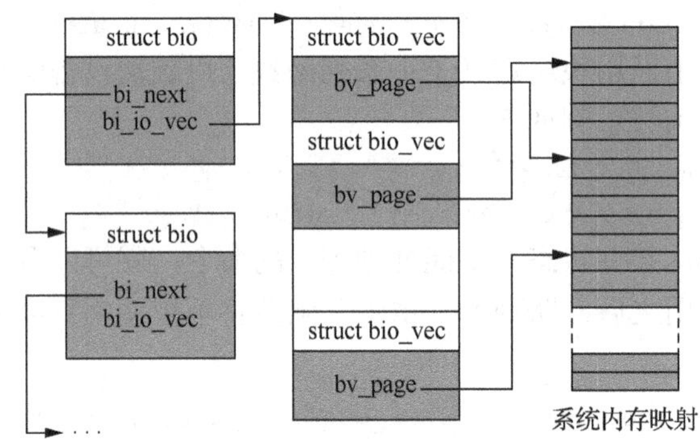

图 12.5 磁盘设备 I/O 操作缓冲区的组成

为了完成缓冲区与磁盘设备之间的数据传输（磁盘设备 I/O 操作），块设备驱动程序需要遍历 bio_vec 结构体数组（该数组的成员有 bi_vcnt 个）。这个遍历操作可以通过 bio_for_each_segment 宏来实现，示例如下。

```
int segno;
struct bio_vec *bvec;
bio_for_each_segment(bvec, bio, segno) {
 /*处理本子缓冲区数据*/
}
```

4. Linux 操作系统块设备驱动程序框架

（1）实现 block_device_operations 结构体中的相关方法

如前文所述，block_device_operations 结构体中的方法通常是对设备文件进行操作的相关系统调用的后端。但与字符设备驱动程序不同的是，block_device_operations 中没有实际读或写数据的函数，所以可以简单地实现 open、release、ioctl 等接口（无须完成实际操作）。

（2）实现“请求”函数或“制作请求”函数

在块设备驱动程序中，读/写操作在“请求”函数中处理（使用请求队列）或者在“制作请求”函数中处理（不使用请求队列）。在本实验中，出于简化操作、便于读者理解的目的，我们重点关注不使用请求队列的操作模式。

“制作请求”函数实现了实际的读/写操作，该函数主要完成以下几个功能：测试请求的有效性，包括检查请求是否合法有效以及做出错误处理；执行实际的数据传输；通知传输完成。“制作请求”函数的原型如下。

```
typedef int (make_request_fn) (request_queue_t *q, struct bio *bio);
```

需要注意的是，“制作请求”函数是用 bio 结构体作为它的主要参数。如前文所述，这个 bio 结构体中包含 I/O 传输相关的信息。因为没有使用请求结构体，所以在传输完成时“制作请求”函数应当调用 bio_endio 函数来通知 bio 结构体的创建者，示例如下。

```
void bio_endio(struct bio *bio, unsigned int bytes, int error);
```

在 bio_endio 函数中，bytes 是至今已经传送的字节数，它可小于由本次 I/O 传输所要求的字节数（只是部分完成）。该函数同时会更新在 bio 结构体中内部的“当前缓冲”指针。当“制作请求”函数不能完成这个请求时需要指出错误，错误是通过提供一个非零值给 error 参数来实现的，这个值通常是一个错误码，例如-EIO。

需要注意的是，无论本次 I/O 操作是否成功，“制作请求”函数都需要返回 0。

（3）模块初始化函数

通常在模块初始化函数中对硬件设备进行初始化操作，如果有缓冲区则初始化缓冲区，并对块设备进行注册。注册块设备的方法是调用 register_blkdev 函数，其定义如下：

```
int register_blkdev(unsigned int major, const char *name);
```

其中 major 是主设备号，name 是设备的名字（将会出现在/proc/devices 中）。

因为采用的是不使用请求队列的操作模式，所以需要通过调用 blk_alloc_queue 函数来分配一个请求队列。该函数不同于 blk_init_queue 函数，它并不建立队列来持有请求。在分配请求队列后，调用 blk_queue_make_request 函数来注册“制作请求”函数。

通过调用 alloc_disk 函数来动态分配 gendisk 结构体，然后对该结构体进行初始化操作。需要注意的是，gendisk 的 major 成员（主设备号）需与注册块设备的主设备号相同；gendisk 的 fops 成员应该指向前面实现的 block_device_operations 结构体；gendisk 的 queue 成员需指向前面通过 blk_alloc_queue 函数分配的请求队列。

在所有初始化操作完成后，最后调用 add_disk 函数将磁盘设备添加到系统。

（4）模块退出函数

通常在模块退出函数中对硬件设备进行反向初始化操作，对设备驱动程序的数据结构体和缓冲区进行注销和回收。调用 del_gendisk 函数来释放磁盘设备。除此之外，还在模块退出函数中对块设备解除注册。调用 unregister_blkdev 函数来解除块设备注册，其定义如下：

```
int unregister_blkdev(unsigned int major, const char *name);
```

需要注意的是，major 参数（主设备号）、name 参数（设备的名字）必须和传递给 register_blkdev 的相同，否则调用会失败。

12.7.3 实验步骤

具体的实验步骤如下。

（1）搭建开发环境。

（2）编写 Linux 操作系统块设备驱动程序源代码和 Makefile。该设备驱动程序的主要功能是使用一部分内存空间来模拟出一个磁盘，以块设备的方式访问这个磁盘。

（3）编译并调试驱动。假设编写的驱动程序为 vdisk_drv.c，编译 vdisk_drv.c，成功后会出现 vdisk_drv.ko 文件，使用 insmod vdisk_drv.ko 命令装载驱动模块。

（4）使用 cat /proc/devices 命令查看块设备中是否存在主设备号为 220 的设备，如果存在，则模块加载成功。

（5）使用 mknod /dev/myvda b 220 0 命令创建一个设备特殊文件，位于/dev 下。

（6）使用/sbin/mkfs.ext3 /dev/myvda 命令将其格式化为 EXT3 文件系统，并确认其是否运行正常，正常显示如下信息。

```
Filesystem label=
OS type: Linux
Block size=1024 (log=0)
Fragment size=1024 (log=0)
1024 inodes, 4096 blocks
204 blocks (4.98%) reserved for the super user
First data block=1
Maximum filesystem blocks=4194304
1 block group
8192 blocks per group, 8192 fragments per group
1024 inodes per group
Writing inode tables: done
Writing superblocks and filesystem accounting information: done
This filesystem will be automatically checked every 24 mounts or
180 days, whichever comes first. Use tune2fs -c or -i to override
```

（7）指定了文件格式之后，就可以挂载文件了。创建任意目录并将上述块设备文件挂载在此目录下，示例如下。

```
cd /root
mkdir virtualdisk
mount dev/myvda virtualdisk
cd virtualdisk
ls -al
```

显示内容如下。

```
drwxr-xr-x 3 root     root      1024 2009-06-03 18: 18 .
drwxr-xr-x 4 besimple besimple  4096 2009-06-03 11: 10 ..
drwx------ 2 root     root      12288 2009-06-03 18: 18 lost+found
```

（8）还可以编辑文件并保存在此目录下或者复制文件到此目录下，然后检查其内容，最后确认其是否能够正常卸载。

（9）使用 umount virtualdisk 命令卸载块设备，再次用 ls -al 命令查看 rmdisk 下的内容是否与刚才挂载时的内容一致。

参考文献

[1] 闫新惠. Linux 服务器的配置与管理项目实施[M]. 北京：清华大学出版社，2013.

[2] 张勤，杨章明. Linux 服务器配置全程实录[M]. 北京：人民邮电出版社，2010.

[3] 李蔚泽. Ubuntu Linux 入门到精通[M]. 北京：机械工业出版社，2007.

[4] 孟庆昌，牛欣源，张志华，等. Linux 教程（第 5 版）[M]. 北京：电子工业出版社，2019.

[5] 张红光，李福才. UNIX 操作系统教程[M]. 北京：机械工业出版社，2012.

[6] HAHN H.Unix & Linux 大学教程[M]. 张杰良，译. 北京：清华大学出版社，2010.

[7] 赵克佳，沈志宇. UNIX/Linux 程序设计教程[M]. 北京：机械工业出版社，2013.

[8] 张同光. Linux 操作系统：RHEL 8/CentOS 8[M]. 北京：清华大学出版社，2020.

[9] 张玲. Linux 操作系统：基础、原理与应用[M]. 北京：清华大学出版社，2019.

[10] 方元. Linux 操作系统基础[M]. 北京：人民邮电出版社，2019.

[11] 黄卫东，张岳，史士英. Linux 操作系统基础及实验指导教程[M]. 北京：中国水利水电出版社，2018.

[12] 范晖. Linux 操作系统基础与实训教程[M]. 北京：北京出版社，2018.

[13] 艾明，黄源，徐受蓉. Linux 操作系统基础与应用[M]. 北京：人民邮电出版社，2019.

[14] 邱建新. Linux 操作系统实用任务教程[M]. 北京：清华大学出版社，2015.

[15] 邱铁. Linux 操作系统应用与开发教程[M]. 北京：清华大学出版社，2016.

[16] 董延华. Linux 操作系统管理与应用[M]. 北京：清华大学出版社，2016.

[17] AFZAL A.UNIX 初级教程（第五版）[M]. 李石君，曾平，译. 北京：电子工业出版社，2008.

[18] QUIGLEY E.UNIX Shell 范例精解（第四版）[M]. 李化，张国强，译. 北京：清华大学出版社，2007.

[19] BLUM R. Linux 命令行和 Shell 脚本编程[M]. 苏丽，张妍婧，侯晓敏，译. 北京：人民邮电出版社，2009.

[20] Behrouz A. Forouzan，Richard F.Gilberg. UNIX 和 Shell 程序设计权威教程[M]. 彭松虎，译. 北京：清华大学出版社，2003.

[21] 史密斯. 深入理解软件构建系统：原理与实践[M]. 仲田，等译. 北京：机械工业出版社，2012.

[22] K.C.王. Unix/Linux 系统编程[M]. 肖堃译. 北京：机械工业出版社，2020.

[23] LOVE R. Linux 系统编程[M]. 祝洪凯，李妹芳，付途，译. 北京：人民邮电出版社，2014.

[24] 谢川. 嵌入式 Liunx 开发基础[M]. 北京：中国铁道出版社，2011.

[25] 周巍松. Linux 系统分析与高级编程技术[M]. 北京：机械工业出版社，1999.

[26] 邱铁. Linux 操作系统应用与开发教程[M]. 北京：清华大学出版社，2016.

[27] 姚继锋. Linux 应用实例与技巧[M]. 北京：机械工业出版社，2001.

[28] 郭玉东，王非非. Linux 系统结构分析[M]. 西安：西安电子科技大学出版社，2002.

[29] 王学龙. 嵌入式 Linux 系统设计与应用[M]. 北京：清华大学出版社，2001.

[30] 孙纪坤，张小全. 嵌入式 Linux 系统开发技术详解[M]. 北京：人民邮电出版社，2006.

[31] HSIAO A. Linux 系统安全基础[M]. 史兴华，译. 北京：人民邮电出版社，2002.

[32] Verworner，Dirk，Magnus.Linux Kernel Programming[J]. 2002.

[33] Karim Yaghmour，Karim Yaghmour，Karim Yaghmour.Building Embedded Linux Systems[J]. Associates Inc Isbn，2003.

[34] 毛德操，胡希明. Linux 内核源代码情景分析[M]. 杭州：浙江大学出版社，2001.

[35] 李玉东，李玉萍. 精通嵌入式 Linux 编程：构建自己的 GUI 环境[M]. 北京：北京航空航天大学出版社，2010.

[36] 王日，任军，曾星. 嵌入式 Linux 系统的学习[J]. 电子技术与软件工程，2017(3)：209-209.

[37] 范永开，杨爱林. Linux 应用开发技术详解[M]. 北京：人民邮电出版社，2006.

[38] Daniel P.Bovet，Marco Cesati.Understanding the Linux kernel，Third Edition[J]. 208 • Incremental Checkpointing for Grids，2005.

[39] Peter Jay Salzman. The Linux Kernel Module Programming Guide[M]// Linux Kernel Module Programming Guide.iUniverse，Incorporated，1999.